A sabedoria das corujas

F✺SF✺R✺

JENNIFER ACKERMAN

A sabedoria das corujas

A nova ciência que desvenda as
aves mais enigmáticas do mundo

Tradução do inglês por
REINALDO JOSÉ LOPES E TANIA LOPES

PREFÁCIO

9 Quem poderia imaginar

17 Como entender as corujas: desvendando os mistérios
28 Como é ser uma coruja: adaptações engenhosas
62 Corujando: o estudo das aves mais enigmáticas do mundo
92 Quem deu um pio: conversa corujesca
124 Como produzir corujinhas: namoro e criação dos filhotes
174 Ficar ou partir?: construção de ninhos e migração
212 Mais vale uma coruja na mão: aprendendo com aves em cativeiro
243 Meio ave, meio espírito: as corujas e a imaginação humana
264 A sabedoria das corujas: elas são mesmo sábias?

POSFÁCIO

282 Como salvar as corujas: protegendo aquilo que amamos

303 AGRADECIMENTOS
308 PARA SABER MAIS
323 CRÉDITOS DAS ILUSTRAÇÕES
326 ÍNDICE REMISSIVO

Para minha irmã Nancy, com amor e gratidão

PREFÁCIO

Quem poderia imaginar

Coruja-de-orelha

Por que as corujas nos fascinam tanto? Elas estão presentes nas pinturas rupestres da caverna de Chauvet, na França, de cerca de 30 mil anos atrás, aparecem também nos hieróglifos dos egípcios antigos, na mitologia grega e entre as deidades do povo Ainu do Japão, nas impressões e gravuras de Picasso e como mensageiras nas histórias de Harry Potter, transitando entre o reino desenxabido dos Trouxas e o mundo da fantasia. Encontram-se no léxico de vários idiomas e são personagens dos ditados populares. Quando nos entocamos, preguiçosamente aconchegados em um canto, é comum dizer que estamos "encorujados". Se ficamos acordados até tarde ou somos mais ativos à noite, viramos "corujões". E se, com a idade avançada, nos tornamos eruditos, somos "sábios feito corujas".

Em alguns lugares, as corujas competem com os pinguins no quesito popularidade. Em outros, são vilipendiadas e vistas como espíritos demoníacos. Elas sofrem dessa dualidade. São ternas e mortíferas, fofas e brutais, engraçadas e ferozes; às vezes, até atrevidas e bagunceiras, roubando câmeras ou surrupiando chapéus. Nelas vemos traços profundamente triviais, como a cabeça redonda e os olhos grandes; e, ao mesmo tempo, indícios de um ser totalmente diferente do comum, o lado sombrio daquela que conhecemos. Em sua maioria, as corujas são criaturas noturnas, de movimentos furtivos revelados apenas por estranhos pios e gritos no meio da noite. O voo, suave feito veludo, e as habilidades de caça, frequentemente empregadas no mais puro breu, provocam assombro.

Em muitas culturas, as corujas são consideradas metade ave e metade espírito, cruzamento entre o real e o etéreo; por um lado, símbolos do conhecimento e da sabedoria e, por outro, portadoras de má-sorte e doença e, até mesmo, da morte. Muitas vezes, são vistas como profetas ou mensageiras. Os gregos acreditavam que, quando uma coruja sobrevoava um campo de batalha, isso prenunciava uma vitória. Segundo o folclore antigo da Índia, as corujas são um símbolo de sabedoria e profecia. O mesmo acontece entre os Navajo. O mito desse povo indígena norte-americano sobre Nayenezgani, o criador, recorda que as pessoas precisam escutar a voz da coruja profética se quiserem conhecer seu futuro. Os astecas consideravam as corujas um símbolo do mundo inferior; e os maias as viam como mensageiras de Xibalba, o "lugar de temor". Em *Júlio César*, a peça de Shakespeare, o personagem Casca fica aterrorizado quando uma coruja aparece de dia, como presságio de uma morte iminente: "A ave da noite sentou-se/ Em pleno meio-dia no mercado,/ Piando e gritando".

Existem corujas em todos os continentes (com exceção da Antártida) e em todas as formas da imaginação humana. Contudo, apesar da onipresença e do interesse que despertam, só recentemente os cientistas começaram a decifrar os detalhes obscuros dessas aves. Elas são crípticas e se camuflam, são discretas e ativas em um momento do dia no qual o acesso aos locais de pesquisa de campo é desafiador. Mas, nos últimos tempos, os estudiosos conseguiram criar um conjunto de estratégias e ferramentas eficazes para pesquisá-las e desvelar seus mistérios.

Este livro explora o que a nova ciência descobriu sobre esses seres enigmáticos — a anatomia, a biologia e o comportamento notáveis, bem como as habilidades de caça, a discrição e os poderes sensoriais que as distinguem de quase todas as demais aves. Nele, eu mostro como os cientistas descobriram e revelaram o modo pelo qual as corujas se comunicam, fazem a corte e se acasalam, como criam seus filhotes, se agem mais por instinto ou com base no aprendizado, por que viajam de um lugar para outro ou, ao contrário, evitam a migração e suportam as mudanças de estação, e o que elas têm a nos dizer sobre a sua natureza — e a nossa. O livro explora novos insights obtidos a partir do estudo com corujas observadas na natureza e também em cativeiro, aves que "comem na mão" dos cuidadores, em geral porque sofreram algum tipo de ferimento. Especialistas que vivem e trabalham com corujas, em relações de parceria íntima, estão aprendendo coisas que só podem ser aprendidas de perto, nos momentos em que ficam sozinhos com cada ave. Eles adquirem conhecimentos científicos na arte de ampará-las e, em troca, as corujas de que cuidam ajudam a educar o público e a revelar alguns dos mistérios mais profundos sobre a comunicação, a individualidade, a personalidade, as emoções e a inteligência dessa espécie.

Ao analisar os pios e chamados aparentemente "simples" das corujas, por exemplo, os pesquisadores descobriram que essas vocalizações seguem regras complexas, que permitem às aves expressar não apenas suas necessidades e seus desejos, mas também informações altamente específicas sobre a identidade individual e o sexo, o tamanho, o peso e o estado mental. Algumas corujas cantam duetos. Outras promovem duelos vocais. As corujas são capazes de se reconhecer apenas pela voz. Os rostos também são expressivos. Pode parecer que elas estão sempre com o mesmo semblante neutro e meditativo, imperturbável como a lua, mas a aparência pode mudar junto com os sentimentos — uma janela fascinante para a mente delas, se você souber decifrá-la.

Algumas corujas migram, mas não como outras aves e sem seguir padrões previsíveis. Outras escondem ou entesouram suas presas em despensas especiais. Outras, ainda, decoram seus ninhos. As corujas-buraqueiras vivem em tocas subterrâneas, às vezes ao lado de cães-da-pradaria, e, quando ameaçadas, sibilam feito uma cascavel encurralada. Elas enfeitam seus ninhos com sabugos de milho, cocô de bisão, farrapos de tecido e até pedaços de batata. As corujas-de-orelha formam ninhos em colônias imensas, as quais, como as das andorinhas-de-dorso-acanelado, podem funcionar como centros de informação. Cientistas que estudam as suindaras ou rasga-mortalhas descobriram que os filhotes desse grupo dormem feito bebês humanos, passando mais tempo na fase do sono REM (a dos sonhos) do que as corujas adultas. Por quê? Será que as corujas podem nos ajudar a entender o papel do sono REM no desenvolvimento cerebral, tanto no caso das aves quanto no dos humanos? Será que elas falam enquanto dormem?

A maioria das corujas é socialmente monógama, formando casais para se reproduzir, mas pesquisas sugerem que elas também são geneticamente monógamas — ou seja, é improvável que copulem "extraconjugalmente" —, o que é altamente incomum no mundo das aves. Isso até pode acontecer, mas será que elas são tão fiéis a seus parceiros quanto imaginamos?

As corujas são conhecidas como "lobos do céu", e as razões para isso são as melhores possíveis. Caçadoras ferozes, elas capturam todos os tipos de presa, de camundongos e aves a gambás e pequenos veados, e até mesmo outras corujas. Mas também são carniceiras de vez em quando, comendo de porcos-espinhos a crocodilos e baleias-da-groenlândia. Os mochos-duendes jantam escorpiões — só depois de remover os ferrões venenosos — e, como outras corujas, obtêm de suas presas a maior parte da água de que precisam. Os mochos-diabos, que predam principalmente outras aves, descobriram como encontrar numa tacada só o equivalente a um banquete para uma noite inteira. De acordo com o ornitólogo brasileiro José Carlos Motta-Junior, essas corujas usam os ruídos emitidos por aves gregárias que se aninham em grupos, como os tizius, para encontrá-las e então capturar todos os membros do grupo, um a um. "Encontrei pelotas regurgitadas com os restos de cinco ou mais tizius — o meu recorde foi uma pelota com onze deles!"

Trabalhos seminais que investigam os sentidos das corujas estão lançando luz sobre os superpoderes que permitem a elas encontrar presas à noite — as características estranhas de sua visão noturna e audição soberbas, sua capacidade extraordinária de localizar a origem de ruídos, seu voo quase inaudível —, adaptações que fazem das corujas não apenas um pináculo da cadeia alimentar como também da própria evolução. As corujas podem ter perdido parte da capacidade de distinguir as cores ao longo do tempo evolutivo, mas têm uma extraordinária sensibilidade à luz e aos movimentos. Elas também conseguem enxergar luz ultravioleta, graças a um mecanismo que difere enormemente do da maioria das outras aves. A compreensão cada vez maior dos ouvidos corujescos, descritos como as "Ferraris da sensibilidade sonora", modificou nossa percepção de seus sentidos sobre-humanos e até contribuiu para testes de audição em bebês. Os cientistas destrincharam as maneiras inesperadas pelas quais uma coruja-cinzenta realiza um feito assombroso no inverno — usando apenas o ouvido, ela captura arganazes escondidos no fundo de uma camada de neve. Uma nova percepção da maneira pela qual as corujas *processam* sons também trouxe novidades: alguns dos elementos sonoros que elas percebem são processados no centro visual do cérebro, de modo que, na verdade, pode ser que elas captem a imagem óptica de um som — o farfalhar de um camundongo reluzindo feito um clarão no escuro da floresta. E eis uma descoberta capaz de bagunçar a nossa cabeça: o cérebro de uma coruja usa matemática para flagrar sua presa. Quem poderia imaginar isso?

Na minha cabeça, essas descobertas não diminuem o encantamento das corujas, mas o intensificam.

Coruja é tudo igual.

Que nada. Elas variam notavelmente de espécie para espécie, e mesmo de indivíduo para indivíduo dentro da mesma espécie. Está aí uma das razões pelas quais eu queria escrever sobre essa ordem de aves — para poder explorar as idiossincrasias dos diferentes tipos de corujas e o que tem sido descoberto a respeito de sua evolução, adaptações específicas e naturezas individuais.

Muitíssimas das generalizações que aplicamos a elas não valem para todas as espécies. Nem todas as corujas são noturnas. Nem todas voam de modo silencioso. O mesmo vale para os ouvidos assimétricos, a formação de casais por toda a vida e os ninhos em galhos de árvores. Algumas, como a coruja-mascarada-australiana da planície de Nullarbor, fazem seus ninhos em cavernas, enquanto outras, como as corujas-buraqueiras, ficam no chão ou debaixo dele. Vi minha primeira coruja-gavião — uma caçadora voraz e a única ave australiana capaz de carregar uma presa que supera seu peso corporal — encarapitada em uma árvore urbana no meio de Sydney. Algumas espécies, como a murucututu, conjuram visões das profundezas da floresta tropical. Outras, como a coruja-das-neves, são sinônimo de paisagens geladas do norte. Por que as corujas-das-neves são brancas? A resposta não é tão simples quanto parece.

Essas aves não são apenas crípticas, cautelosas e cheias de segredos — são também dissidentes e iconoclastas, desafiando as regras. Por exemplo, pensamos nas corujas como animais solitários, mas algumas espécies tendem a se congregar, como as corujas-de-orelha que constroem ninhos em grandes colônias. Em regiões tropicais, elas podem formar comunidades com até sete espécies diferentes vivendo juntas. O mocho-carijó, das Américas Central e do Sul, é conhecido por realizar encontros de vários indivíduos durante a noite — um verdadeiro parlamento de corujas — por um motivo ainda desconhecido.

Elas podem ser famosas pelo estilo de vida noturno, mas apenas cerca de um terço das espécies de corujas caça exclusivamente à noite. Outras preferem o crepúsculo. Em geral, as corujas-cinzentas são noturnas, mas caçam à luz do dia durante a temporada reprodutiva, quando precisam alimentar os filhotes. Outras espécies, como o mocho-rabilongo e o mocho-pigmeu-do-norte, caçam de dia o ano todo. Se tiver sorte, você pode acabar presenciando um mocho-rabilongo em atividade, com ajuda da visão, nas clareiras das florestas boreais do extremo norte. Ele flagra sua presa a uma distância de até oitocentos metros e se lança sobre ela do galho onde está empoleirado, e às vezes chega a planar como um peneireiro, um falcão de pequeno porte, quando quer capturar uma ave pequena ou um musaranho.

Já os mochos-pigmeus são exceções à regra também em outro sentido. A maioria das corujas bota seus ovos ao longo de vários dias, e seus filhotes quebram a casca em momentos diferentes. Mas os pigmeus, ao que parece, não querem saber de seguir essa convenção, e seus bebês eclodem todos de uma vez.

As corujas enchem minha cabeça de perguntas. Por que será que elas exercem tanto impacto sobre a imaginação humana? Têm fama de ser sábias, mas será que são inteligentes? Agem apenas por instinto ou são curiosas e inventivas? Será que têm sentimentos e emoções? Por que seus olhos são os únicos do mundo das aves voltados para a frente, como os nossos? O que fez os ancestrais das corujas cruzarem a fronteira da noite? E por que algumas espécies caçam durante o dia? As corujas vivem no mundo inteiro, mas existem *hotspots* [pontos de concentração de diversidade] do grupo — no sudeste do Arizona e no oeste do México, no sul da Ásia, no sudeste do Brasil. O que atrai tantas espécies para esses lugares? Como elas estão se adaptando a mudanças em seu habitat e no clima global?

Ao longo deste livro, você encontrará descobertas que respondem a essas questões e levantam outras. Conhecerá os insights e as observações de veterinários e educadores familiarizados com a vida íntima e os hábitos das corujas, etnoecólogos que exploram a profunda influência dessas aves sobre a nossa psique e ecólogos que investigam a importância delas no mundo natural e qual é o melhor caminho para preservá-las. Também verá retratos de pessoas obcecadas por corujas, algumas delas famosas — como Florence Nightingale, Teddy Roosevelt, Pablo Picasso — e outras não, tal como a bibliotecária do Museu Metropolitano de Arte de Nova York que coleciona imagens de corujas produzidas ao longo da história e carrega no corpo um exemplar particularmente belo desses animais. Encontrará cientistas-cidadãos que fizeram avançar a pesquisa sobre essas aves, pessoas comuns que não foram treinadas como pesquisadoras, mas que contribuem de maneiras brilhantes para nosso conhecimento sobre as corujas. Uma musicista holandesa usa seu ouvido delicadamente afinado para escutar os sinais de individualidade, infidelidade e divórcio entre os bufos-reais. Um cirurgião especializado em problemas cardíacos emprega sua capacidade de concentração para acompanhar as interações íntimas entre mochos-pigmeus-do-norte, que ele denomina de "conversa suave", para entender seus processos de corte e formação de casais. Uma enfermeira especializada em emergências passa a noite colocando anilhas em corujas-serra-afiada, o que lhe traz alívio para os traumas ligados ao trabalho e também dados confiáveis sobre os movimentos dessas corujinhas discretas — antes consideradas raras e hoje reconhecidas como aves surpreendentemente comuns, em grande parte por causa de voluntários como ela.

E, é claro, você vai conhecer os cientistas e pesquisadores que têm dedicado a vida a entender essas aves. Quando perguntei a David Johnson, que as estuda há mais de quarenta anos e dirige o Global Owl Project [Projeto Global sobre Corujas], por que ele ama as corujas, a resposta foi: "Não fui eu que as escolhi. Foram elas que me escolheram". Que bom que foi assim. Johnson e sua equipe de mais de 450 pesquisadores do mundo todo passaram as últimas décadas trabalhando para conservar todas as espécies de coruja do planeta.

Mas os verdadeiros heróis deste livro são as próprias corujas. Durante milênios, ficamos de olho nessas aves, considerando-as mensageiras e sinais. O que elas estão nos dizendo agora?

"Se tem alguém que sabe qualquer coisa sobre qualquer coisa", diz o Ursinho Pooh, "é a Coruja, que sabe alguma coisa sobre alguma coisa." As corujas têm coisas verdadeiras a nos dizer, de longe — de seus poleiros e ninhos no fundo das florestas intocadas, dos desertos, do Ártico — e de perto, nas mãos de veterinários, reabilitadores, cientistas e educadores. Seria sábio de nossa parte escutar.

Como entender as corujas: desvendando os mistérios

Entre todas as aves do mundo, as corujas estão entre as que exibem as características mais bem definidas, com seus corpos verticais, cabeças grandes e redondas e olhos enormes voltados para a frente — difíceis de confundir com qualquer outra criatura. Mesmo as crianças pequenas não têm dificuldades em identificar essa ave, e isso também pode ser dito de uma série de espécies, incluindo outras aves — chapins, corvos e gralhas —, que conseguem reconhecer a forma de uma coruja e detectá-la como a inimiga que é. Mas, além dessa forma típica, o que faz uma coruja ser uma coruja? E como essas aves extraordinárias se tornaram o que são?

Com base em pesquisas feitas com corujas do passado e do presente, os cientistas rastrearam essas aves desde seus primórdios para entender a evolução e a árvore genealógica da espécie. As primeiras corujas apareceram na Terra durante o período Paleoceno, ou seja, entre 65 milhões e 55 milhões de anos atrás. Dezenas de milhões de anos depois, elas se dividiram em duas famílias: *Tytonidae* (suindara ou coruja-das-torres) e *Strigidae* (todas as outras corujas). Como todas as aves, inicialmente as corujas surgiram a partir de um grupo de dinossauros pequenos, em sua maioria predadores, que coexistiam com outros dinossauros maiores há 66 milhões de anos. Tudo isso mudou quando um enorme asteroide atingiu a Terra, desencadeando a extinção em massa que matou a maior parte dos grandes dinossauros terrestres. Alguns dos ancestrais dos pássaros sobreviveram, incluindo os precursores das corujas de hoje e de todas as outras espécies viventes de aves.

Acreditava-se, de início, que o grupo das corujas seria aparentado ao dos falcões e gaviões porque, como esses raptores, elas compartilhavam um estilo de vida caçador. Mais tarde, elas foram agrupadas com as aves noturnas, como os noitibós, devido aos olhos grandes e à plumagem camuflada. Entretanto, pesquisas recentes mostram que as corujas estão mais intimamente relacionadas não aos falcões ou aos noitibós, mas a um grupo de aves de atividade diurna que inclui tucanos, surucuás, poupas, calaus, pica-paus, martins-pescadores e abelharucos. Elas provavelmente divergiram desse grupo-irmão durante o Paleoceno, depois que a maioria dos dinossauros morreu e pequenos mamíferos se diversificaram. Alguns desses pequenos mamíferos ocuparam nichos noturnos, e as corujas se adaptaram, desenvolvendo um conjunto de características para tirar vantagem desse banquete da madrugada. Hoje, a maioria das corujas compartilha uma série de características notáveis que as distinguem de outras aves e lhes conferem uma capacidade única de caçar à noite — por exemplo, retinas ricas em células que garantem boa visão mesmo com pouca luz, audição de alto nível e penas macias e camufladas, feitas sob medida para o voo silencioso. Das cerca de 11 mil espécies de aves existentes hoje, apenas 3% têm esse tipo de adaptação que permite perseguir presas no escuro.

Desde sua primeira aparição no planeta, cerca de cem espécies de corujas surgiram e desapareceram, deixando fósseis como vestígio de sua existência. Entre elas, destacam-se a *Primoptynx*, uma coruja peculiar que voava pelos céus do Wyoming há 55 milhões de anos, e caçava mais como um falcão do que como uma coruja, e a coruja-das-torres-de-andros, com quase um metro de altura, que aterrorizava mamíferos no período Pleistoceno. Uma coruja extinta que desapareceu da ilha de Rodrigues, no oceano Índico, há relativamente pouco tempo, no século 18, tinha um cérebro menor que o das corujas de hoje, mas um olfato mais desenvolvido, o que sugere que poderia ter usado mais o faro para caçar e talvez até para encontrar carniça.

Hoje existem cerca de 260 espécies de corujas, e esse número está crescendo. Elas vivem em quase todos os continentes e em todo tipo de habitat — de desertos e pastagens a florestas tropicais, passando por encostas de montanhas e pela tundra nevada do Ártico — e variam muito em tamanho, aparência e comportamento. Essa ampla gama abarca desde o diminuto mocho-duende, um cisquinho de ave com ar travesso, com o tamanho de uma pequena pinha e o peso de oito moedinhas empilhadas, até o enorme bufo-real, capaz de predar um cervo jovem; da delicada coruja-serra-afiada, que "voa como uma grande e macia mariposa", como escreveu a poeta norte-americana Mary Oliver, até a cômica coruja-buraqueira, que com suas pernas finas parece fazer reverências oscilantes. Há boobooks-chocolate e corujas-de-patas-nuas, corujas-gaviões e corujas-assustadas (cujo nome vem do grito horripilante e quase humano repetido a cada dez segundos), corujas-de-queixo-branco e corujas-de-sobrancelha-amarela, corujas-vermiculadas e bufos-de-verreaux, os maiores da África, com suas impressionantes pálpebras rosadas. Algumas delas, como as onipresentes suindaras, que aparecem com múltiplas formas em todo o mundo, carregam uma série de nomes populares que refletem seu poder mítico: coruja-demônio, coruja-fantasma, coruja-da-morte, coruja-da-noite, coruja-da-igreja, coruja-da-caverna, coruja-de-pedra, coruja-monstrengo, coruja-maquinetada, coruja-cara-de-macaco, coruja-de-prata e coruja-de-ouro.

Para grande espanto dos pesquisadores, novas espécies de corujas continuam a surgir, a exemplo da corujinha-de-bigode, que surpreendeu os cientistas ao ser descoberta no alto das montanhas andinas no norte do Peru. Minúscula e bizarra — uma das aves mais raras do mundo —, tem bigodes longos e finos e asas atarracadas, e é tão diferente de outras aves do grupo que os cientistas criaram um gênero próprio para ela, *Xenoglaux*, "coruja estranha" em grego. Ela emite um som curto, descrito como "notas graves, ásperas e abafadas de *Uuuuu* ou *hãrr*" e é encontrada apenas em florestas fechadas entre dois rios nos Andes. Em 2022, os cientistas descobriram na ilha de Príncipe, na costa oeste da África, uma nova espécie de coruja do gênero Otus e a batizaram de *Otus bikegila* em homenagem ao guarda-florestal que foi fundamental para revelá-la. Como algumas corujas vivem em regiões isoladas como essa, em florestas tropicais e em montanhas e

Corujinha-de-bigode

ilhas onde populações separadas pela geografia podem divergir geneticamente, o número de espécies pode continuar a aumentar.

O que também está aumentando a contagem de espécies e mudando a árvore genealógica das corujas é a compreensão mais profunda das espécies já reconhecidas. Ao examinar de perto as estruturas corporais, as vocalizações e o DNA de espécies conhecidas, os cientistas descobrem diferenças entre as populações que os levam a dividir uma espécie em duas ou mais.

Consideremos as corujas-das-torres ou suindaras. Da linhagem mais antiga do grupo, elas provavelmente surgiram na Austrália ou na África e depois se espalharam pela Europa e por quase todos os continentes. Por serem parecidas em toda a sua distribuição geográfica, já foram classificadas como uma única espécie. Mas as corujas estão nos mostrando que as aparências enganam. Estudos de DNA revelaram que o grupo *Tytonidae*, ao qual pertencem, é na verdade um rico complexo de pelo menos três espécies, totalizando cerca de 29 subespécies. E pode haver outras em locais remotos que ainda não foram reconhecidas. Da mesma forma, pesquisadores usaram recentemente a genética para separar duas novas espécies de corujas do Brasil, que foram agrupadas com outras espécies sul-americanas: a corujinha-de-alagoas, da Mata Atlântica, e a corujinha-do-xingu, encontrada na Amazônia. Ambas estão ameaçadas pelo desmatamento e correm risco de extinção.

Juntamente com as novas espécies, na última década uma revoada de insights sobre a natureza das corujas se acumulou em laboratórios e estudos de campo em todo o mundo, lançando luz sobre uma profusão de mistérios dessas aves. Por que as descobertas estão surgindo agora? Como os cientistas estão entendendo as vidas e os hábitos ocultos dessas aves inescrutáveis?

Por um lado, surgiram ferramentas inovadoras para estudar a evolução, anatomia e biologia das corujas e para encontrá-las na natureza, monitorando seus movimentos e seu comportamento. Tecnologias de imagem de ponta, como a tomografia computadorizada (TC) de raios X, permitem que os pesquisadores esquadrinhem o interior corporal de corujas vivas, visualizando as estruturas anatômicas que se relacionam diretamente com o comportamento, e enxerguem através das rochas para entender os fósseis. A análise de DNA está revelando relacionamentos na árvore da vida das corujas e desafiando velhos conceitos sobre quem tem parentesco com quem e sobre a proximidade do elo familiar. Novos "olhos" no trabalho de campo — câmeras infravermelhas e outros equipamentos de visão noturna, radiomarcação e drones em áreas tão remotas quanto as paisagens nevadas da Sibéria — promovem descobertas sobre o comportamento das corujas ou confirmam observações mais antigas feitas por anilhadores e biólogos que atuam no campo há décadas. A telemetria por satélite acompanha os movimentos das corujas em curtas e longas distâncias. Minúsculos transmissores de satélite colocados nas costas das corujas-das-neves, por exemplo, permitem um novo e maravilhoso entendimento sobre suas movimentações misteriosas, como as intrigantes viagens para o norte realizadas no auge do inverno por algumas dessas aves icônicas.

Câmeras-ninho hoje oferecem uma visão das interações íntimas das corujas que seria impossível obter de outra forma — por exemplo, a alimentação dos parceiros e dos filhotes e as brigas entre irmãos. "Câmeras-ninho contam tudo", diz o ornitólogo Rob Bierregaard, que estuda corujas-barradas. "Elas trazem a melhor imagem do que há para o jantar — esquilos-voadores, cardeais, salamandras, peixes, lagostins, grandes insetos — e de como é a alimentação. Você consegue ver o macho dando a comida para a fêmea alimentar o filhote. Vi machos esconderem ratos e também cusus [um tipo de marsupial] em galhos, entregando-os pedaço por pedaço." Essa tecnologia expõe a dinâmica às vezes horrenda e outras vezes gentil que existe entre irmãos. Filhotes em uma ninhada podem ser egoístas e competitivos, chegando até ao fratricídio. Mas algumas corujinhas demonstram uma forma notável de altruísmo no mundo animal. Suindaras filhotes, por exemplo, são conhecidas por dar comida aos irmãos mais novos, em média duas vezes por noite.

O biólogo Dave Oleyar, que realizou sua pesquisa de mestrado no final dos anos 1990, diz que gostaria de ter contado com a tecnologia de hoje naquela época. "É incrível o que podemos fazer agora", afirma. "Deixando essas câmeras-ninho ligadas 24 horas por dia, sete dias por semana, e documentando entregas de presas para o ninho, o que os pais estão trazendo e com que frequência, podemos reunir uma enorme quantidade de dados sobre os padrões de forrageamento. Antes de termos esses 'olhos' no trabalho de campo, os desafios logísticos de estudar o crescimento, o desenvolvimento e as interações dos filhotes eram enormes e limitantes."

Ouvir corujas remotamente com novos e sofisticados dispositivos de gravação de áudio tem sido uma bênção para a pesquisa sobre essas aves, ajudando os cientistas a compreenderem a interação de diferentes espécies sem perturbá-las. Com monitoramento acústico, por exemplo, pesquisadores vêm esmiuçando a dinâmica entre corujas-barradas e corujas-pintadas (estas, ameaçadas de extinção) da Sierra Nevada, na Califórnia. Colocando gravadores em cerca de mil locais em 6 mil quilômetros quadrados de terreno montanhoso para coletar chamados de corujas, eles descobriram interações completamente inesperadas entre as agressivas corujas-barradas, de um lado, e as corujas-pintadas, menores, mas ainda assim surpreendentemente agressivas, de outro — com implicações significativas para a conservação dessas aves.

Outro novo método incomum usado para pesquisar e monitorar corujas é claramente menos tecnológico e mais dependente de um bom nariz. Os estudiosos aproveitam os poderes olfativos dos cães para localizar espécies arredias de corujas em lugares tão distantes entre si quanto a Tasmânia e o noroeste do Pacífico. Os cães farejadores, especialmente treinados, detectam as pelotas, aqueles charutos disformes compostos de restos de pele e ossos não digeridos que as corujas jogam no chão sob seus poleiros e ninhos. Difíceis de avistar, elas emitem odores que os cães conseguem rastrear facilmente pelo faro, levando o pesquisador direto aos locais habitados pelas corujas.

As formas mais tradicionais de estudar corujas — captura, medição e anilhamento — e o monitoramento das aves durante longos períodos também permitiram muitos avanços. O estudo de longo prazo das corujas na natureza é um trabalho lento e árduo em todos os climas, estação após estação, ano após ano, mas está abrindo novas e vitais janelas para que entendamos o comportamento reprodutivo e as tendências populacionais. Estudos de décadas sobre corujas-de-orelha, corujas-buraqueiras, corujas-das-neves e corujas-do-mato-europeias estão revelando como essas espécies respondem à perda de habitat e às mudanças climáticas, o que aponta caminhos para a conservação não apenas das corujas, mas também de ecossistemas inteiros.

Para entender as corujas é preciso observá-las na natureza, em seu habitat natural. Mas embora elas possam ser fáceis de reconhecer, não são fáceis de avistar, mesmo pelos especialistas. Muitas vezes, essas caçadoras se escondem bem debaixo do nosso nariz durante o dia, camufladas contra a casca das árvores ou escondidas em buracos, e à noite navegam despercebidas na escuridão. "Encontrar corujas é difícil", diz David Lindo, naturalista, fotógrafo e guia de aves britânico altamente experiente, conhecido como Urban Birder [observador urbano de pássaros], que está sempre à procura desses animais. "Muitas vezes é uma questão de perseverança. Você precisa estar comprometido com aquilo. Precisa tentar descobrir onde elas estão e então vasculhar religiosamente as árvores, procurar pelotas e respingos [as fezes de corujas, também conhecidas como *whitewash*, ou 'cal']."

Corujinha-do-leste camuflada

É por isso que as novas e sofisticadas ferramentas para detecção e monitoramento de corujas são tão vitais. Mas, mesmo com o poder das tecnologias, localizar essas aves na natureza ainda é muitas vezes uma caça ao tesouro exasperante e misteriosa. Como me disse Sergio Córdoba Córdoba, um ornitólogo que estuda corujas neotropicais, pode ser muito frustrante. "A tecnologia é uma grande aliada, com câmeras infravermelhas e telemetria, mas muitas vezes ainda confiamos em sons. Tentar encontrar uma coruja que você ouve cantando é como ser um explorador dos velhos tempos. Você tenta seguir o som, caminhar ou se abaixar para se aproximar sem fazer barulho (quase impossível com folhas secas no chão da floresta), e, quando pensa que está perto o suficiente, acende a lanterna e tenta ver quem está cantando. Na maioria das vezes, eu só espanto a cantora e nunca descubro quem é!"

Pesquisadores e observadores de pássaros frequentemente atraem corujas com playbacks, recorrendo a gravações de áudio de antigos chamados territoriais ou de acasalamento. "Um guia pode tocar o chamado de determinada espécie, como uma corujinha-do-leste", explica Lindo, "e cinco minutos depois uma delas aparece na árvore, você liga a lanterna, tira uma foto e ela desaparece." Usando esse método, tive a emoção de ver uma família de corujas-orelhudas e duas espécies de corujinhas neotropicais no sudeste do Brasil. Mas, como diz Lindo, para o observador de aves casual, "é meio como trapacear", e isso pode atrapalhar o comportamento natural das corujas.

Nada se compara a um encontro fortuito, o momento em que você topa com uma coruja na natureza. Pessoas que entendem o privilégio da quietude e apenas sentam, olham e ouvem — como as próprias corujas — às vezes têm sorte. Um dos momentos corujescos mais memoráveis de Lindo aconteceu dessa forma. Alguns anos atrás, ele estava liderando um tour ornitológico por Helsinque, na Finlândia. O naturalista tinha um dia só para ele, então pegou uma bicicleta emprestada no hotel e saiu. "Notei que havia uma área verde de mata nas proximidades, numa ilha", ele me contou. E continuou: "Então pedalei por uma ponte até a ilha. Lembro de largar a bicicleta e ficar sentado na floresta. Enquanto estava sentado, um chapim-real chegou bem perto de mim. Ele pousou no meu boné e depois disparou de volta para a árvore. Fez isso algumas vezes, o que me intrigou. Então notei algo passando pela clareira, na minha frente. Era uma jovem coruja-de-orelha e estava caçando, ignorando totalmente a minha presença. Simplesmente fiquei sentado ali e a observei, talvez por quarenta minutos, voando ao redor, às vezes parando bem perto de mim. Eu me mantive imóvel. Estava camuflado pelas árvores, e ela não me notou de jeito nenhum. Esse foi um momento incrível".

A ornitologista Jennifer Hartman, que passou anos estudando corujas-pintadas-do-norte, descreve como ficou sentada em silêncio observando essas aves ameaçadas de extinção, uma a uma, por até dezoito horas seguidas. "Eu não achava que alguém pudesse passar tanto tempo com uma coruja selvagem desse jeito sem estressá-la ou fazer com que voasse para longe", diz ela. "Às vezes, elas adormeciam enquanto eu estava lá. Vi uma coruja descer até o chão da floresta e beber água de uma poça. Vi as corujas acordarem de um cochilo e voarem até o chão da floresta e esticarem as asas num trecho iluminado pelo sol — talvez para soltar ácaros de suas penas ou deixar formigas subirem nelas para comê-los. Uma vez vi um beija-flor mergulhar para atacar uma coruja fêmea que estava dormindo. E ela acordou e foi como se dissesse: 'Que coisa! Não tô fazendo nada!'."

"E os sons que elas faziam também eram extraordinários", continua Hartman. "Quando um açor-nortenho* voava, o macho fazia um chamado baixo que eu nunca tinha ouvido antes, e era o seu alerta para a fêmea: 'Fique abaixada, agache-se, não se mova'. Eu estava aprendendo todas essas coisas diferentes sobre elas, que não conseguiria aprender num livro. Foi uma experiência muito íntima, muito tranquila, quase sobrenatural, e mudou minha vida."

Corujas mudam vidas, e o esforço para entendê-las molda a forma como vivenciamos o mundo, intensificando nossa admiração.

Vi isso claramente em um dia de primavera, num barranco repleto de espinheiros e cerejeiras-da-virgínia no oeste de Montana. Segurei uma coruja-de-orelha fêmea capturada na natureza, a palma da minha mão fechada em torno de seus pés, suas garras aninhadas entre meus dedos. O especialista em corujas Denver Holt estava ao meu lado, guiando a liberação dela. "Observe atentamente quando ela voar", cochichou ele. Havíamos levado a manhã toda e boa parte da tarde para capturá-la nas redes de neblina.** Era uma ave grande, madura, cautelosa, difícil de capturar, com pernas fortes e penas macias como pelo de coelho.

Mais cedo, eu a havia avistado usando meus binóculos, quando ela estava empoleirada, discreta, como as corujas costumam ficar durante o dia. Inicialmente, não conseguia entender o que era aquela massa fina e escura nos galhos emaranhados de um espinheiro que parecia desaparecer toda vez que eu desviava o olhar e depois olhava de novo. Estava ali e não estava. Achei que meus olhos estavam me enganando. Ela parecia menos uma coruja e mais um galho quebrado, totalmente

---

* Uma espécie de falcão que vive na Europa. (Esta e as demais notas de rodapé são da tradução, salvo indicação em contrário.)

** As redes de neblina são redes de malha finíssima estendidas entre troncos de árvores, normalmente usadas por pesquisadores para capturar aves ou morcegos.

imóvel, ereta e rígida, esticada verticalmente, com sua circunferência tão contraída que parecia perfeitamente cilíndrica, muito magra e muito alta. Os longos tufos das orelhas que dão nome à sua espécie estavam totalmente estendidos, justos e paralelos, uma forma de interromper o contorno revelador da coruja para que ela se misture perfeitamente aos galhos de seu poleiro natural. Era de um marrom-acinzentado quente, com uma mistura manchada de listras horizontais e verticais, assim como a casca de uma árvore. Se não fossem os olhos dela, de um amarelo flamejante, eu não teria acreditado nos meus.

Tivemos de trabalhar duro para prendê-la, movimentando-nos em vários ângulos diferentes diversas vezes para forçá-la a cair nas redes. Quando finalmente conseguimos, e eu a segurei, ela olhou para mim com um olhar felino. Então foi medida e pesada, marcada e preparada para ser liberada. Agachei-me no túnel de amieiros, direcionei-a para uma abertura estreita entre os galhos grossos e nodosos, inclinei um pouco o pulso e depois abri os dedos. Ela decolou sem fazer barulho, abriu as asas e, com batidas lentas e uniformes, transpôs a abertura estreita em um voo silencioso e desapareceu novamente no matagal escuro.

Holt viveu milhares de momentos como esse com corujas. Para mim, foi uma aventura: brilhante, intensa, profundamente comovente. Aquela coruja parecia um mensageiro de outro tempo e lugar, como a luz das estrelas. Estar perto dela fez, de alguma forma, com que eu me sentisse menor em meu corpo e maior em minha alma.

Perguntei a Holt por que ele dedicou a maior parte da vida ao estudo dessas criaturas esquivas. "Por causa disso", disse ele, apontando para a trilha vazia deixada por ela. Porque elas estão maravilhosamente adaptadas ao seu mundo, tão quietas, invisíveis, enigmáticas não apenas na cor, mas no som, hábeis no escuro, excelentes caçadoras — características que evoluíram ao longo de milhões de anos. "E", acrescentou ele, "porque ainda nos reservam tantas surpresas."

Como é ser uma coruja: adaptações engenhosas

LOBOS DO CÉU

Crepúsculo suave lentamente virando treva na savana ao sul de Sydney, na Austrália. A primavera combina com o calmo céu noturno. Ao longo dos galhos de uma figueira, o cusu-de-orelhas-grandes vai passando, faz uma parada e se põe a comer um figo maduro, que agarra com força usando as patinhas semelhantes a mãos. O cusu é um marsupial relativamente grande, mais ou menos do tamanho de um gato, com focinho pontudo, nariz afilado, orelhas grandes e cauda negra e peluda. A fruta está madura, deliciosa, e vale a pena ficar parado para terminar de comê-la no escuro quase completo. De repente, aparentemente vindo do nada, ouve-se um farfalhar de asas e, em seguida, surgem as garras penetrantes, com uma pegada de aço. Um gritinho alto, o cusu a se debater, uma bicada fatal no pescoço. Para o marsupial, é o fim. Ele é devorado ali mesmo, a começar pela cabeça.

É desse jeito preciso que age a coruja-gavião, a maior ave da espécie na Austrália e uma predadora habilíssima. A palavra *predador* "é muito mal-empregada", afirma o escritor J. A. Baker. "Todas as aves devoram carne vivente em algum ponto de seu desenvolvimento. Basta considerar os olhos frios do tordo, aquele carnívoro saltitante que patrulha os gramados, retalhador de minhocas, que maceta caramujos até a morte." Baker está correto, é claro. Mas as corujas são animais à parte, puras caçadoras, implacáveis, apavorantes em seus

Coruja-gavião com cusu capturado

hábitos alimentares. A coruja-gavião que vi estava pousada no alto de um eucalipto no jardim botânico que fica no coração de Sydney. Debaixo da árvore havia uma mancha pastosa de "cal" — as fezes do bicho — e uma grande pelota acinzentada repleta de pelo e osso (era provavelmente tudo o que restava de um cusu ou de um morcego frugívoro). Uma coruja dessas é capaz de comer entre 250 e 350 cusus por ano, um número impressionante — quase um por dia.

A maneira como ela manipula a comida é em si uma maravilha. Os cusus, ela estripa em menos de vinte segundos, antes de mandar para dentro a refeição em pedaços grandes. Os cusus comem plantas; a coruja não tem como aproveitar toda aquela vegetação e pode não ser capaz de digeri-la. Já as presas menores, ela costuma engolir inteiras. Como acontece com todas as corujas, as partes não digeríveis, como pelos, ossos, penas e garras, são isoladas no estômago e comprimidas até formar uma pelota. Essa pelota permanece ali por horas, até que a coruja a empurra de volta para o esôfago e a boca, por onde finalmente é regurgitada.

Coruja-buraqueira regurgitando uma pelota

Essa capacidade impressionante de fazer com que a comida não digerível cumpra o caminho contrário para ser expelida é chamada de "antiperistalse". Os pterossauros, aqueles predadores alados da era dos dinos, também recorriam a ela. O esforço por trás do mecanismo pode ser um bocado exaustivo, razão pela qual as corujas, às vezes, parecem estremecer quando estão cuspindo uma pelota. Mas essa é uma parte essencial do processo de alimentação: como a pelota bloqueia parte do trato digestório, o bicho normalmente não consegue comer de novo antes de expeli-la.

As corujas caçam e comem todo tipo de animal. Algumas são especialistas, tais como as corujas-pescadoras, quase exclusivamente piscívoras, e as corujinhas-flamejantes, que comem principalmente insetos. Outras, como as corujas-do-nabal e as suindaras, preferem arganazes e outros roedores de pequeno porte. Mas a maioria é generalista e caça qualquer coisa, desde aranhas, rãs, salamandras e camundongos até pássaros e, de vez em quando, morcegos. Algumas espécies, como o caburé-ferrugem, são predadoras-relâmpago, tão céleres e ágeis que conseguem agarrar um beija-flor em pleno voo, enquanto ele está sugando néctar. O mocho-rabilongo fica empoleirado e dá botes repentinos. As corujas-do-nabal ficam voando baixo de um lado para o outro, em campo aberto ou prados, esquadrinhando sistematicamente o solo para tentar achar arganazes, camundongos e outros mamíferos pequenos. Sem se intimidar com presas grandes, o mocho-orelhudo é conhecido por capturar marmotas, coelhos e até gatos domésticos, além de não recusar jaritatacas. Quanto às aves, consegue tirar patos da água durante a noite, e nenhum ganso é grande demais para ele. Outras corujas também estão no cardápio — corujas-de-orelha, corujas-barradas e todas as espécies de pequeno porte com hábitos florestais —, o que faz do mocho-orelhudo um superpredador, ou seja, um predador que devora outros predadores.

Até as corujas-das-neves, famosas por sua predileção pelos pequenos roedores árticos conhecidos como lemingues, na verdade têm apetite ecumênico. É possível descobrir muito sobre a alimentação de uma ave predadora com base no formato de suas patas. "Quando você dá uma olhada nas patas de um verdadeiro especialista em capturar pequenos mamíferos, como o bútio-patudo, percebe que ele tem pezinhos minúsculos e delicados", conta o ornitólogo Scott Weidensaul. "E aí compara isso com uma coruja-das-neves, que tem patas tremendamente poderosas. Essa não é uma especialista em lemingues. É uma especialista em-qualquer-coisa-que-conseguir-jogar-pra-dentro", o que inclui patos de bom tamanho, como um êider, ou até um golfinho-nariz-de-garrafa em decomposição.

Durante muito tempo, os cientistas acreditaram que as corujas não comiam carniça e que, se isso acontecesse, era só um evento fortuito. Mas, ultimamente, armadilhas fotográficas mostraram que as corujas, tal como abutres, podem se fartar de carniça de todo tipo — é o caso dos bufos-reais se alimentando de cervos e ovelhas, de uma coruja-cinzenta se banqueteando com um ungulado abatido por lobos, de uma coruja-de-orelha na Itália comendo quatro porcos-espinhos-de-crista mortos, de uma coruja-das-neves enchendo a pança com pedaços de um cadáver de baleia-da-groenlândia no Ártico e de um bufo-pescador jantando parte de um crocodilo já defunto.

Mas a maior parte das presas das corujas são animais vivos, e não é fácil capturá-los. A maioria dos predadores mais fracassa do que triunfa na hora de caçar alguma coisa. Cusus, lemingues e arganazes não costumam ficar parados feito poste, esperando ser comidos. Eles se escondem, tentam fugir ou até mesmo revidam. Um cusu-de-orelhas-grandes pode ficar de pé, apoiado nas patas traseiras, com as patas da frente perto do peito, rosnando, e então atacar. Às vezes, passarinhos podem revidar em massa, cercando e tentando intimidar as corujas até que elas abandonem o poleiro onde estavam.

Um indício da excelência caçadora das corujas é sua capacidade de estocar presas sobressalentes. Elas têm o costume de guardar ou esconder a comida extra em um ninho, tronco de árvore ou forquilha, para não perder uma parte da caça e poder consumi-la mais tarde. Essa armazenagem acontece com mais frequência quando, depois de saciada a fome das fêmeas ou dos filhotes, o macho esconde as sobras de comida. As corujas às vezes matam mais presas do que conseguiriam consumir de imediato quando a caça está facilmente disponível — como no caso de um bando de tizius adormecidos. As corujinhas costumam voltar a um ninho de pássaros canoros várias e várias vezes, até pegar todos os filhotes. Já as corujas-serra-afiada podem decapitar suas presas, em geral camundongos e aves pequenas, guardando o corpo para consumi-lo mais tarde. Mochos-pigmeus da Noruega são conhecidos por armazenar até uma centena de petiscos (normalmente pequenos mamíferos) em uma única despensa para enfrentar invernos severos.

De certa maneira, as corujas caçam tal como outras aves de rapina, perseguindo suas presas com garras fortes e bicos afiados. Possuem musculatura poderosa nas patas e nos pés, bem como grandes garras, que são ideais para agarrar e matar as presas. Tendemos a achar que as corujas têm pernas curtas porque elas costumam encolher essa parte do corpo quando estão descansando e voando. Mas a maioria delas conta com pernas compridas e musculosas, que chegam a somar metade do comprimento do corpo, com ossos fortes, especialmente nos pés. Pouco antes de tocar a caça, elas empurram os pés poderosos para a frente, matando a vítima com a força do impacto e das garras esmagadoras. Um estudo recente mostrou que uma coruja que pesa menos de meio quilo, ao atacar um camundongo, pode exercer uma força equivalente a 150 vezes o peso de sua presa. Às vezes, no caso de vítimas maiores, uma coruja é capaz de matar atacando o pescoço do animal com o bico afiado, ou aplicando um aperto prolongado e sufocante com os pés. Elas se agarram a seu alvo com força máxima usando duas adaptações engenhosas presentes nas patas. São aves com quatro dedos nos pés, três dos quais ficam virados para a frente durante o voo e, às vezes, quando estão empoleiradas. Mas, quando as corujas precisam agarrar suas presas, uma junta flexível permite que elas virem um dos dedos de trás para a frente, o que lhes confere um sistema de pinça extra muito poderoso, formando um X. Elas conseguem sustentar essa pinça sem se cansar graças a um sistema de tendões que mantém os dedos fechados em volta da presa sem contração de músculos, de modo que não precisam gastar energia para segurar a vítima. Isso também beneficia corujas que capturam presas no "modo cego", ou seja, debaixo de neve ou de folhas ou na escuridão completa, permitindo que elas segurem com força o alvo mesmo que não consigam vê-lo ou julgar sua forma ou tamanho exatos.

Caçar é um desafio para qualquer ave de rapina. Mas, e caçar à noite? É esse poder de encontrar e capturar presas no escuro que faz das corujas animais tão únicos.

TODA OUVIDOS

Certa vez, tive a sorte de encontrar uma coruja-cinzenta cara a cara. Percy era o macho de um casal da espécie que vivia no Museu a Céu Aberto Skansen, em Estocolmo. O tratador do zoológico me deixou entrar no espaçoso aviário, salpicado de árvores e pedras, e me disse para ficar quieta perto de um corrimão. De início, a grande ave se manteve parada num canto distante do recinto. Eu mal conseguia distinguir Percy em cima da casca da árvore e, mesmo naquele espaço fechado, sua parceira estava invisível. Mas, quando o tratador trouxe uma tigela de camundongos congelados, ele saiu voando e, com batidas de asas lentas e silenciosas, pousou no corrimão sem fazer barulho, a menos de um metro de onde eu estava. Parecia enorme, e sua cabeça maciça se virou na minha direção, até que a totalidade do disco redondo que formava aquela face quase humana me encarou. Estava tão perto que eu conseguia ver suas pupilas, os buracos negros no centro dos olhos, alaranjados em meio ao cinza-escuro do disco facial. Quando o tratador pôs a mão dentro da tigela, aqueles olhos pareceram se alargar, e a cabeça do bicho se virou de chofre para o recipiente. O homem lhe deu um camundongo congelado, que ele devorou. Depois outro e mais outro, todos engolidos inteiros.

As corujas-cinzentas normalmente não ganham refeições de bandeja desse jeito, em plena luz do dia. Dependem de sua habilidade como matreiras caçadoras noturnas. Alguns outros tipos de aves, como noitibós, urutaus e bocas-de-sapo, perseguem insetos voadores de grande porte nos céus noturnos. Mas nenhuma outra ave caça mamíferos e outras aves à noite tal como as corujas.

Alguns anos atrás, três naturalistas de campo do Canadá, observando as corujas-cinzentas que caçavam em noites escuras de inverno, notaram como elas iam de poleiro em poleiro até chegar a um local onde pareciam perceber a existência de algo debaixo da neve.

"A ave parava de procurar presas e começava a olhar para baixo, num ângulo agudo", escreveram os naturalistas. "Parecia quase hipnotizada por um ponto lá embaixo, e era muito difícil distraí-la. [...] Embora muitas vezes as estivéssemos observando a uma distância entre três e seis metros, muito raramente víamos alguma coisa [...] mas as corujas quase invariavelmente capturavam presas depois de mergulhar no que parecia ser neve nua."

Enxergar presas invisíveis? Que espécie de poder mágico é esse?

O biólogo Roger Payne foi o primeiro a mostrar que as suindaras conseguem caçar na escuridão completa, usando apenas o som. Payne é mais conhecido por ter descoberto as canções das baleias-jubarte. Mas, antes de se dedicar ao estudo dos cetáceos, ele conduziu uma série de experimentos brilhantes com suindaras, explorando a precisão de seus ataques e as pistas sensoriais exatas que usam para localizar presas. Em um de seus experimentos, Payne bloqueou totalmente a entrada da luz em um recinto, criando um breu completo, e colocou uma coruja em um poleiro, em um canto. Cobriu o chão com folhas e depois arrastou uma bola de papel amassado, do tamanho de um camundongo, pelas folhas. A coruja tentou atacar o papel amarfanhado. Ela não estava usando a visão, o olfato ou o calor corporal para achar a presa. "A bola de papel e as folhas através das quais estava sendo arrastada tinham a mesma temperatura, portanto, a coruja não poderia ter encontrado o objeto usando algum contraste infravermelho entre ele e suas cercanias. A bola de papel não tinha nenhum odor semelhante ao de um camundongo, de forma que o olfato não seria de nenhuma valia. Uma vez que as luzes estavam apagadas, a coruja não era capaz de ver a bola de papel. [...] A única possibilidade que restava, na minha opinião, é que a coruja estava se orientando de forma acústica, seguindo os sons", escreveu o biólogo.

Só para ter certeza, Payne tentou bloquear os ouvidos do bicho com um pouco de algodão, primeiro de um lado e depois do outro. Soltou então um camundongo entre as folhas. "Em ambos os casos a coruja saiu voando na escuridão, diretamente rumo ao roedor, mas pousou a uns quarenta centímetros de distância dele", escreveu o cientista. "Depois de cada teste, o algodão foi removido e deixei que a coruja, na escuridão total, tentasse pegar o mesmo camundongo que tinha acabado de escapar. Em ambos os casos, ela então atacou com sucesso."

Payne também filmou as aves procurando as presas durante o voo na escuridão completa. Os resultados foram de cair o queixo. Quando o camundongo mudava de rumo, a coruja girava a cabeça na direção da criatura e ajustava o ataque no meio do voo.

Como é que uma ave é capaz de fazer isso?

Basta ter uma cabeça projetada para escutar bem, como a de Percy. O disco facial plano e cinzento de uma coruja da espécie dele é como se fosse um enorme ouvido externo, uma antena de satélite dotada de penas que ajuda a coletar sons. Mas nem todas as corujas contam com discos faciais grandes e proeminentes dos parentes de Percy, dos mochos-fúnéreos, das corujinhas e dos mochos-pigmeus. E, em algumas

Disco facial de uma coruja-cinzenta

espécies, como as corujas-pescadoras, ele sofre uma redução dramática. Isso faz sentido: os rios são barulhentos, a água é barulhenta, e o som se reflete na superfície de contato entre o ar e o líquido, sendo de se imaginar que as corujas não consigam ouvir os peixes. Não é o que pensa Jonathan Slaght, especialista em corujas-pescadoras para o qual as aves podem usar o som mais do que imaginamos. Ele me mostrou uma foto de uma coruja-pescadora-de-blakiston em um barranco de rio, na qual a ave "realmente parece estar usando seu disco facial", afirma. "Então, acho que essas feições 'corujescas' diminuem, mas não somem."

Nas corujas que caçam usando principalmente o som, o disco facial é delineado por uma franja ou anel de penas rijas e entremeadas, que capturam ondas sonoras e as canalizam na direção dos ouvidos, como a gente faz quando põe as mãos em concha em volta das orelhas. Penas na parte posterior do disco direcionam os sons agudos rumo aos ouvidos, de maneira que a coruja escuta menos ruídos de suas cercanias e consegue se concentrar nos barulhos feitos pelas presas. "A diversidade de penas no disco facial de uma coruja-cinzenta é simplesmente fenomenal", diz Jim Duncan, estudioso da espécie. "Sete ou oito tipos diferentes. Os que conseguimos enxergar são bem soltos e filamentosos, e o som viaja por eles com muita facilidade. E há também penas curvadas e sólidas, que formam a parte de trás do disco facial e funcionam como o refletor parabólico dele. A curva provavelmente reflete o ângulo ótimo para que os sons que atingem o disco sejam direcionados às cavidades auditivas." Percy consegue até alterar a forma do disco usando músculos na base das penas, passando de um estado de descanso para outro de alerta para uma caça ativa. É impressionante observar uma coruja fazendo isso, ajustando o disco facial quando escuta alguma coisa interessante. É como se o próprio disco fosse uma espécie de abertura, um "olho", que se arregala para deixar entrar mais som e fazê-lo reverberar rumo aos ouvidos.

O uso do termo *orelha* ou *orelhudo* nos nomes populares de algumas corujas confunde um pouco. A coruja-de-orelha e o mocho-orelhudo dispõem de tufos de penas no alto da cabeça, chamados de "plumicornos" (ou seja, chifres com penas), que lembram muito orelhas de mamíferos. Mas esses tufos não têm nada a ver com audição e tudo a ver com camuflagem e, às vezes, exibição.

Os verdadeiros ouvidos de uma coruja são só aberturas de ambos os lados da cabeça, bem cobertas com penas especializadas que permitem que o som as atravesse. Seu tamanho varia de espécie para espécie, dependendo não apenas de quando elas caçam (à luz do dia ou na escuridão), mas também do nível de invisibilidade de suas presas. A coruja-de-orelha, que se alimenta de muitos roedores pequenos, de fato tem ouvidos "compridos" além dos tufos da cabeça, com aberturas auditivas que vão desde o alto da cabeça até a mandíbula. As corujas-barradas e os mochos-fúnéreos, que são estritamente noturnos, também têm aberturas auditivas grandes. Mas o mesmo vale para os mochos-pigmeus, que muitas vezes caçam de dia pequenos roedores que costumam ficar escondidos no capim denso e são achados com a ajuda do som.

E as presas de Percy? Ao menos na natureza, é comum que elas estejam bem enterradas na neve, o que não apenas obscurece tudo visualmente como também cria a chamada "miragem acústica", distorcendo a localização de sons debaixo da camada congelada e fazendo com que seja mais difícil para uma ave encontrar suas vítimas. Como veremos, as corujas-cinzentas desenvolveram algumas estratégias verdadeiramente espetaculares para lidar com tal desafio.

Nos ouvidos de qualquer animal, uma pequena fatia de tecido chamada "cóclea" colabora com o cérebro no difícil trabalho de escutar as coisas. A cóclea contém células ciliadas que são sensíveis às vibrações sonoras, e seu comprimento em um animal é uma medida bastante boa da capacidade auditiva. Na maioria das corujas, a cóclea é enorme em relação ao tamanho do corpo, além de conter um número portentoso de células ciliadas quando comparada à de outras aves. A cóclea de uma suindara, por exemplo, é gigantesca. "Para o padrão do ouvido interno das aves, é o equivalente a um carro de corrida", diz Christine Köppl, que estuda suindaras na Universidade de Oldenburg, na Alemanha. Em suas apresentações, Köppl mostra um slide comparando a cóclea desse tipo de coruja com as de outras espécies de aves — pássaros-pretos, gaios, bútios e gaviões. A cóclea das suindaras é, com folga, três ou quatro vezes mais comprida que a das outras aves, conferindo a ela uma audição extremamente aguçada.

O sistema auditivo das corujas compartilha com o de outras aves mais um superpoder que nós, mamíferos, não temos: ele não envelhece. Para verificar se a audição das suindaras muda com o tempo, a pesquisadora alemã realizou testes em colaboração com dois colegas, Ulrike Langemann e Georg Klump. Os cientistas treinaram sete corujas de diferentes idades para voar de um poleiro a outro em resposta a um sinal sonoro, recebendo um petisco como gratificação. Depois, separaram as aves em grupos de "jovens" e "velhas" e testaram sua audição alterando os sons, fazendo com que eles subissem ou descessem na escala de frequência. A equipe não verificou nenhuma perda auditiva das suindaras jovens para as mais velhas. De fato, a estrela do estudo, um matusalém de 23 anos chamado Weiss, conseguia ouvir o espectro inteiro de sons tão bem quanto as aves de dois anos de idade. Isso sugere que as corujas, assim como outras aves, conseguem regenerar suas células ciliares, com o que mantêm a audição aguçada ao longo de toda a vida.

Nós, mamíferos, não temos tanta sorte. O envelhecimento em humanos, camundongos ou chinchilas traz consigo a perda de audição relacionada à idade, especialmente nos sons de frequências mais altas. Nos nossos ouvidos, as células ciliares danificadas não são substituídas, ao contrário do que ocorre nas aves, e só nos resta ter inveja dos poderes regenerativos dos ouvidos corujescos.

As corujas-cinzentas estão sempre escutando. A cabeça delas gira para procurar a fonte de um som. Seus ouvidos são tão antenados que elas conseguem discernir as passadas sutis de um musaranho na floresta, a batida de asas de um gaio-do-canadá, o remexer abafado de um arganaz que está cavando um túnel debaixo da neve, bem fundo. Voam até o lugar certo, circulam por cima dele, com a cabeça virada para baixo, na direção do som, e por fim, pouco antes do impacto, esticam as pernas para a frente e atravessam com força mais de cinquenta centímetros de neve para agarrar a presa.

Para conseguir caçar usando apenas o som, as corujas precisam não apenas de ouvidos extremamente sensíveis como também da capacidade de localizar a fonte de um som fraco no espaço tridimensional — às vezes de longe e às vezes através de uma camada grossa de neve, solo ou folhas. O falecido Masakazu (Mark) Konishi enfrentou o desafio de desvendar como tais aves superavam esses obstáculos.

Konishi morreu em 2020. Um ano mais tarde, no dia de seu aniversário, um grande grupo de pesquisadores — colegas e estudantes de pós-graduação — se reuniu em uma celebração virtual para homenagear o cientista e a pessoa, e para destacar novas pesquisas inspiradas em seu trabalho. Os títulos das palestras refletiam a sensação de assombro que compartilhavam com Konishi: "A incrível cóclea das suindaras", "O incrível mesencéfalo das corujas", "O incrível núcleo laminar".

Quando Konishi tomou conhecimento do relato de Roger Payne sobre a capacidade das suindaras de capturar camundongos usando apenas o som, ele quis entender exatamente como a ave era capaz de fazer isso. Como ela consegue rastrear a presa na mais completa escuridão? Como percebe exatamente de onde o som está vindo? Que tipo de circuitaria cerebral o permite? Konishi sabia que os discos faciais ajudavam nessa tarefa, assim como a assimetria entre os ouvidos — ao menos em algumas espécies do grupo.

Certas corujas, como o mocho-orelhudo e a corujinha-do-leste, têm ouvidos dispostos mais ou menos no mesmo nível em ambos os lados da cabeça, tal como a maioria dos animais. Mas outras que dependem fortemente do som para caçar — suindaras, corujas-serra-afiada e corujas-cinzentas — têm uma das aberturas auditivas numa posição mais alta do que a outra. A assimetria dos ouvidos de Percy é impressionante. Debaixo daquela massa de penas macias, o ouvido esquerdo fica logo abaixo do nível dos olhos; o direito, logo acima. Para localizar presas com acurácia, Percy compara os sons que chegam a cada ouvido, sua intensidade e qual ouvido os detecta primeiro. O direito é mais sensível a sons que vêm de cima do ponto médio de sua face, enquanto o esquerdo tem mais sensibilidade aos sons que chegam da parte de baixo. A diferença no momento da chegada do som entre os ouvidos, conhecida como diferença de tempo interauditivo, ajuda Percy a calibrar o exato azimute (ou localização horizontal) de um som. A diferença na intensidade do som entre os ouvidos lhe permite determinar a elevação do som. O ponto onde azimute e elevação coincidem é o que vira alvo do ataque. Espécies como as corujas-cinzentas, as suindaras e as corujas-serra-afiada conseguem localizar sons num raio de apenas dois ou três graus.

Há, porém, mais detalhes nessa história. Rastrear vítimas com precisão exige dois ouvidos, e o arranjo assimétrico deles ajuda. Mas, no fim das contas, é o cérebro que localiza os sons no espaço de um jeito extremamente engenhoso.

Quando Konishi deixou Princeton e foi para o Caltech, em 1975, ele tinha treinado 21 suindaras para atacar alto-falantes que produziam todo tipo de som. O grupo incluía uma coruja chamada Roger, para homenagear Roger Payne. (Vale notar que Roger, o "corujo", acabou se revelando uma fêmea: em dado momento, "ele" botou um ovo.) Roger virou a estrela de tantas publicações que os pesquisadores homenageantes de Konishi achavam que aquela coruja poderia estar entre os mais famosos animais dos artigos científicos, rivalizando com Alex, o papagaio-cinzento-africano que, junto com a cientista de Harvard Irene Pepperberg, ensinou ao mundo tanta coisa sobre o cérebro e a inteligência das aves.

A pesquisa de Konishi ganhou impulso quando um mecânico do Caltech, famoso por trabalhar na sonda *Viking* em sua primeira missão de pouso em Marte, projetou e construiu um equipamento sofisticado para os estudos com corujas — um tipo engenhoso de "minibonde", num trilho em semicírculo. Preso ao veículo, havia um pequeno alto-falante que, acionado via controle remoto, podia se movimentar em volta da cabeça de uma coruja a uma distância constante, tanto na horizontal quanto na vertical. Com a ajuda dessa engenhoca de inspiração espacial, Konishi e seu aluno de doutorado Eric Knudsen fizeram uma descoberta notável. Alguns neurônios auditivos no cérebro das corujas reagem apenas quando um som está vindo de um local específico. Ao comparar as reações ao som por parte de neurônios na cóclea de ambos os ouvidos, o cérebro constrói uma espécie de mapa multidimensional do espaço auditivo. Isso permite que as corujas localizem as presas com rapidez e precisão.

Foi uma surpresa. Os animais têm mapas cerebrais para a visão e o toque, mas eles são construídos a partir de imagens e receptores de tato que montam uma espécie de mapa no cérebro por meio de projeções diretas, ponto por ponto. Com os ouvidos, o processo é bem diferente. O cérebro compara a informação recebida de cada ouvido sobre o momento de emissão e a intensidade de um som, e depois traduz as diferenças para uma percepção unificada de um único som, saindo de uma região específica do espaço. O mapa auditivo que surge a partir disso permite, no caso das corujas, que elas "vejam" o mundo em duas dimensões usando seus ouvidos.

Essa descoberta tornou-se um grande salto para entender como o cérebro de qualquer animal, incluindo os seres humanos, aprende a captar seu ambiente por meio do som. Pense um pouco. De pé no meio de uma floresta, você ouve o estalo de um galho que cai ou o farfalhar dos passos de um cervo nas folhas secas. Seu cérebro calcula o tempo e a intensidade do som para determinar de onde ele está vindo. As corujas realizam essa tarefa com uma velocidade e precisão incríveis. Cada cóclea dessas aves fornece ao cérebro o momento preciso da chegada do som àquele ouvido, com margem de erro de vinte *micro*ssegundos. Isso determina a acurácia com que o cérebro é capaz de calcular a diferença de tempo interauditivo, o que, por sua vez, determina a acurácia da localização de um som no azimute. "A precisão de microssegundos que a cóclea das corujas permite é melhor do que a de qualquer outro animal já testado", diz Köppl. "Nós temos cabeças grandes, o que faz com que a diferença de tempo interauditivo seja maior, facilitando a tarefa da cóclea e do cérebro. Em suma, é a combinação de uma cabeça pequena e uma capacidade de localização muito precisa que faz das corujas animais únicos."

E eis aqui um achado surpreendente. José Luis Peña, um neurocientista da Faculdade de Medicina Albert Einstein, junto com sua equipe de colaboradores, descobriu que o sistema de localização de som do cérebro de uma suindara realiza cálculos matemáticos sofisticados para conseguir flagrar presas. Os neurônios espaço-específicos no cérebro auditivo especializado da ave trabalham com matemática avançada quando transmitem informações, não apenas somando e multiplicando os sinais que chegam, mas também fazendo médias deles e usando um método estatístico chamado "inferência bayesiana", que envolve a atualização constante conforme mais informações vão ficando disponíveis.

E todos esses cálculos acontecem mais rápido que um piscar de olhos. Eu sei, é de explodir a cabeça da gente.

Não é só a audição das corujas que é aguçada. Elas também têm uma visão excepcional, e as pesquisas sobre a maneira como os dois sentidos trabalham juntos têm fornecido alguns insights fascinantes sobre as aves e, também, sobre os bebês humanos.

Quando chego mais perto de Percy, tenho a impressão de que ele reviraria os olhos para mim — isso se conseguisse. Os grandes olhos das corujas são tubulares, rígidos e encaixados em suas órbitas num olhar voltado para a frente. Essa não é a regra entre as aves. Elas normalmente têm olhos ovais ou em formato de disco, nas laterais da cabeça.

Por que as corujas teriam olhos voltados para a frente?

O ornitologista Graham Martin, que estuda a visão das aves há mais de cinquenta anos, argumenta que há uma razão muito simples para isso. O tamanho das corujas. Percy tem mais ou menos sessenta centímetros de altura e pesa só 1,25 quilo, mas seus olhos correspondem a cerca de 3% do peso corporal. Já os meus equivalem a apenas 0,003% do peso do meu corpo. Se meus olhos fossem proporcionalmente tão grandes quanto os de Percy, teriam mais ou menos o tamanho de uma laranja e pesariam quase dois quilos. Os olhos das corujas ficam voltados para a frente porque são muito grandes, argumenta Martin, e o crânio delas é tão pequeno e cheio de estruturas grandes e complicadas dedicadas à audição que não há nenhum outro lugar onde encaixá-los. De fato, dá para ver a lateral do olho de uma coruja através de sua abertura auditiva, "o que indica que olhos e ouvidos estão bem comprimidos dentro do crânio", escreve ele. "Onde mais os olhos poderiam estar?"

Pode ser, mas essa posição ocular também confere a elas uma capacidade vital para a caça: a visão binocular. Não tanto quanto a nossa, mas é significativa quando comparada com a da maioria das outras aves. Para um pardal ou chapim perseguido por uma coruja, os olhos nas laterais oferecem um amplo campo de visão, que é o ideal para perceber a aproximação de um predador. As corujas têm um campo de visão total mais estreito, mas sua visão binocular lhes amplia a capacidade de determinar a direção para a qual estão voando e o tempo necessário para atingir um alvo — grandes vantagens na hora de chegar perto das presas, especialmente se elas precisam ser pegas com uma precisão de segundos. No entanto, dispor de um campo de visão que, no geral, é mais estreito tem algumas consequências. Se você chegar perto de uma coruja, ela vai balançar a cabeça, girá-la e mexê-la de um lado para o outro, para a frente e para trás, para cima e para baixo, às vezes torcendo-a até ela ficar quase de cabeça para baixo. O que acontece é que ela está tentando dar uma boa olhada em você.

Como os olhos de Percy estão fixados em uma mirada para a frente, o único jeito de ele seguir meus movimentos é ficar girando a cabeça. Por sorte, ele é bom nisso. Embora a ideia de que as corujas conseguiriam descrever um círculo completo virando a cabeça seja um mito, algumas espécies, como as corujas-cinzentas e as suindaras, de fato rotacionam a cabeça por quase três quartos de círculo, ou 270 graus

— três vezes a flexibilidade que os seres humanos possuem. Elas têm exatamente duas vezes mais vértebras cervicais do que nós, o que lhes dá muito mais flexibilidade. Outras aves contam com o mesmo número de vértebras no pescoço e são capazes de girar 180 graus ou mais para se coçar. Mas seus pescoços não ficam enterrados em um monte de penas, como o das corujas, então é mais fácil detectar como eles se inclinam e dobram quando bancam a "cegonha" para enxergar atrás de si. A capacidade do pescoço de uma coruja de se movimentar com rapidez e fluidez ao longo desses 270 graus de rotação se deve a algumas adaptações espertas, como um formato que lembra um S, que traz flexibilidade, e um sistema de ossos e vasos sanguíneos que minimiza interrupções no fluxo de sangue do pescoço para os olhos e o cérebro quando a cabeça rotaciona.

Em 2016, cientistas que estavam analisando como a visão evoluiu nas aves toparam com um segredo das corujas. A equipe estudou 120 genes associados à visão em 26 espécies diferentes, de corujas e poupas a falcões e pica-paus. As corujas, pelo que descobriram, eram as rainhas das adaptações visuais, com mais modificações em genes relacionados à visão do que qualquer outro grupo de aves.

"Os hábitos noturnos das corujas, incomuns entre as aves, favoreceram o desenvolvimento de um sistema visual excepcional que está altamente adaptado para caçar à noite", escrevem os cientistas. Ao que parece, ao longo do tempo evolutivo, as corujas fizeram uma espécie de troca sensorial. Perderam alguns dos genes envolvidos na visão diurna e de cores. Mas seus genes para visão noturna foram turbinados e refinados. Os falcões-peregrinos e outras aves de rapina podem ter visão mais aguçada durante o dia, o que lhes permite discriminar detalhes finos a distâncias maiores, mas os grandes olhos tubulares das corujas deixam entrar mais luz e contam com mais células que processam fótons, o que lhes dá acuidade visual mesmo nas condições mais escuras. A maioria das aves tem uma retina dominada por cones, células que funcionam melhor com luz forte e ajudam na detecção de cores. Já as retinas das corujas estão repletas de bastonetes, que são muito mais sensíveis à luz e ao movimento. As corujas que caçam à noite, como Percy, têm cerca de 93% de bastonetes e 7% de cones, o que lhes dá cerca de cem vezes mais sensibilidade à luz em comparação com um pombo. Sua visão noturna é melhor do que a nossa, embora não seja tão aguçada quanto a de um gato.

As corujas podem ter perdido alguns genes ligados à visão diurna, mas mantiveram algo bastante extraordinário, que a maioria das aves ativas à noite tem — a sensibilidade à luz ultravioleta. As aves diurnas possuem três tipos de cones sensíveis à cor em suas retinas, incluindo um que reage à luz ultravioleta, o que permite que algumas espécies percebam uma dimensão totalmente diferente das cores, milhões de tons que não conseguimos enxergar. Agora, novos estudos estão mostrando que algumas corujas possuem *bastonetes* retinais sensíveis à luz ultravioleta. Por que uma ave que fica ativa principalmente à noite — quando a cor é, em grande medida, imperceptível — precisaria de sensibilidade ao UV? Há boas razões para isso, como veremos mais tarde, as quais têm a ver com a alimentação dos filhotes e a proteção contra rivais.

No caso dos olhos das corujas, tudo tem a ver com a luz. As pupilas dessas aves são capazes de aumentar até atingir o tamanho inteiro do olho, deixando entrar cerca de duas vezes mais luz do que as pupilas humanas. E elas se dilatam ainda mais quando a coruja escuta um som novo — um elo entre visão e som que aumenta suas habilidades de caçadora. (Os olhos de Percy de fato crescem quando o tratador faz barulho ao colocar a mão na tigela cheia de camundongos.)

Quando o neurocientista Avinash Singh Bala teve esse insight por acaso alguns anos atrás, foi algo completamente inesperado — e, pelo que se descobriu, útil para nossa compreensão da audição em bebês humanos. Bala estava treinando suindaras para reagir a diferentes sons num estudo cujo objetivo era entender como o cérebro humano processa sons. Enquanto preparava o experimento, ele notou que a pupila dos olhos das corujas costumava se dilatar em resposta a algum ruído aleatório, como uma porta batendo ou algo que caía de uma escrivaninha. Mais tarde ele percebeu que os seres humanos também têm essa resposta involuntária das pupilas, e que ela poderia ser usada para medir a audição de bebês. Uma vez que estes não conseguem dizer se estão ouvindo alguma coisa ou não, diagnosticar problemas de audição neles é um desafio. A descoberta de que a pupila dos bebês, assim como a das corujas, reage a um novo som, incluindo pequenas variações no volume ou na forma de uma sílaba, como *bá* e *pá*, fez surgir um novo teste diagnóstico para perda de audição em crianças pequenas. Trata-se de um exemplo claro de como a ciência básica envolvendo corujas trouxe benefícios para a medicina humana — e de como os olhos e os ouvidos de uma coruja trabalham juntos.

Nenhuma outra ave usa a visão e a audição de maneira tão altamente coordenada para detectar e capturar suas presas, diz Graham Martin. "Na maioria das aves, é provável que a visão e a audição tenham funções diferentes na hora de guiar seu comportamento, mas, nas corujas, os dois sentidos se unem para localizar um objeto durante a captura de uma presa. A acuidade auditiva mais elevada das corujas fica diretamente na frente da cabeça, no campo binocular de visão. Se elas conseguem ver de onde um som está vindo, em vez de apenas ouvi-lo, conseguem usar a visão para estimar a direção e o tempo até o impacto quando dão o bote."

Uma equipe de cientistas holandeses que está estudando a anatomia cerebral das corujas encontrou recentemente outra conexão olho-ouvido: parte do nervo auditivo que vai até o cérebro se bifurca no centro neuronal óptico da ave também. "Isso indica que parte da informação sonora que as corujas obtêm por meio dos ouvidos é processada no centro visual do cérebro, de maneira que elas, na verdade, recebem uma imagem visual daquilo que ouvem", especula Kas Koenraads, um morfólogo e ecólogo responsável pela pesquisa. "Não sabemos o que isso significa para o animal. Pode ser que, quando uma coruja escuta algo se movimentando no escuro, em um ambiente florestado, ela receba algum tipo de indicação visual sobre o lugar de onde as pistas sonoras estão vindo, como um ponto iluminado na escuridão da floresta. Seria muito legal se a coisa funcionasse desse jeito", diz ele. "Com base nas características morfológicas, é possível que seja isso. Mas provavelmente nunca vamos descobrir, porque não temos como entrar na cabeça de uma coruja."

✳

Imagine se isso fosse possível.

Imagine se, só por um instante, pudéssemos notar o que uma coruja nota, ouvir cada som discreto nas matas, como se fôssemos, digamos, uma coruja-cinzenta feito Percy, recolhendo comida para sua parceira ou seus filhotes no breu da noite — não pegando algo da tigela daquele tratador, mas forrageando em um emaranhado de gramíneas e caniços ou debaixo de uma camada funda de neve. De seu poleiro, Percy vê tudo com aqueles intensos olhos coletores de luz, perscrutando o escuro, capturando quaisquer fótons escassos que possam estar espalhados por ali e levando-os até suas pupilas alargadas. Ele gira a cabeça para se sintonizar com os farfalhares mais fraquinhos, focando o vórtice de sua atenção no vago remexer sobre o solo ou debaixo da neve. Seus ouvidos não param de captar a presa. Por fim, usando asas tão suaves quanto uma brisa cálida, ele se lança sobre a criatura com tal celeridade e silêncio que ela nunca chega a perceber o que está por vir.

Boa parte desse equipamento soberbo das corujas tem o objetivo de localizar presas difíceis de flagrar, que produzem sons impossivelmente fracos que vão e voltam em questão de instantes. Quando ouvimos sons tênues, tentamos ficar quietos o máximo possível. Imagine quão silenciosa uma coruja caçadora precisa ser. Penso em Percy em pleno voo, seu corpo maciço chegando perto de mim naquele corrimão. Suas asas quase rasparam na minha orelha, mas não se ouviu nenhum som, nem um único farfalhar do ar nas penas ou um sopro fazendo *vuuush*.

O voo silencioso de uma coruja: é uma das grandes maravilhas do mundo das aves, e está só começando a revelar seus mistérios.

VOO SILENCIOSO

Se você já viu uma coruja molhada, é capaz de dar o devido valor às penas delas. Não faz muito tempo, uma clínica de reabilitação de espécies selvagens na Nova Zelândia postou nas redes sociais a imagem de uma morepork da qual estava cuidando, antes e depois de um banho.

Essa corujinha castanha (também designada pelo nome maori, "ruru", que vem de seu chamado com duas notas) parecia muito atrevida antes do banho. Mas os veterinários, que haviam encontrado bactérias na pele dela, tiveram de encharcá-la com um produto especial que amassou, de forma temporária, mas avassaladora, sua plumagem fofa, deixando-a com uma aparência magricela e desmazelada. O contraste era tão gritante que a imagem ganhou 37 mil curtidas em apenas dois dias. Que diabos era aquela criaturinha com cara de graveto?

A pose de majestade de uma coruja-cinzenta diminui de forma considerável quando você tateia debaixo das penas e sente a delicadeza de seu crânio e dos demais ossos. É só a camada de dez centímetros de penas em volta da cabeça que dá a Percy a ilusão de ser enorme.

Embora não sejam à prova d'água, as penas das corujas desenvolveram adaptações engenhosas para camuflagem e voo silencioso ao longo de milhões de anos. Só a cor delas já é uma maravilha de especialização, dominada por nuances naturais, variação de castanho, creme e acinzentado. As superfícies escuras dos vexilos das penas (a parte entrelaçada da estrutura) estão saturadas com o pigmento melanina, o que lhes dá não apenas força e dureza extras como também resistência à abrasão e a bactérias e parasitas capazes de degradá-las.

Mocho-orelhudo depois da chuva

Asa de uma suindara, mostrando a pigmentação das penas

Com todos esses benefícios da plumagem com melanina, por que as corujas não possuem uma coloração uniformemente escura? Porque, para produzir penas com áreas escuras, elas precisam de matérias-primas e energia abundantes, incluindo depósitos de minerais como cálcio, cádmio e zinco. (Obter cálcio não é fácil para as corujas — elas digerem os ossos de suas presas com menos eficiência do que outras aves de rapina.) Além disso, penas mais escuras também são mais pesadas. As regiões dessas estruturas com coloração mais clara pesam até 5% menos do que as porções escuras adjacentes. Assim, as corujas economizam na coloração escura, com faixas e pintas estrategicamente posicionadas nas superfícies superiores das asas e das costas e plumagem mais pálida embaixo das asas e na barriga. Algumas espécies, principalmente as de habitats florestais, contam com penas escuras de forte saturação nas bordas frontais das asas e nas pontas delas, o que as fortalece para enfrentar colisões e o desgaste de voar em meio à vegetação. As aves maiores, como as suindaras, tendem a ter cálamos mais fortes e "costelas" formadas por faixas escuras contra um pano de fundo mais claro e pálido (que é menos custoso durante o crescimento do bicho), enquanto as menores têm cálamos mais fracos, reforçados por vexilos mais escuros, com padrões de formas ovais e pintas pálidas (de novo, para economizar energia e minimizar o peso).

Tal como outras aves, as corujas trocam de penas para renovar sua plumagem, perdendo regularmente as estruturas que estão velhas ou desgastadas pelo atrito que ocorre durante o voo, as que ficaram danificadas em colisões com galhos ou grama, ou por atravessar a abertura estreita de um oco de árvore ou outra cavidade. As partes dos vexilos com coloração mais clara, não reforçadas com pigmento escuro, são especialmente vulneráveis ao desgaste causado por penas adjacentes. A troca de penas renova a plumagem e a mantém em condição ideal para voar com eficiência e garantir a isolação térmica do animal.

As corujas normalmente têm mais penas que as outras aves. Não faz muito tempo, quando David Johnson e uma equipe de voluntários contaram cada uma das penas no corpo de uma fêmea morta de mocho-orelhudo — um trabalho que demorou 46 horas para ser concluído —, chegaram ao número de 12.230. As águias e a maioria das demais aves de rapina têm metade disso. A coruja-de-orelha possui quatro vezes mais penas que outras aves de tamanho similar fora do grupo das corujas. A plumagem tende a ser mais densa em volta da face das espécies do grupo. A cabeça da coruja que Johnson examinou tinha 32% de todas as penas do animal, cerca de 4 mil — mais do que qualquer outra parte do corpo —, mas representava apenas 7% do peso total delas. Sob as penas acinzentadas e peso-pluma do disco facial de uma coruja-cinzenta, ficam lindas penas amarelo-alaranjadas. Jim Duncan especula que as corujas-cinzentas talvez tivessem sido mais coloridas outrora, e que a evolução fez com que todas as penas expostas adquirissem tons mais neutros, cinzentos, castanhos e brancos, para fins de camuflagem. Algumas espécies possuem penas semelhantes a cerdas em volta do bico, que funcionam como receptores de tato. E outras, como as corujas-das-neves, têm pés com uma espessa cobertura de penas.

Considerando que as penas tendem a fazer muito barulho, o voo silencioso das corujas é ainda mais impressionante. Certa vez, testemunhei uma demonstração de voo livre de um gavião, realizada por um mestre falcoeiro. Ele pediu que cerca de trinta pessoas que estavam assistindo ficassem deitadas lado a lado num campo coberto por grama. Quando os risinhos pararam, a assistente dele ficou de pé em uma ponta daquela fileira de corpos com um gavião-asa-de-telha no braço. O falcoeiro, na outra ponta, pediu que fechássemos os olhos. Deitada na grama, de olhos cerrados, coração batendo de expectativa, era fácil imaginar o que é ser uma presa, alerta diante de qualquer som, qualquer sopro de ar ou movimento. A assistente soltou a ave. De repente, ouviu-se um forte remexer de batidas de asa e, por um instante, conforme a ave nos sobrevoava bem de perto, indo até o falcoeiro, o *vuush* do voo e da turbulência do ar.

Todas as aves produzem algum som durante o voo. O barulho surge do arrasto do ar passando pelo corpo do animal, dos vórtices, ou redemoinhos turbulentos de vento, na esteira da ave, os quais geram ondas sonoras, do ar que se comprime entre aberturas nas penas e do atrito entre elas. A cada batida de asas, elas farfalham, vibram, assobiam, murmuram, zumbem. Tamborilam, fazem cliques, estalam. Mas os sons que muitas corujas produzem quando voam são tão fracos que ficam abaixo do limiar da audição humana. Medidas em laboratório, que compararam um gavião-asa-de-telha e um peneireiro-europeu, de um lado, com uma suindara e um bufo-real, do outro, mostraram que as asas das duas corujas geraram ruído entre cinco e dez decibéis mais baixo que as das outras espécies de predadores.

Apesar de décadas de estudo, o voo furtivo das corujas é uma façanha de discrição biomecânica que ainda desafia os biólogos e engenheiros — e um daqueles superpoderes que fazem das corujas um pináculo da evolução.

Pesquise no Google o termo *"owl silent flight"* [voo silencioso de coruja] e você vai encontrar um vídeo dramático de um experimento feito pela BBC Earth, comparando o ruído de voo de um pombo, um

Sobrevoo de uma suindara

falcão-peregrino e uma suindara. A equipe da BBC filmou as três aves em câmera lenta conforme elas seguiam uma trajetória de voo que passava por seis microfones extremamente sensíveis. Trata-se de uma montagem fantasmagórica, a ave voando no escuro e um espectrograma do som que ela produz se desenhando contra o pano de fundo negro. As diferenças são dramáticas. As batidas de asa do pombo e do falcão aparecem no espectrograma como grandes picos de som. Já a onda acústica da coruja é reta.

Christopher Clark acredita que o clipe pode ter sido editado de alguma maneira. "As corujas *produzem* algum som quando voam", diz ele.

Se alguém sabe disso, é Clark. Ele coordena o Laboratório de Aeroacústica Animal da Universidade da Califórnia em Riverside, onde estuda os sons que os animais produzem ao voar. Junto com sua aluna de pós-graduação Krista Le Piane, conduziu o próprio experimento, com suindaras voando a uma distância de menos de meio metro de um microfone. O bater de asas da coruja aparece como uma onda de baixa frequência — frequência *muito* baixa, mas está lá. (Também fracamente audível é a presença de um componente sonoro de frequência mais alta, o qual, para Clark, é produzido pelas penas.)

Ainda assim, o que a BBC diz faz sentido. As corujas podem não ser voadoras totalmente silenciosas, mas chegam perto. Em parte, isso acontece porque elas têm baixa carga alar — ou seja, as asas são grandes em relação ao corpo —, de modo que seu voo é "flutuante" e lento, alcançando uma velocidade de apenas 3,5 km/h no caso de uma ave grande como as suindaras, o que faz o voo ficar mais silencioso. (As corujas precisam voar devagar para rastrear presas em campos abertos e navegar em meio às árvores e a outros obstáculos em florestas.) Mas são as penas maravilhosas e únicas e a estrutura das asas desses bichos que realmente fazem com que seu voo quase não faça barulho.

Chris Clark tem fascínio por penas, especialmente no que diz respeito ao som que as aves produzem com elas — e, no caso das corujas, ao modo pelo qual elas suprimem os ruídos que as penas fazem naturalmente. Nos últimos anos, ele passou a estudar em profundidade as maneiras pelas quais as penas do grupo evoluíram para disfarçar sons, dando a essas aves o extraordinário dom da furtividade. Alguns de seus achados confirmam o que já sabemos. Outros viram de ponta-cabeça o que se achava antigamente e trazem novos e intrigantes enigmas.

Desde a infância um aficionado da observação de aves, Clark foi cativado pelo voo acrobático dos colibris-de-anna que ele viu quando era adolescente no arboreto da Universidade de Washington, em Seattle. Começou a carreira estudando biomecânica de voo, mais especificamente a cinemática tridimensional do voo dos beija-flores, a maneira como essas aves minúsculas sustentam seu corpo e modificam a posição das asas quando voam para a frente.

"Eu não tinha nenhum interesse em sons, e nunca me ocorreu que o ruído produzido durante o voo pudesse ser importante", conta ele. Mas observar os colibris-de-anna mudou essa ideia. Em 2008, Clark descobriu algo maravilhoso na performance de acasalamento desse beija-flor: durante sua empolgante exibição para conquistar possíveis parceiras, a ave *canta* usando as penas — ou, conforme o pesquisador escreve no artigo que publicou durante o doutorado, "chilreia com a cauda". Nesse artigo, Clark demonstra que o chilreio alto que o macho produz no ponto mais baixo de seu mergulho, bem quando está diretamente acima da fêmea, não é uma vocalização, como se acreditava, mas uma explosão curiosa de som mecânico fininho produzida por um remexer de alta velocidade, delicadamente cronometrado, das penas especializadas da cauda. "Passei mais ou menos a década seguinte inteira medindo como diferenças nas formas das penas de diferentes espécies de beija-flores afetam os sons que eles produzem", diz ele. "Eu estava fazendo a seguinte pergunta: como algumas aves geram som extra quando estão voando? E me ocorreu que o voo silencioso é meio que o reverso da mesma moeda, e algo igualmente engenhoso."

"As penas são estruturas impressionantes e provavelmente estão entre as razões pelas quais as aves são tão incrivelmente bem-sucedidas", prossegue ele. "A queratina que as compõe suporta estresses mais elevados do que os que alumínio suporta, e isso significa que as penas são extremamente flexíveis e podem se dobrar num ângulo maior do que o do metal antes de começarem a sofrer fadiga ou apresentar outros problemas."

Mas as penas têm outras características que podem ser uma desvantagem para uma ave que caça usando a furtividade. "Elas são autônomas e possuem rugosidades formadas pelas barbas e bárbulas numa escala submilimétrica, de maneira que tendem a produzir sons friccionais durante o voo", explica Clark. "Se você esfregar duas penas de um búteo-de-cauda-vermelha, vai ouvir uma bela quantidade de som friccional, semelhante ao de dois pedaços de velcro descolando, ou de papel-lixa sendo esfregado numa superfície." Uma vez que a maioria das penas gera ruídos, a maior parte das aves produz o que Clark chama de "assinatura audível" a cada batida de suas asas — tal como aquele falcão-peregrino no filme da BBC e o gavião-asa-de-telha quando voou por cima de nós em campo aberto. Abutres e calaus fazem barulho quando estão planando. Corujas não.

Já em 1934, o britânico Robert Rule Graham, piloto, engenheiro aeronáutico e amante das aves, identificou três características que suprimem o som durante o voo das corujas. Primeiro, observou uma característica incomum, conhecida como pente — uma fileira de cerdas finas, parecidas com pelos, que se estendem para a frente ao longo da borda de ataque da asa (onde ela se encontra com o ar que está chegando). Também notou um cinturão de franjas desgrenhadas, mais soltas, nos vexilos da borda de fuga da asa (sua borda traseira) e, finalmente, uma camada lisa e aveludada cobrindo toda a asa.

Graham, no geral, estava certo — esses três mecanismos são cruciais para o voo silencioso. Mas, nas décadas seguintes, vários biólogos e engenheiros refinaram suas interpretações, analisando os vários detalhes das asas que ele descreveu e até usando designs inspirados pelas corujas para criar asas e turbinas de aviões menos barulhentas.

Na maioria das aves, o ar que passa pela superfície das asas produz turbulência, ou seja, redemoinhos de ar que fazem barulho. Uma equipe de cientistas, estudando o pente da borda de ataque na asa de uma suindara, descobriu que, ao serem atingidos pelo fluxo de ar, os serrilhados que compõem o pente "quebram" a turbulência, efetivamente suprimindo aquele som de *vuush* que ouvi na demonstração do gavião-asa-de-telha. Quando a equipe testou o número de "dentes" no pente da asa de um bufo-real, descobriu que ele tinha a quantidade ideal para reduzir a turbulência, 28 por polegada. O pente também ajuda a aquietar o fluxo de ar normalmente ruidoso na ponta da asa, especialmente antes do pouso, quando a coruja está perto de perder a sustentação no estágio final de um ataque. Essas características provavelmente explicam as descobertas de engenheiros que recentemente fizeram experimentos com um boobook-australiano, ou coruja-gavião-australiana, criando simulações computadorizadas do fluxo de ar em volta de uma dessas corujas quando ela está batendo as asas. O ar que passa pela asa fica fragmentado, deixando de seguir a configuração que aparece nas asas de aves com voo mais barulhento. Outra equipe de pesquisa, que há pouco analisou as penas primárias das asas de corujas, descobriu que elas têm pontas moles e elásticas, responsáveis por suprimir o som que poderia surgir caso as pontas fossem duras.

Mas, na opinião de Chris Clark, o voo silencioso das corujas se deve principalmente a uma notável capacidade para reduzir o ruído do atrito entre as penas.

Se você pegar duas penas de coruja e esfregar uma na outra, não vai ouvir muita coisa. Isso acontece porque elas estão cobertas com uma fina camada de fibras fofas chamadas "pênulas", que encobrem o som e dão às asas das corujas aquele toque suave e aveludado que Graham notou. As penas da asa de uma coruja ficam ligeiramente separadas umas das outras durante o voo, de modo que o ar flui por cima de cada uma delas, enquanto a pênula cria um espaço entre penas adjacentes, o que faz com que não ocorra nada parecido com o atrito ou o esfregamento que acontece na maioria das aves. As franjas desfiadas dos vexilos na ponta de ambas as asas e da cauda também ajudam a prevenir o aparecimento de redemoinhos. Juntas, a borda serrilhada, a pênula e as pontas desfiadas reúnem cada uma das penas em uma única superfície macia, sem bordas afiadas e ruidosas.

Nem todas as corujas são fofas e inaudíveis quando voam. A caixa de ferramentas do voo silencioso varia de espécie para espécie. As que dependem menos da audição quando caçam, como as corujas-anãs, voam de modo mais barulhento. Já as corujas-cinzentas apresentam os traços mais extremos quando se trata de voo silencioso. Em relação a qualquer outra espécie do grupo, elas têm a camada aveludada mais espessa, um dos pentes de borda de ataque mais compridos e possivelmente as franjas de vexilos mais completas.

Por que a coruja-cinzenta acabou sendo essa "campeã do voo silencioso"?

Em 2022, Chris Clark e Jim Duncan, especialista na espécie, conduziram um experimento engenhoso que sugere que a resposta está na maneira como essa coruja caça arganazes debaixo da neve.

Duncan sempre ficava intrigado com a capacidade das corujas-cinzentas de encontrar suas vítimas debaixo de uma camada de neve de quase meio metro de espessura. Logo no começo de seus estudos com a espécie em Manitoba, no Canadá, ele notou algo incomum: conforme o inverno prosseguia, elas iam ficando mais gordas. "O inverno em Manitoba não é brincadeira", explica. Muitas espécies selvagens sofrem com ele. Até 40% da população de veados-de-cauda-branca pode acabar morrendo durante a estação. "As corujas-cinzentas parecem ser uma das poucas espécies que simplesmente adoram o inverno. Então, a questão candente na minha cabeça era: o que permite que elas sejam caçadoras tão bem-sucedidas na neve?"

Em Manitoba, Clark e Duncan usaram uma câmera especial que cria imagens sonoras para gravar os sons de arganazes cavando debaixo da cobertura de neve.

Sobrevoo de coruja-cinzenta

Qualquer pessoa que conheça o silêncio de uma paisagem nevada sabe que a neve absorve e abafa os sons. Mas, conforme os cientistas descobriram com a ajuda da câmera sonora, a neve também cria uma "miragem acústica", refratando sons debaixo dela e direcionando-os para outro lugar. É como o que acontece quando a água refrata a luz: quando você está vendo um peixe de determinado ângulo, de cima de um barco, a posição dele na verdade é outra, porque a água faz a luz se curvar. A neve é água congelada e faz o som se inclinar. A única maneira de uma coruja-cinzenta detectar a localização verdadeira de um arganaz em atividade debaixo da neve é planar bem em cima dele. A maioria das aves do grupo das corujas voa diretamente em direção à presa. Já as corujas-cinzentas, caçando em áreas nevadas, alcançam um ponto acima da presa e então ficam planando por até dez segundos antes de fazer o mergulho de captura. (Essa é a mesma tática empregada por águias-pescadoras e martins-pescadores para enfrentar os efeitos da refração da luz na água — eles se posicionam diretamente acima do alvo e depois despencam em sua direção.)

E a espessa camada aveludada extra, os pentes compridos e as franjas da coruja-cinzenta? Eles funcionam de maneira específica para suavizar os sons de voo produzidos durante os momentos em que ela está planando.

Por que o voo silencioso é tão vital para as corujas? Seria para evitar a produção de ruídos que prejudiquem a audição da própria ave quando ela procura a presa? (Clark chama essa hipótese de "ouvido de coruja".) Ou para impedir a vítima, aquele camundongo assustado, de ouvir a aproximação da caçadora? (Esta, a hipótese do "ouvido de camundongo".) Isto é, será que as corujas precisam do voo silencioso para poder localizar a presa pelo som enquanto voam ou precisam de sua furtividade para poder se aproximar da comida sem ser detectadas?

Uma pista que Clark encontrou em favor da hipótese do "ouvido de coruja": as aves com discos faciais grandes também têm as maiores serrilhas nos pentes, o que sugere que as espécies mais dependentes da audição para localizar presas também fazem o voo mais silencioso. Mas ele seria o primeiro a dizer que as funções do "ouvido de coruja" e do "ouvido de camundongo" não são mutuamente excludentes. "Na ciência, a gente adora colocar as coisas em oposições binárias, mas a verdade é que ambas as funções provavelmente desempenham algum papel importante."

Para tentar entender se as corujas evoluíram para o voo silencioso a fim de reduzir o ruído que elas mesmas produzem, e assim ouvir melhor suas presas, ou para chegar até as presas de modo mais furtivo e emboscá-las melhor — ou, como é mais provável, para fazer as duas coisas —, "você realmente tem de saber o que as corujas ouvem de seu próprio voo", diz Clark. É aquele grande desafio de entrar na cabeça dos bichos. "Até que ponto elas adotam o modo furtivo, alterando sua própria cinemática" — as propriedades de sua movimentação — "para poder voar mais silenciosamente? Até que ponto mudam seu comportamento se estão tendo dificuldade para ouvir a presa?"

"E, além disso, o que a *presa* delas escuta? O que um camundongo ouve quando uma coruja despenca em cima dele?"

Clark tem ideias sobre uma série de experimentos espertos que ajudariam a elucidar essas questões. Ele já pensou em colocar um microfone em uma mochilinha nas costas de uma coruja, para registrar o que a ave escuta quando está voando e quando está caçando. "Mas a tecnologia ainda não chegou lá", diz ele.

Alguns meses antes da nossa conversa, Clark leu um artigo científico no qual os autores contavam que tinham colocado pequenos coletores de dados em corujas-sarapintadas para registrar os sons que elas faziam. "Fiquei todo empolgado e mandei um e-mail para eles dizendo: 'Que maravilha! Incrível. Não sabia que produziam coletores de dados tão pequenos'", recorda ele. "Aí me mandaram algumas das gravações, e elas eram *muito* decepcionantes, qualidade horrível. Dá pra ouvir a coruja piando. Dá pra ouvir quando ela agarra um roedor de algum tipo. E até o grito de morte do bichinho. Mas os microfones têm uma sensibilidade tão baixa que não é possível medir os sons das asas da coruja durante o voo."

"Até onde sei, a tecnologia simplesmente não chegou lá se a ideia é realmente medir o que a coruja ouve quando se aproxima da presa", diz ele. "Então, de verdade, para um experimento como esse, o que a gente precisa é de microfoninhos *dentro dos ouvidos* dela para registrar o que escuta enquanto está voando. Se chegarmos a esse ponto, aí sim vamos poder tentar descobrir: será que elas ajustam a cinemática do voo em resposta a sons específicos para ficarem mais furtivas?"

Gravar os sons da perspectiva da coruja é tremendamente difícil, diz Clark. Fazer gravações da perspectiva da presa pode ser mais fácil. Ele está trabalhando nisso agora, usando camundongos domésticos de um pet shop. "Ninguém nunca colocou um microfone perto de um camundongo para registrar a experiência acústica dele conforme está sendo atacado por uma coruja", diz o pesquisador. É um jeito importante de diferenciar a hipótese "ouvido de coruja" da "ouvido de camundongo". Mas até essa estratégia está cercada de problemas, sendo um bom exemplo de como esses estudos podem ser desafiadores.

Clark já teve uma experiência com essa abordagem — bem, duas, na verdade —, e nenhuma delas deu certo.

"Temos uma estação de pesquisa de campo no meio do deserto", explica ele. "Desertos são ambientes fenomenalmente silenciosos, em especial no outono e no inverno. Então fui para lá em setembro e coloquei um camundongo numa gaiola pequena, com o microfone do lado dele. Depois pus algumas folhas secas dentro da gaiola com o bicho. Quando você quer pegar uma coruja, é isso o que faz

— o camundongo, andando dentro da gaiola, produz um som que ela consegue ouvir." Depois, Clark desenrolou seu saco de dormir do lado da gaiola e foi descansar. Às cinco da manhã, acordou de repente e viu um mocho-orelhudo bem do lado dele, mas o bicho o enxergou e saiu voando. "Quando fui checar a gravação depois, tudo o que ela registrou foi o camundongo andando em cima das folhas secas", conta ele, "um som bem alto de *créc créc créc, créc créc créc*, e depois o *pá* da coruja batendo na gaiola. Como o próprio camundongo estava fazendo barulho demais, não consegui gravar o que eu queria — os sons de voo que a coruja poderia fazer, ouvidos pelo camundongo. Só consegui a gravação de um camundongo andando em cima das folhas."

Como contornar esse problema? Num campo de golfe perto de sua casa, Clark tentou atrair as corujas que frequentavam o lugar não com um camundongo de verdade, mas com um alto-falante tocando o som de um camundongo andando em cima das folhas. "Não deu um minuto e uma suindara apareceu e pousou na árvore logo acima de mim", conta. Mas a coruja pareceu perceber que havia algo errado. "Ela simplesmente ficou sentada ali durante vinte minutos, olhando para o alto--falante. Em certo ponto, voou por cima do aparelho, passou por ele e então ficou planando em cima de um trecho de capim alto, como se estivesse procurando a fonte do som não onde o alto-falante estava, mas *atrás* dele."

Clark acha que o volume estava alto demais. "Do ponto de vista da coruja, provavelmente era o som do maior camundongo do mundo andando em cima das maiores folhas do planeta."

Jim Duncan está analisando por outro ponto de vista as hipóteses sobre o que as corujas ouvem. Seu plano é investigar como, exatamente, os grandes discos faciais de corujas como Percy funcionam na hora de amplificar o volume dos sons. Ele pretende colocar microfones minúsculos nos ouvidos de corujas — já mortas — para medir e quantificar os efeitos de magnificação do som que o disco facial produz sobre ruídos fracos que emanam do chão. Por enquanto, está com cinco cabeças de coruja em seu freezer, a maioria delas de aves que morreram em colisões de veículos. "Parece sanguinolento", admite

Duncan, mas é algo que poderia lançar uma luz nova e fascinante sobre a audição desse grupo de aves.

O esforço extraordinário desses cientistas para escutar o que uma coruja escuta — e também o que suas presas ouvem — é um bom exemplo dos desafios colocados para entender essas aves e da tenacidade e criatividade necessárias para revelar os segredos delas.

Corujando: o estudo das aves mais enigmáticas do mundo

PESCANDO CORUJAS

As mesmas razões pelas quais amamos as corujas — elas são quietas, cautelosas, reservadas e, muitas vezes, esquivas — explicam a dificuldade de estudá-las na natureza. Mestras da camuflagem, elas têm riscos na plumagem que facilmente lhes permitem se confundir com a vegetação; penas manchadas, salpicadas e rajadas como casca de árvore; ou pálidas como a neve — para iludir os olhos de predadores e presas. Usam a aparência da terra ao seu redor para se fundir com ela, uma estratégia conhecida como "cripse". A corujinha-flamejante ostenta manchas de plumagem laranja-avermelhadas que ofuscam sua forma, fazendo com que ela se camufle em meio aos troncos mosqueados de pinheiros-ponderosa. Os tufos da orelha de algumas espécies alteram o formato redondo e fácil de identificar da cabeça de coruja e ajudam-nas a se misturar com o ambiente lenhoso. A corujinha-do-leste preenche a cavidade da árvore onde está empoleirada, suas penas marrons e cinzentas se fundindo com o tronco ao redor. Mesmo uma ave tão grande quanto a coruja-cinzenta consegue desaparecer contra a casca de um lariço, tornando-se o próprio retrato da ambiguidade. Para completar seu disfarce, as corujas agem como se fossem parte da árvore ou do campo que as esconde, permanecendo totalmente imóveis ou balançando ao vento para imitar galhos ou grama.

Os cientistas que estudam as corujas tiveram de inventar uma série de estratégias criativas para explorar seus objetos de pesquisa. Eles conseguem ouvir os chamados delas, por exemplo, tentando estimular as vocalizações por meio de piados (emitidos por eles mesmos) ou playbacks, transmitindo chamados gravados com dispositivos de amplificação e esperando uma resposta. As corujas são extremamente territoriais; por isso, se estiverem presentes, muitas vezes respondem com o próprio pio. Ao conduzir essas pesquisas de vocalização, é protocolo padrão evitar tocar primeiro os cantos das corujas maiores. Corujas grandes comem corujas pequenas. Se você tocar primeiro o chamado estrondoso de um mocho-orelhudo, as pequenas corujas ficarão quietas. Portanto, os pesquisadores geralmente começam com os sons de espécies menores. Ou, se estão tentando localizar apenas uma espécie, reproduzem só os cantos territoriais daquela ave.

Encontrar corujas dessa forma exige muito trabalho e também "um pouco de arte e um pouco de ciência", afirma Jennifer Hartman, que fez extensas buscas por corujas-pintadas-do-norte com uma equipe de pesquisadores no noroeste do Pacífico (Estados Unidos e Canadá). "Você tem de ouvir com extrema atenção. Às vezes, a coruja está distante, e tudo o que você ouve é um leve pio ou assobio, e você marca esse local com uma bússola e depois vai para outros três ou quatro pontos para tentar se aproximar do local onde a coruja está piando", diz ela. "É uma habilidade secreta, e, quanto mais você pratica, melhor se torna. Quando tínhamos a sorte de encontrar uma coruja, meu coração disparava. Era a coisa mais mágica do mundo. Ao longo dos três ou quatro anos em que fiz esse trabalho, encontrei centenas de corujas, e a cada vez a magia se repetia para mim, porque elas são muito bem camufladas e tímidas."

E são mesmo. Às vezes, estranhamente silenciosas também. Em seus esforços ao longo dos anos para obter contagens precisas da população de corujas-pintadas-do-norte, a equipe de Hartman encontrou uma falha no método usual de pesquisa de vocalização. As corujas-barradas haviam invadido a área de vida das corujas-pintadas, e a presença de invasores agressivos suprimiu os pios da coruja menor. Se as corujas-pintadas vocalizavam, as corujas-barradas atacavam, às vezes com força letal. Assim, as aves menores começaram a fi-

Coruja-pintada-do-norte

car em silêncio e o método tradicional de piar para encontrar corujas-pintadas-do-norte parou de funcionar. "Os administradores da região diziam: 'Não conseguimos mais ouvi-las, então não há mais corujas-pintadas aqui'", conta Hartman. "Mas nós tínhamos outra ideia. Eu estava usando o método padrão na pesquisa, dirigindo a noite toda até pontos de chamada específicos, reproduzindo sons gravados a partir do alto dos morros. Muitas vezes, não ouvia absolutamente nada. Mas eu olhava para a mata lá embaixo e sabia que havia corujas ali, bem quietinhas. Só precisávamos de um método diferente para encontrá-las."

A equipe decidiu tentar uma nova técnica de detecção, dessa vez baseada no uso dos narizes.

É aqui que entra Max, um "cão detetive". Hartman treinou o mestiço de pastor-australiano para usar suas 250 milhões de células olfativas (mais de vinte vezes o número que possuímos) para a tarefa altamente especializada de detectar as pelotas que as corujas ejetam em locais de poleiro ou nidificação. Max, como outros cães detectores, era altamente motivado por brincadeiras. "Obcecado por buscar" é como eles chamam o bicho. Hartman o treinou para farejar as pelotas de corujas-pintadas-do-norte e corujas-barradas usando a brincadeira como recompensa. Inteligente, durão e corajoso, Max mergulhou no trabalho feito um pato na água.

"Todos na área diziam: 'Não use cães para encontrar corujas. Já temos o outro protocolo, e ele funciona'", diz Hartman. "Só que *não estava* funcionando."

Hartman e Max participaram de um estudo que mostrou que cães especialmente treinados dessa forma poderiam localizar as corujas melhor do que as varreduras de vocalização, e cobrindo uma área muito maior. A probabilidade de detectar corujas-pintadas-do-norte após seis levantamentos de vocalização foi de 59%. Depois de três buscas com cães, chegou a 87%.

"Foi definitivamente um esforço de equipe", diz Hartman. "Eu fui a segunda observadora da equipe, usando minha experiência em campo para guiar Max em áreas que pareciam ser o habitat adequado para as aves. Mas Max foi o primeiro observador."

Hartman passava tanto tempo naquelas florestas, que já pensava nelas como seu quintal. Mas, quando começou a trabalhar com Max, passou a reparar em coisas que nunca tinha visto antes. "Ele me levava até uma pena aqui, um cocô de coruja ali", diz ela. "Tinha uma cauda longa e vibrante que balançava, meio que girando sutilmente, quando ele estava farejando. Foi maravilhoso vê-lo trabalhar, observar como ele era minucioso, como se interessava por todos os odores e os analisava. Era como se ele dissesse: 'Tem muita coisa pra cheirar aqui, me dá só um momento pra catalogar tudo'. Então ele voltava e dizia: 'Esta aqui!', e se deitava suavemente junto à pelota."

No dia em que Max encontrou uma família de quatro corujas usando apenas o focinho, Hartman sabia que essa era uma forma importante de localizar as aves. E era algo totalmente não invasivo. "Não precisávamos ver as corujas ou arrancar pios delas e atrair atenção indesejada."

Hartman agora dirige uma organização chamada Rogue Detection Teams [Equipes Espertas de Detecção], dedicada ao treinamento de cães de abrigo com o propósito de pesquisar espécies sensíveis em todo o mundo (lema: "Conservação sem coleira"). A detecção de cães é o que alguns pesquisadores poderiam chamar de "método pouco convencional" para encontrar corujas, mas, sob certas condições, pode ser altamente eficaz. "Quando você está tentando encontrar um animal realmente raro e pode haver apenas alguns deles, ou está tentando cobrir uma área muito grande num curto espaço de tempo com recursos limitados e sem muito pessoal à disposição", diz Hartman, "uma equipe canina pode ser realmente muito eficaz. É aqui que emprestamos o nosso nariz, por assim dizer, nos casos em que não há financiamento para uma equipe humana grande."

O Difficult Bird Research Group [Grupo de Pesquisa de Aves Difíceis de Encontrar], um pequeno núcleo de pesquisadores dedicados a estudar as espécies mais ameaçadas da Austrália, recentemente decidiu usar essa estratégia rebelde para encontrar corujas-mascaradas--australianas que correm risco de desaparecer. Tais aves são muito raras e profundamente reservadas. Elas se empoleiram onde é menos provável que sejam perturbadas, em cavernas à beira de penhascos ou ocos de árvores, ou nas florestas virgens remanescentes da Tasmânia, e por isso são extremamente difíceis de detectar. Os pesquisadores tentaram transmitir chamados para obter alguma resposta, mas sem sucesso. Nicole Gill, uma treinadora de cães de detecção e ecologista de campo que colabora com o Grupo de Pesquisa de Aves Difíceis de Encontrar, treinou um mestiço de springer spaniel e border collie chamado Zorro para encontrar as pelotas das corujas-mascaradas e levar os pesquisadores até as tímidas aves. Gil diz que o "sprollie" é do tipo que topa quase qualquer coisa pela recompensa de uma bolinha que faça barulho. Uma vez que outras aves, como as águias-audazes, produzem pelotas semelhantes às das corujas-mascaradas, Gil treinou Zorro para distinguir entre as pelotas das duas espécies. "Ele aprendeu muito rápido", diz ela, "em questão de horas, se não de minutos. Quando se depara com o 'cone de odor' que o leva até uma pelota, sua linguagem corporal muda. Ele fica visivelmente animado. O rabo começa a balançar mais rápido, e dá para ver que ele está realmente focado em encontrar a fonte do cheiro. Quando Zorro a localiza, ele cai no chão, coloca o nariz perto da pelota e depois olha para você com expectativa, esperando a bolinha."

Embora a detecção por meio de cães possa ser um método pouco usual para localizar corujas, a ideia de usar uma espécie animal não humana para proteger outra me parece ao mesmo tempo comovente e esclarecedora. A habilidade de Max e Zorro para detectar corujas de forma consistente apenas com sua experiência olfativa aponta para as muitas formas de conhecimento no mundo animal que vão além das nossas.

Quando o objetivo é encontrar corujas em uma paisagem vasta, os métodos de levantamento vocal e cão farejador não são viáveis. Então, como flagrar as aves em pedaços de terra muito grandes?

Quando uma equipe de biólogos conservacionistas foi encarregada de fazer levantamentos da presença de corujas-barradas e corujas-pintadas em todo o norte da Sierra Nevada, "a perspectiva era assustadora", diz Connor Wood, membro do grupo. "Pensamos na logística e percebemos que não havia como fazer aquilo com métodos tradicionais." Assim, a equipe desenvolveu um sistema de "monitoramento acústico passivo", plantando duzentos dispositivos de gravação de áudio em milhares de quilômetros quadrados de terreno montanhoso para coletar chamados de coruja durante dois anos.

"Era um esforço enorme com um objetivo urgente. As corujas-barradas são nativas do leste da América do Norte, mas, ao longo do século passado, elas atravessaram as Grandes Planícies e penetraram nas florestas do extremo oeste. Lá, colonizaram efetivamente toda a área de distribuição da coruja-pintada-do-norte", diz Wood, "deslocando suas primas um pouco menores."

"Essas duas espécies simplesmente não podem coexistir. Elas são muito semelhantes ecologicamente, e é a coruja-pintada que perde, porque as barradas são maiores, mais agressivas e mais flexíveis naquilo que comem — simplesmente superiores do ponto de vista competitivo. Existem muitos fatores que impulsionam o declínio das corujas-pintadas, como a perda de habitat, mas as corujas-barradas são uma ameaça existencial", diz ele.

Agora as corujas-barradas estão seguindo para o sul, invadindo a Sierra Nevada, que é a área de distribuição nativa da coruja-pintada-da-califórnia, uma parente próxima da coruja-pintada-do-norte. "E não há realmente nada que sugira que as coisas possam ser diferentes entre corujas-barradas e corujas-pintadas", diz Wood, "então, a grande questão na nossa cabeça era: qual é o tamanho da população de corujas-barradas na Sierra Nevada, qual a velocidade do crescimento dela e qual o efeito sobre as corujas-pintadas nativas de lá?"

Wood e seus colegas reuniram 200 mil horas de gravação de áudios. Em seguida, analisaram tudo. Wood quase não tem ouvido musical, o que pareceria dificultar a tarefa de estudar o chamado das corujas. Mas ele criou ferramentas personalizadas que permitiram que sua equipe vasculhasse os áudios em busca de prováveis vocalizações de coruja e depois as revisasse manualmente. Isso levou cerca de 2 mil horas de processamento por espécie, diz ele, além de muitas horas para confirmar ou rejeitar manualmente os resultados. Ele também foi capaz de ler os espectrogramas, as representações visuais dos chamados e os cantos das aves. "Os dramas que acontecem nas gravações de áudio são coisas que eu consigo *ver*. Depois de se familiarizar com os espectrogramas, você consegue observá-los e *viver* esses momentos que acontecem todas as noites numa paisagem inteira, que representa coletivamente a realidade que as corujas habitam."

Wood ficou profundamente surpreso com o que descobriu nas gravações: primeiro, a densidade de corujas-barradas ainda era bastante baixa na Sierra Nevada. E onde as corujas maiores estavam presentes ali as corujas-pintadas emitiam *mais* cantos territoriais — o oposto do que havia sido registrado no noroeste do Pacífico.

"Basicamente, as corujas-barradas são muito agressivas do ponto de vista físico", explica Wood. "As corujas-pintadas aprendem rapidamente que, se estiverem vocalizando, isso irrita as corujas-barradas, que não hesitam em descer e atacar fisicamente para reivindicar seu território. Então, onde as densidades de coruja-barrada são realmente altas, como acontece no noroeste do Pacífico, as corujas-pintadas-do-norte ficaram bem quietas" — como vimos. Mas Wood e sua equipe descobriram justamente o oposto na Sierra Nevada, onde as densidades de coruja-barrada ainda são baixas. "Isso sugere, para mim, que as corujas-pintadas ainda estão resistindo", diz. "Elas ainda dizem: 'Aqui não, aqui é o *nosso* território e vamos defendê-lo'. O que é muito legal e, de certa forma, comovente." Isso também tem implicações importantes para os esforços de conservação, incluindo a estratégia de remoção das corujas-barradas na Sierra Nevada para apoiar as populações de coruja-pintada.

"O que me deixa tão entusiasmado", diz Wood, "é que toda essa informação está lá — em algum nível, trata-se da verdade sobre a vida dessas corujas. Está tudo presente nos dados de áudio. É só uma questão de acessá-los fazendo as perguntas certas, e aí vamos poder desvendar muita coisa sobre essas aves."

Mas mesmo o monitoramento acústico passivo não funcionará nos lugares mais remotos do planeta — como as florestas virgens do nordeste da Ásia e da Rússia, lar da coruja-pescadora-de-blakiston. Ali, como o terreno é muito desafiador e praticamente inacessível, os cientistas estão recorrendo a outras estratégias de monitoramento de alta tecnologia — imagens de satélite e drones.

A coruja-pescadora-de-blakiston é a maior coruja do mundo, "do tamanho de um hidrante e com envergadura de quase dois metros", diz Jonathan Slaght, autor de um livro incrível sobre essas aves, *Owls of the Eastern Ice* [Corujas do gelo oriental], e uma das poucas pessoas que estudam corujas-pescadoras. Imagine uma ave do tamanho de um hidrante em cima de uma árvore. Mas elas também têm um ar cômico, diz Slaght, com aparência um pouco amalucada, tufos de penas nos ouvidos que ficam caídos e desgrenhados e o hábito de andar curvadas pelo chão. Entretanto são terrivelmente difíceis de rastrear. Ao mesmo tempo raras e com distribuição geográfica ampla, estão presentes desde as florestas orientais de Hokkaido, no Japão, até o território de Primorye, na taiga russa, sempre coberta de neve, e mais ao norte, na região subártica.

Na área de Sikhote-Alin, no norte de Primorye, uma das colegas de Slaght, Rada Surmach, e seus colaboradores descobriram como localizar as corujas usando drones, em um território que de outro modo seria impossível investigar devido ao terreno acidentado e à neve profunda. "A área é muito selvagem, muito intocada", diz Rada, aluna de doutorado e pesquisadora do Centro Científico Federal de Biodiversidade Terrestre da Ásia Oriental, em Vladivostok, e que frequen-

Coruja-pescadora-de-blakiston

temente trabalha com seu pai, o especialista em corujas-pescadoras Sergey Surmach. "No extremo norte, onde elas vivem, as temperaturas são difíceis de enfrentar, com -20°C ou até -25°C nos meses mais frios", diz ela. "É montanhoso. Não há trilhas, é um lugar fisicamente muito desafiador. Você tem de atravessar rios equilibrado em cima de uma tora de madeira sobre água congelante."

Para fazer uma busca mais precisa, Rada estuda imagens de satélite que revelam áreas de águas abertas no inverno — provável habitat dessa espécie. "As corujas-pescadoras nidificam ao longo dos rios onde a água não congela", explica ela. "Primeiro, pelas imagens de satélite, localizamos as áreas descongeladas, e depois vamos lá com o drone para confirmar se realmente não estão congeladas na época mais fria do inverno." Se você estiver a pé, "pode caminhar ao longo do rio por talvez trezentos metros, mesmo que esteja congelado, mas o drone pode voar por cinco quilômetros". No entanto, as coisas às vezes dão errado. Os rios correm entre colinas que podem bloquear o sinal do drone. "Há montanhas por todo lado", explica Rada. "Dá para fazer o drone voar mais alto, mas aí não se consegue ver tão bem — por isso estamos trabalhando na criação de dispositivos de melhoria de sinal."

O drone também é útil para verificar os ninhos. As corujas-pescadoras nidificam em buracos no topo de árvores quebradas e tendem a usar a mesma árvore repetidamente, diz Rada. Mas confirmar se um ninho está ocupado é um desafio. "Podemos pegar um pedaço de pau enorme e bater com ele na árvore e torcer para que uma ave que está no ninho apareça. Mas, se ela estiver chocando ovos, não vai se mexer. A alternativa é subir até o ninho, que geralmente fica a nove metros de altura ou mais."

O uso de drones eliminou esse trabalho complicado e perigoso. "É só *vuup*, e ele já está lá em cima. Você pode verificar o ninho remotamente, e, se não houver nada, pode simplesmente passar para o próximo." Isso também resolve o problema de deixar um rastro de cheiro até o ninho, que um mamífero predador, como um urso, poderia seguir.

Agora, Rada e seus colegas vão trabalhar em um projeto com a Sociedade de Conservação da Vida Selvagem e a Academia Russa de Ciências para usar a nova tecnologia na procura de corujas-pescadoras na remota ilha de Sacalina, entre o Japão e a península russa de Kamchatka. As corujas habitavam a ilha, mas parecem ter sumido. Existem alguns pontos que antes sempre tinham corujas-pescadoras e não têm mais, mas ninguém nunca averiguou isso minuciosamente. Para consegui-lo, a equipe planeja usar imagens de satélite e drones, com o objetivo de reintroduzir a espécie ali.

Depois que os cientistas conseguem encontrar suas corujas, capturá-las para estudo pode ser quase um truque de mágica. Elas são cautelosas, e os pesquisadores muitas vezes precisam ser altamente inventivos.

Para apanhar grandes e esquivas espécies australianas, como as corujas-gaviões e as corujas-sombrias, o ornitólogo Rod Savannah e seus colegas desenvolveram um complicado sistema de captura no alto das árvores. Usando um conjunto de roldanas, os integrantes da equipe armaram as redes a seis ou 7,5 metros de altura. Em seguida, instalaram dois alto-falantes, um de cada lado da rede, e tocaram os chamados das corujas em alto-falantes alternados, de modo que a cada vez viessem de um lado diferente da rede. "A coruja voava de um lado para o outro e, se tivéssemos sorte, poderia atingir a rede", diz o pesquisador Steve Debus, que usou a técnica em corujas-ladradoras. "Assim que isso acontece, você solta a rede e pega a ave. Foi preciso muita tentativa e erro para fazer o sistema funcionar."

O biólogo Dave Oleyar encontra desafios semelhantes ao empregar redes de neblina para capturar pequenas corujas da floresta no sudoeste norte-americano. Para colocar as redes de neblina perto da copa das árvores, ele e sua equipe usam postes de pintor que se erguem a uma altura de até 7,2 metros. "Pedimos aos membros da equipe que reproduzam as gravações de áudio enquanto se movem para a frente e para trás em torno de nossas redes a fim de criar a imagem de uma coruja intrusa se movendo, na esperança de atrair as corujas reais para a rede", diz ele. "É uma experiência mágica ver ou ouvir as aves responderem aos movimentos com a isca de áudio. Basicamente, estamos pescando corujas no escuro usando o som, e elas passam por cima, ao redor e por baixo de nossas redes. Mas, de vez em quando, temos sorte e funciona."

Alguns pesquisadores tentam agarrar corujas usando redes de pesca reais montadas em varas longas, ou redes em arco — redes com molas projetadas para capturar aves no solo. Alguns recorrem a uma armadilha do tipo bal-chatri, literalmente "guarda-chuva de menino", adaptação de uma antiga técnica desenvolvida pelos falcoeiros da Índia Oriental. Antigamente, ela consistia em uma gaiola feita de bambu cortado contendo uma presa viva — um rato ou um pássaro — e era afixada com laços de crina de cavalo para emaranhar os pés das aves. Hoje em dia, é feita de tela de arame ou tela para gaiola e laços de náilon, mas o conceito é o mesmo.

"Como os especialistas em aves sabem, certas armadilhas funcionam para certas espécies; outras armadilhas, não", diz Jonathan Slaght. No caso da coruja-pescadora-de-blakiston, Slaght enfrenta o desafio de apanhar uma coruja que nunca havia sido capturada pelos cientistas. "Nós realmente não sabíamos como fazer isso", diz ele. Slaght experimentou várias ideias sugeridas por especialistas em aves de rapina, mas nada funcionou. "Foi um ponto baixo da minha vida", lembra ele. "Estamos na floresta, vivendo numa barraca. Às vezes chega a fazer -30°C. As corujas estão lá. Estão vocalizando. Estamos montando as armadilhas. Mas elas não vêm, não conseguimos pegá-las." Isso durou semanas, até que Slaght teve a ideia de posicionar um recinto para presas dentro do rio onde as corujas caçam peixes; essencialmente uma caixa de malha na água, cheia de peixes. "Depois que as corujas descobrem o recinto das presas, elas ficam por ali e o vigiam com zelo", diz ele. Depois foi uma simples questão de colocar um "tapete de laço", um tipo de armadilha, nas margens do rio para capturá-las enquanto desciam para o recinto das presas. Isso é que é criatividade.

Às vezes, as corujas enganam até os caçadores mais experientes e engenhosos. Mas a questão é a seguinte: o *porquê* de certas corujas serem difíceis de capturar às vezes pode fornecer informações importantes, com significado vital para entender a natureza daquela espécie.

CAVANDO TOCAS DE CORUJAS-BURAQUEIRAS

É novembro, verão no hemisfério Sul — a um mundo de distância do norte nevado de Primorye. Foi um longo dia sem capturas de coruja. Uma pequena equipe nossa montou dez armadilhas nas tocas de corujas-buraqueiras em meia dúzia de locais nos terrenos baldios ao redor do Jardim Oriental, um subúrbio da arborizada cidade de Maringá, no Paraná.

Estou aqui para aprender como as corujas são estudadas em campo com um dos maiores especialistas do mundo, David Johnson. O sol está quente. O solo é vermelho. Estamos todos cobertos por uma camada de suor vermelho, depois de cavarmos a terra para ajustar firmemente as armadilhas especiais na boca das tocas. Esse projeto, que visa explorar a árvore genealógica das corujas-buraqueiras, faz parte do esforço maior de Johnson para entender tudo o que puder sobre essas carismáticas corujinhas.

As corujas-buraqueiras dificilmente podem ser confundidas com qualquer outra espécie. Elas lembram personagens de desenho animado: parecem uma cabeça bípede, com pernas longas, quase como de pau, e cauda curta. A cabeça, compacta e expressiva, muitas vezes se inclina ou gira, talvez por curiosidade ou esforço para obter uma perspectiva diferente. São engraçadas de observar, palhaças naturais, com o hábito de balançar para cima e para baixo quando agitadas, como escreveu James Bond em seu livro sobre as aves das Índias Ocidentais. (Sim, James Bond. O modelo do espião de Ian Fleming era um ornitólogo e publicou um guia sobre aves caribenhas em 1936.)* Ao contrário da crença comum, não são criaturas diurnas, mas caçadoras noturnas e crepusculares. Comem insetos, pequenos mamíferos, répteis, anfíbios e até mesmo pequenos pássaros. Durante o dia, fazem uma espécie de voo lento e ondulante, mas à noite são o equivalente noturno dos falcões, assassinas rápidas e ágeis.

O nome em latim da espécie, *Athene cunicularia*, significa "escavadora" ou "mineira". Em geral, corujas-buraqueiras usam tocas prontas cavadas por cães da pradaria, marmotas, gambás, texugos, tatus — na verdade, qualquer mamífero fossorial — e até tartarugas, o que lhes poupa o trabalho de abrir seus próprios buracos. Elas também podem aproveitar estruturas feitas pelo homem, como manilhas de cimento, pilhas de detritos ou aberturas debaixo do asfalto. Mas aqui, no sul do Brasil, muitas cavam suas próprias tocas onde quer que o solo pareça convidativo, e suas penas avermelhadas o comprovam. Ao examinar a pele de corujas-buraqueiras dessa região, especialistas de museu observaram bem sua coloração e presumiram que as aves eram vermelhas, com pigmentação de penas diferente daquela de seus parentes do norte. Mas, na verdade, a pele estava simplesmente suja — como meus calçados, manchados de um vermelho enferrujado, meus dedos e as páginas do meu bloco de notas.

As corujas-buraqueiras são animais que gostam de planícies e pradarias de vegetação bem aberta, mas se contentam com locais pequenos de vegetação rasteira e minipastagens em ambientes mais urbanos. Nessa área do Paraná, com seu fértil solo vermelho, o ambiente natural foi transformado em pastagens e terras agrícolas, obrigando as corujas

---

* Entusiasta da observação de aves, o escritor inglês Ian Fleming (1908–1964) leu o livro de Bond quando morava na Jamaica, e então se decidiu pelo nome "James Bond" para batizar seu célebre personagem, com a anuência do ornitólogo norte-americano.

Corujas-buraqueiras

a buscarem um habitat de reprodução menos desejável. Nesse bairro de Maringá, elas estão fazendo ninhos em um barranco gramado atrás de um prédio universitário, sob a pequena calçada que leva a uma escola primária lotada de crianças e em vários terrenos baldios no Jardim Oriental, apesar do caos constante de cães, motocicletas, música alta, cortadores de grama e um fluxo intenso de pedestres e carros.

Em outras palavras, elas são onipresentes. Mas, exatamente agora, parecem impossíveis de capturar — sendo cautelosas e desafiando as estratégias habituais que usamos para pegá-las. Elas nos observam de uma distância segura e com um ar desconfiado, empoleiradas num poste de cerca, ou numa placa que diz ROÇADA (anunciando um serviço de limpeza de terrenos baldios), ou numa pequena elevação no canto do terreno. Mais tarde, muito mais tarde, na noite amena, quando finalmente tirarmos as armadilhas, derrotados, as corujas deixarão seus postes e mergulharão em suas tocas sem armadilhas, como se estivessem nos fazendo fusquinha com os bicos.

＊

O sudeste do Brasil* é um dos principais *hotspots* [centros de concentração de diversidade] de corujas do mundo, com dezessete das 26 espécies do país. Quando pergunto a Johnson por que existe tanta diversidade de corujas nessa região e em outros *hotspots* globais — o sul da Ásia, uma faixa do Arizona e do México, a África Subsaariana, a China —, ele me diz que é uma sinergia de duas coisas.

"Estes são alguns dos locais que se mantiveram ambientalmente mais estáveis durante longos períodos de tempo, milhões de anos", afirma ele. "Também são geograficamente variados, com habitats diferentes." Estão principalmente em regiões tropicais que nunca sofreram uma glaciação. "A glaciação meio que apaga o passado e redefine toda a paisagem, e passa-se muito tempo até que haja qualquer tipo de diversificação. Esses são predadores do topo da cadeia alimentar, onde, inerentemente, não há muito espaço. A única maneira de obter mais diversidade de espécies é por meio da diversidade de nichos disponíveis. Portanto, são essas duas condições, a estabilidade do clima e da paisagem e a variedade da topografia, que permitiram que as corujas se diversificassem nessas regiões."

No sudeste do Brasil, os habitats variam amplamente, desde planícies costeiras arenosas e pastagens até a Mata Atlântica (que está repleta de diversidade e tantos habitats distintos que abriga cerca de mil espécies de aves, muitas delas endêmicas do país). Aqui há mochos-diabo e murucututus, mochos-carijó e corujas-orelhudas, murucututus-de-barriga-amarela e caburés-acanelados, bem como três espécies de corujinhas — entre elas, as corujinhas-do-sul, que não são encontradas em nenhum outro lugar do mundo — e também corujas-buraqueiras, encontradas em quase todos os outros lugares, pelo menos nas Américas.

As corujas-buraqueiras estão presentes em 24 países das Américas, do Canadá ao Chile, de Barbados ao México. Existem 23 su-

---

* A autora usa "sudeste" no sentido amplo, e não propriamente no que se refere à região oficial brasileira, incluindo assim um município paranaense na definição.

bespécies, incluindo duas que foram extintas. O projeto de Johnson no Brasil e nas Américas tem como objetivo questionar a taxonomia atual. As corujas-buraqueiras são de fato uma única espécie ou deveriam ser divididas em duas ou mais? Será que algumas subespécies que foram jogadas no mesmo balaio só porque têm a mesma aparência (como acontecia com as suindaras) merecem estar em uma categoria de espécie própria? Uma coruja-buraqueira no Canadá é igual à sua prima no sul do Brasil? Entre as subespécies de corujas-buraqueiras das Américas, existe alguma espécie nova e verdadeira escondida?

Para resolver essas questões, Johnson e sua equipe estão coletando informações sobre a distribuição de todas as 23 subespécies e pegando "amostras" delas, capturando corujas adultas, fazendo medições morfológicas e obtendo amostras de sangue para estudos de DNA em um mínimo de trinta adultos de cada subespécie viva: quinze machos, quinze fêmeas. No caso das espécies extintas, ele está usando espécimes de museu, medindo as peles e extraindo DNA das almofadas dos pés. Nas corujas vivas, também grava as vocalizações de pelo menos dez machos diferentes de cada subespécie. "Uma das formas de diferenciar as espécies é pelo chamado", diz Johnson. Duas delas podem parecer iguais, mas soar muito diferentes. Ao todo, ele prevê coletar dados úteis de um total de 2 mil corujas vivas e peles de estudo em museus.

As perguntas que Johnson procura responder podem parecer esotéricas, mas vão à raiz de alguns dos maiores problemas da biologia das corujas. Existem questões semelhantes para todos os tipos de aves do grupo mundo afora, sejam corujinhas, mochos-pigmeus, otus, corujas-gavião, boobooks e corujas-das-torres. Pode ser difícil fazer distinções entre aves que diferem apenas ligeiramente. Quantas espécies de corujas, afinal, *existem* no mundo? Como podemos diferenciar uma espécie de uma subespécie? Como essas espécies divergem entre si? E o que as corujas podem nos contar sobre como definir o que é uma espécie, uma das unidades fundamentais dos seres vivos? A taxonomia do grupo tem sido um problema há séculos. Agora, com ferramentas novas e modernas, incluindo a poderosa tecnologia de ponta do sequenciamento genômico, Johnson espera desvendar os mistérios da árvore genealógica das corujas-buraqueiras. Mas, para fazer isso, teremos de capturar dezenas de aves aqui em Maringá, e elas não estão facilitando o nosso trabalho.

David Johnson tem mais experiência do que qualquer outra pessoa no planeta em capturar corujas-buraqueiras. Ele estima ter apanhado cerca de 6 mil delas em todo o mundo. Muito do que sabemos sobre essas aves deriva das pesquisas realizadas por ele. Durante quinze anos, ele liderou um estudo de longo prazo sobre corujas-buraqueiras no noroeste do Pacífico que está revelando novas descobertas estranhas e maravilhosas sobre como essas aves escolhem seus parceiros, se herdam suas vocalizações (transmitindo-as de tataravós para tataranetos), como escolhem e apetrecham suas tocas, o que comem, para onde vão quando migram — ao todo, dezesseis aspectos diferentes da ecologia, biologia e conservação das corujas. Ao longo do estudo, Johnson acompanhou os resultados de mais de 660 tentativas de construir ninhos até o momento, e prendeu e marcou mais de 2,6 mil corujas somente naquela região.

Como muitos pesquisadores da área, Johnson se apaixonou por elas desde muito jovem. Quando tinha onze anos e acampava sozinho ao longo do rio Blue Earth, no sul de Minnesota, uma corujinha-do-leste pousou em sua barraca de lona. "Ela ficou soltando chamados por uns bons vinte minutos", lembra. "Eu estava sentado lá dentro, ela estava a poucos centímetros do meu rosto." Conseguia ver a silhueta e observar seu corpo vibrar através da tenda enquanto ela dava seus trinados. "Eu não sabia que espécie era naquela época", diz ele, "mas certamente me impressionou. E percebi... que aquela coruja poderia pousar nas árvores em qualquer lugar por ali, mas estava pousada na minha tenda. Então encarei aquilo como uma mensagem especial."

Johnson gosta de dizer que existem dois dias importantes na vida: o dia em que você nasceu e o dia em que você descobre o porquê de ter nascido. Ele agora dirige o Global Owl Project [Projeto Global sobre Corujas], um consórcio de mais de 450 pesquisadores e conservacionistas em 66 países que trabalham com a ciência e a proteção das corujas. Viaja pelo mundo, colaborando com colegas, dando palestras e orientando jovens pesquisadores e estudantes de doutorado, razão pela qual está aqui no Brasil. Tinha chegado a Maringá poucos dias antes, após quase 24 horas de viagem desde os Estados Unidos, com uma enorme caixa cheia de equipamentos de captura e a tarefa de localização das tocas das corujas já adiantada — graças ao esforço de Priscilla Esclarski, líder brasileira da equipe de pesquisa e uma de suas pupilas. Esclarski e outra integrante da equipe, Gabriela Mendes, divulgaram o estudo e enviaram perguntas ao público questionando se as pessoas haviam visto corujas-buraqueiras fazendo ninhos. Elas receberam uma enxurrada de respostas, seguiram as pistas e localizaram várias tocas. Johnson está aqui para aconselhá-las sobre estratégias para capturar as aves e coletar dados sobre elas.

Esclarski e Mendes chegaram a essa área de pesquisa por causa de seu antigo interesse pelas corujas e pelos mitos e crenças que alguns brasileiros contam sobre elas. Esclarski diz que se interessava muito por aves quando criança. Ela se identificava com as corujas, as aves da noite, e queria mais informações. "Não houve nenhum acontecimento marcante na minha vida como o que aconteceu com o David", diz ela, "mas sempre soube que nasci para elas, ou foram elas que me escolheram? Não sei!" Em um de seus primeiros projetos de pesquisa, ela explorou elementos folclóricos, lendas, canções e tradições nativas sobre corujas em diferentes culturas no Brasil, incluindo a dos quilombolas. Mais tarde, associou-se ao Projeto Global sobre Corujas e entrevistou pessoas de todas as idades e em todas as regiões do país a respeito de suas crenças sobre as corujas. Mendes juntou-se a Esclarski no projeto por causa de sua pós-graduação. O trabalho delas as levou para as escolas em comunidades agrícolas, onde "as crianças disseram-nos que os seus pais ainda pensavam que as corujas faziam algo de mau para as famílias", diz Mendes. "Atiravam pedras nelas e até as matavam. Não tinham acesso à informação. Ouviam as corujas e começavam a imaginar coisas."

Agora Mendes está estudando o efeito dos ambientes urbanos nas corujas-buraqueiras, e Esclarski lidera a investigação das subespécies brasileiras para esse projeto. Ambas querem compreender os enigmas que essas corujas apresentam e educar o público sobre a sua natureza. Graças ao trabalho de preparação, os locais de nidificação das corujas foram bastante fáceis de encontrar. Assim que localizamos as tocas, procuramos pistas que indicassem se elas estavam ativas — pelotas e vestígios das fezes das corujas, bem como chão pisoteado no local, o que sugere a presença de filhotes. Além disso, outros sinais de atividade são penas espalhadas ou pedaços de plástico, pano, isopor, esponja e vidro quebrado que os machos levaram para suas tocas aqui neste ambiente urbano e, às vezes, insetos aleijados com os quais eles alimentaram a família.

É função da coruja-buraqueira macho entregar comida na toca para alimentar a fêmea. Ela gosta de comida fresca, então o macho não mata os insetos, apenas os incapacita, diz Johnson. (Ele não deixa os roedores vivos, porque acabam escapando.) Entrega aranhas, mariposas e outros insetos e os deixa a cerca de trinta centímetros da boca da toca. "Quando você caminha até o local do ninho à noite, enxerga o brilho dos olhos de muitos insetos e também de aranhas", diz Johnson, que em um ninho encontrou 32 aranhas-lobo. ("Aquele cara era especializado nesse tipo de aranha.") Os insetos e as aranhas ainda estão vivos, mas não conseguem fugir. "Como as corujas sabem fazer isso?", ele se pergunta em voz alta. "O macho sai, pega alguma coisa, aleija, traz de volta, deixa cair e depois vai buscar outra presa. É um negócio impressionante."

Assim que encontramos as tocas, montamos as armadilhas, que o próprio Johnson projetou. São caixas retangulares pretas de malha de arame com 46 centímetros de comprimento por quinze de altura, com alçapões giratórios em ambas as extremidades. Fora da armadilha, ele posiciona um pequeno gravador de áudio a cerca de cinquenta centímetros da entrada da toca para registrar as vocalizações das corujas. E logo dentro da armadilha instala um MP3 player que toca suavemente o chamado territorial gravado de uma jovem coruja-buraqueira macho do Oregon.

Essa é a arma secreta de Johnson para capturar essas corujas. A maneira como ele a descobriu é uma das histórias notáveis dos investigadores de corujas e da tentativa de entender o que se passa na mente delas.

A história começa em um depósito de armas do exército dos Estados Unidos, um local improvável para um refúgio de corujas — e com um passado peculiar, que mostra como as comunidades de criaturas estão unidas entre si, incluindo essas aves. Basta puxar um único fio para começar a desfiar todo o tecido.

Em 2007, o exército telefonou para Johnson para perguntar se ele poderia ajudá-los com um problema no Depósito de Umatilla, antiga instalação de armazenamento de armas químicas em uma extensão aberta de 7 mil hectares perto da fronteira entre os estados de Washington e do Oregon. "Uma porcentagem significativa do estoque nacional de armas químicas letais ocupava o depósito, incluindo gás sarin e agente mostarda", diz Johnson. As armas estavam escondidas em cerca de duzentos bunkers de concreto, semelhantes a iglus. Depois que os Estados Unidos assinaram um tratado com 192 países em 1997, concordando em eliminar armas químicas, o exército construiu um incinerador e o operou 24 horas por dia, sete dias por semana, durante dez anos, para destruir mais de 3,7 mil toneladas de armas. Então, em 2012, desativou o depósito. Tudo o que restou foram os iglus de concreto vazios, que dão ao local o aspecto de uma colônia lunar abandonada.

Mesmo antes de as armas serem destruídas, as coisas já eram interessantes no depósito, do ponto de vista ecológico. Em 1969, o Departamento de Pesca e Vida Selvagem do Oregon trouxe catorze antílopes-americanos, com um único macho dominante e um harém de fêmeas, para povoar o local. E a coisa saiu do controle. A população de antílopes cresceu rapidamente para duzentas ou 250 cabeças, até que de repente caiu. A razão? "Os animais estavam confinados por uma cerca perimetral, o que levou ao superpovoamento e à consanguinidade", conta Johnson. "Por causa da depressão por endogamia, eles perderam a heterozigosidade genética e o rebanho começou a declinar."*

---

* Grosso modo, com os constantes cruzamentos entre parentes, todos os animais passaram a carregar a mesma versão da maioria dos genes, o que os torna mais vulneráveis a doenças.

Mas os administradores daquelas terras não viam as coisas dessa forma. Eles culparam os coiotes pela queda populacional. "Diziam: 'Ah, não, são os coiotes que estão pegando os filhotes, então temos de implementar um programa de controle de coiotes'", lembra Johnson. Ao capturar os coiotes, também capturaram acidentalmente todos os texugos que viviam no depósito. "Eles zeraram a população de texugos, eliminando suas tocas, e a falta delas fez com que os números de corujas-buraqueiras despencassem, pois era onde elas estavam nidificando." E isso trazia um problema, porque eram as corujas que controlavam a população de roedores no depósito.

Foi quando convocaram Johnson. "Eles me ligaram para perguntar o que era possível fazer para recuperar a população de corujas-buraqueiras."

Johnson tinha uma solução: em 2008, ele e sua equipe instalaram nove tocas artificiais concebidas para imitar tocas naturais, mas também para ser acessíveis aos pesquisadores. Para a câmara de nidificação, usaram barris de 55 galões cortados ao meio, com uma tampa que podia ser retirada a fim de facilitar o acesso dos cientistas ao ninho. Para os túneis que levam à câmara do ninho, anexaram tubos de PVC de quinze centímetros de largura por três metros de comprimento, o que dá aproximadamente a medida de um túnel natural. As entradas eram blindadas com pedras, para barrar cães e coiotes. Ao fim do trabalho, Johnson instalou 96 tocas artificiais.

As corujas instantaneamente ocuparam seus novos lares. Antes da instalação das tocas artificiais, havia apenas três ou quatro pares delas nidificando. No ano seguinte à instalação, eram nove pares; no outro ano, 32; depois, 61 — até que, em 2021, a população atingiu o pico de 65 pares, com alguns ninhos produzindo até dez filhotes. Uma taxa de aumento verdadeiramente impressionante. "A casa estava cheia", relembra Johnson. "Ao todo, tivemos 358 filhotes naquele ano, todos saudáveis, felizes e robustos."

O pesquisador ficou encantado. Desde cedo, percebeu que tinha uma oportunidade clara para estudar, a longo prazo, uma população considerável de corujas-buraqueiras. "Percebi que poderíamos anilhar aquelas corujas, colocar etiquetas de geolocalização nelas e

Filhotes de coruja-buraqueira no depósito do exército dos EUA em Umatilla

aprender sobre sua seleção de parceiros, dieta, dispersão, padrões de migração, escolha de design de tocas, todo tipo de coisa", explica. Ele poderia conhecer as aves individualmente, explorando as mudanças na população de corujas ao longo das gerações.

Mas, para isso, precisaria pegar todas elas.

Na época em que Johnson iniciou o estudo de Umatilla, a principal técnica para capturar corujas-buraqueiras era uma armadilha feita de aço inoxidável, tela de arame e estopa. "E as pessoas me diziam que, utilizando essa estratégia, eu conseguiria capturar 70% das fêmeas e 30% dos machos", recorda ele. "E eu pensava: 'Tudo bem, muito bom. Mas não quero pegar *algumas* corujas. Quero pegar *todas* as corujas. Quero pegar todas as corujas da área de estudo *todos os anos*. E, em todos os lugares para onde vou no meu trabalho no Projeto Global sobre Corujas, quero treinar pessoas para pegar todas as corujas'."

Johnson modificou a armadilha, pintando-a de preto, com uma porta de malha mais clara para que parecesse mais uma extensão de túnel e fosse menos visível para as corujas. Ele também usou uma rede com um pequeno gafanhoto ou barata movidos a energia solar em cima da gaiola de isca, para apanhar as corujas durante o dia. "Eles têm perninhas de arame e zumbem enquanto se mexem. Coloquei-os em cima da gaiola e eles simplesmente faziam *bzzzzz*, o que funciona muito bem quando as corujas conseguem ver." E, à noite, Johnson punha um rato falso ou morto dentro da gaiola, junto com um pequeno tocador de MP3 que emitia o som do roedor. Somando as duas armadilhas, Johnson conseguiu capturar as corujas fêmeas e cerca de 95% dos machos. "Mas eu não conseguia pegar *todos* eles", conta. "Os veteranos, os caçadores realmente bons, voavam sobre minha rede de arco e diziam: 'Obrigado, David, mas consigo me dar melhor sozinho. Posso pegar ratos-cangurus, não quero perder tempo com o seu ratinho. Eu sei que é um jogo e não quero jogar'."

Como capturar aquelas últimas aves experientes e matreiras?

A resposta veio num insight, de um lugar inesperado: os hábitos migratórios das corujas. Para tentar compreender a migração da espécie, Johnson tinha colocado etiquetas de geolocalização em vários machos e fêmeas, o que, por si só, já fora uma façanha.

As geoetiquetas, pequenos registradores de dados e transmissores, são uma ótima maneira de monitorar a localização de uma coruja várias vezes ao dia, fornecendo uma porção de dados sobre sua atividade, onde e quando ela está descansando, voando, caçando ou migrando. Mas são caras e, embora algumas delas transmitam os dados para um satélite ou estação receptora, como uma torre de telefonia celular, outras exigem a recaptura da ave para que se possa baixar todas as informações — o que pode ser um risco. Além disso, as corujas, às vezes, são engenhosas quando querem achar maneiras de se livrar dessa bagagem cara.

Johnson experimentou métodos para prender um transmissor nas costas de uma coruja-buraqueira com uma pequena mochila para torná-lo mais leve e menos incômodo, na medida do possível. "As pessoas usavam cabos de aço inoxidável revestidos de náilon que aguentavam vinte quilos de peso em falcões peregrinos", diz ele. "Então pensei: como as corujas são mais duronas, vamos dobrar isso." Ele colocou um cabo que aguentava quarenta quilos. "Metade das corujas o cortaram com o bico", lembra, "simplesmente rasgavam um cabo de aço inoxidável. E eu pensei: 'Me deram uma lição!'." Ele me mostrou um vídeo da ação de fuga. "Aqui está o macho ajudando a fêmea a morder o cabo", foi narrando. "E aqui está ela tirando o cabo da perna. Eles estão trabalhando em dupla — veja se pode!" Esse "resgate" cooperativo foi documentado em pegas-australianas e é considerado um tipo de comportamento altruísta, em que um indivíduo ajuda o outro sem que obtenha uma recompensa imediata e tangível. Conduta notável, mas que pode irritar um pesquisador. Por fim, Johnson encontrou um material tão forte que é usado para suturas em aplicações médicas. Desde então, nenhuma ave conseguiu jogar a mochila fora.

Todo esse esforço valeu a pena. A geomarcação revelou que apenas as fêmeas das corujas-buraqueiras da região migram para o sul no inverno, rumo a um local seguro e com comida abundante para engordar e ficar em forma para botar seus ovos. Os machos, por outro lado, ficam por perto ou seguem rumo ao norte, para uma área próxima.

Eles vão para o *norte* no inverno?

A princípio, Johnson pensou que havia algo errado com seus dados. Por que os machos escolheriam passar o inverno numa área fria, onde a comida é escassa? Ele percebeu que só poderia haver um motivo: "Porque eles querem ser os primeiros a voltar para suas tocas! A estratégia deles é: 'Se eu conseguir sobreviver no norte, serei o primeiro a voltar. E se eu for o primeiro a voltar, eu ganho a melhor toca e o melhor território'. Para um macho, vale a pena colocar sua vida em risco para se dar bem no mercado imobiliário".

Depois de compreender a importância das tocas de reprodução para as corujas machos, Johnson percebeu que poderia atrair até a ave mais astuta para a armadilha, fazendo-a pensar que sua toca coberta estava sendo invadida por um rival. Para o chamariz de áudio, usa o chamado de um macho de onze meses e abaixo do peso, "um moleque safado", compara ele. "Não quero que o chamado soe como o de um concorrente dominante, apenas como o de um intruso irritante, alguém que seja fácil de tirar de lá." Quando o invasor não se mostra, o dono costuma piar suas próprias vocalizações territoriais a partir da toca, que são captadas pelos gravadores de áudio. Se seus chamados não atraírem o intruso fantasma, o macho irá atrás dele. "E pá! Eu pego ele", resume o cientista.

"As aves que demoram mais para entrar na armadilha são, na verdade, os jovens machos ainda tímidos, que não têm peito para perseguir esse intruso", diz Johnson. "Eles simplesmente ficam do lado de fora da toca e tentam conversar. Eles se pavoneiam e ficam chamando. Consigo gravações incríveis dos caras. Se eu sair por uma hora e depois verificar o gravador, terei quinhentos ou seiscentos chamados territoriais. Depois, à medida que os rapazes vão ficando mais velhos, com cinco, seis, sete, oito anos, não têm mais tempo para ficar batendo papo. Eles vão me proporcionar seis chamados e depois vão destruir meu equipamento. Ficam chutando o objeto. Começam a fuçar nele, derrubam, pulam em cima ou atacam o DeadCat [protetor de vento que cobre o microfone], agarram o negócio e o levam embora. Já conhecem aquela encenação e ficam injuriados. O gravador capta o barulho da chuva de areia enquanto destroem tudo com as patas. Então entram em suas tocas para ver quem está lá, e eu os pego."

A taxa de sucesso de Johnson na captura de corujas-buraqueiras no Oregon com esse método é próxima de 100%. "É tudo uma questão de entrar na cabeça delas, pensar no que as motiva", afirma. "Se você fizer isso, elas estarão na sua mão."

Hoje em dia, Johnson leva em média vinte minutos para capturar um macho. Seu recorde é de 45 segundos. Mas isso é no depósito no Oregon. Aqui em Maringá, 10,8 mil quilômetros a sudeste, as tocas dos ninhos com armadilhas e tocadores de MP3, que transmitem os chamados territorialistas de uma coruja-buraqueira macho fracote do noroeste do Pacífico, permanecem vazias.

Por que essas aves não são atraídas pelos truques habituais, pelo chamado do macho gravado lá no norte? Elas deveriam estar mergulhando em suas tocas para defendê-las. Isto é, se forem da mesma espécie. Mas será que são?

Ficamos horas no carro, na esperança de que as corujas se deixem enganar. As aves estão em todos os lugares, menos nas armadilhas — vagando pela entrada de suas tocas, empoleirando-se em arbustos e postes de cerca próximos, fazendo voos curtos em baixa altitude de um posto de observação para outro ou simplesmente ficando de pé no meio de um terreno e observando-nos de perto. Vemos uma fêmea cavar sob a armadilha em sua toca para chegar até os filhotes que estão lá dentro. Saímos e andamos em volta das aves no solo vermelho e esburacado, evitando contato visual, para tentar empurrá-las para suas tocas. "Elas prestam atenção nos olhos da gente", explica Johnson. "Se você colocar óculos escuros, elas perdem o interesse rapidinho. Os olhos e o contato visual são fundamentais para medir o perigo."

Até que enfim! Um par de olhos amarelos brilhantes cintilando no escuro de uma das armadilhas, como pequenos faróis de boas-vindas. Finalmente capturamos uma ave, um começo modesto para a coleta de pistas. Essa armadilha havia sido instalada em uma toca de terreno baldio, próximo a uma estrada barulhenta, em frente a um prédio de onde vinha música alta e animada. É difícil imaginar como as corujas seriam capazes de tolerar toda essa atividade humana. Tanto machos quanto fêmeas pareciam cautelosos, montando guarda perto da entrada da toca. Quando Johnson se aproximou, a fêmea mergulhou no túnel com sua armadilha. E foi capturada.

Corujas-buraqueiras na armadilha

Pedem que eu verifique a armadilha com uma lanterna. Quando me agacho, vejo aqueles olhos brilhando no escuro e aceno animadamente para Johnson. Ele se apressa e enfia a mão na armadilha e, agarrando com firmeza a coruja delicada, vira-a de bruços e a puxa para fora. Então a embala nos braços, com gentileza e ternura, como a um bebê. Ela grita, luta e encara Johnson com um olhar furioso.

Essa fêmea mal-humorada é a coruja-buraqueira número um do braço brasileiro deste estudo. Johnson sabe que a coruja é fêmea porque ela é maior do que sua contraparte masculina, e mais escura. Durante a época de nidificação, as penas dos machos desbotam ao sol enquanto eles guardam o ninho.

A estação de processamento é montada atrás do carro de Esclarski, em cima de caixotes de plástico e caixas de papelão, e os membros da equipe — Johnson, Esclarski, Mendes e mais dois ajudantes, Thaís Rafaelli e Vinicius Bonassoli — trabalham rapidamente, fotografando a coruja, medindo as garras do hálux* e avaliando comprimento, área e envergadura de asas, enquanto ela grasna alto, e em seguida traçando o contorno de ambas, uma de cada vez, numa folha de papel branca, como se a ave estivesse voando.

Ao todo, eles coletam 25 medidas morfométricas diferentes do corpo e das asas. É um trabalho delicado que exige mãos sem luvas, e os dedos de Johnson ficam presos repetidamente nas garras afiadas da coruja, projetadas para capturar presas no ar. Ele a puxa para examiná-la de perto. "Uau", diz, "você tem bafo de inseto." Sua área de chocagem, a pele nua que aquece seus ovos, é enorme, chegando até o queixo, mas suas penas estão voltando a crescer, sugerindo que ela está bem adiantada com seus filhotes ou que seu ninho não vingou. Esclarski coloca a coruja em um saco de pano para pesá-la. Ela é mais graúda que a maioria das corujas-buraqueiras do Oregon. São necessários três membros da equipe para coletar a amostra de sangue com uma seringa na pequena veia abaixo da asa — apenas quatro ou cinco gotas — e colocá-la em tubos com a ajuda de um sifão. Com os tubos, eles desenham espirais de sangue num pedaço de papel especial que será usado para extrair seu DNA.

* O equivalente ao dedão do pé humano.

O processamento completo leva de quinze a trinta minutos apenas. Quando terminam, Johnson carrega a coruja de volta ao ninho, passa o braço pela parte de trás da armadilha e a deposita na toca. Depois, tranca a porta traseira da armadilha para que ela não seja pega de novo. Deixa a porta da frente destrancada para tentar capturar o macho, que está nos observando de cima, do alto de uma placa de trânsito que diz: PARE.

Uma ave só não faz um estudo. Nos dias seguintes, Johnson muda sua estratégia. Ele gravou os chamados territoriais das corujas e os ouviu atentamente. É claro que não soam em nada como os chamados no noroeste do Pacífico. As corujas do Oregon faziam um chamado de dois tons monótono, *cu-cu*. Aqui em Maringá, os chamados têm ritmos rápidos ascendentes e descendentes, mais como *cu-quiiá*, e mais tempo entre as vocalizações.

Se os chamados forem suficientemente diferentes, os machos daqui podem não os reconhecer, diz Johnson. O chamado territorial do MP3 player "provavelmente soa como alguma coisa estranha em suas tocas. Elas reconhecem aquilo como uma ave, sim, mas talvez achem que é um pardal ou alguma outra espécie". Em outras palavras, as corujas-buraqueiras não falam a língua de seus parentes no oeste do Oregon. "A última conversa entre os antepassados comuns delas aconteceu talvez há 4 milhões de anos. Isso é só um palpite. Mas a parte incrível é que estamos tendo a chance de testemunhar isso. Se na análise isso se confirmar, saberemos quão separadas essas corujas estão de seus primos norte-americanos no espaço, no tempo e na evolução."

Com um novo chamado territorial, gravado de uma coruja de Maringá, que Johnson carregou em seu MP3 player, os membros da equipe começam a capturar corujas a torto e a direito, algumas com suas refeições a caminho da toca, um rato ou uma lagartixa sem cauda. Em questão de dias, eles têm uma amostragem adequada dessa população local e podem seguir para novas áreas do Brasil.

De Maringá, os pesquisadores percorrem todo o país, saindo no escuro para capturar as corujas em locais que vão desde as longas e estreitas praias do Parque Nacional da Lagoa do Peixe, no Rio Grande do Sul (onde as corujas fazem suas tocas com detritos naturais, mandíbulas de pequenos mamíferos, nadadeiras de pequenas tartarugas e carapaças de moluscos), até Boa Vista, no extremo norte da Bacia Amazônica, a uma distância de quase 4 mil quilômetros dali. Eles aprendem que as corujas de Maringá (a subespécie *grallaria*) são 20% maiores do que as do oeste do Oregon, mais pesadas, mais resistentes, mais fortes e mais robustas, o que vai contra a ideia predominante de que, em climas mais quentes, as aves são menores. Descobrem que as corujas-buraqueiras do sul não respondem aos chamados territoriais dos machos do noroeste do Pacífico, enquanto as que estão mais ao norte, em Boa Vista, sim. Na Amazônia, encontram a menor subespécie de coruja-buraqueira, conhecida como *minor*, perto de uma área com uma subespécie maior (provavelmente *grallaria*). Na verdade, diz Esclarski, "encontramos um casal em que o macho era possivelmente um *minor* e a fêmea uma *grallaria*. Mas só a genética nos dirá quem é quem. E isso é empolgante".

Em toda parte das Américas, cientistas estudam as corujas dessa forma para o projeto de Johnson — no Peru, no Equador, na Colômbia, na Venezuela, no México, em Aruba, nas Bahamas —, todos com o mesmo equipamento e a mesma metodologia, todos com o mesmo objetivo.

As amostras de DNA de corujas vivas capturadas pelas equipes, juntamente com aquelas da subespécie extinta, serão processadas no Instituto de Pesquisa de Conservação do Zoológico de San Diego, na Califórnia. O instituto vai sequenciar o DNA de todas as diferentes subespécies para determinar sua ancestralidade, remontando suas linhagens para calcular a época em que viveu o ancestral comum mais recente desses animais.

Para complementar o exame genético, Johnson vai comparar todas as medidas morfológicas, bem como as gravações de todos os cantos territoriais das corujas, e analisá-las quanto à variação vocal usando um software específico que consegue diferenciar a agudeza e o timbre dos chamados, sua frequência e seus harmônicos, o tempo entre as notas, o tempo entre os chamados, quantos chamados aparecem em uma sequência e outros detalhes.

"A questão é", diz Johnson, "quando você compara todos esses dados genéticos, morfológicos e de vocalização, há diferenças significativas o suficiente em todas essas facetas para reconhecer uma espécie distinta? A divergência evolutiva dos padrões vocais produziu uma divisão suficientemente significativa entre as populações para que elas não estejam mais se cruzando? Essa mudança nas vocalizações reflete divergência genética?"

Para abordar essas questões em qualquer família de aves são necessários grandes tamanhos de amostragem, recursos, muito tempo e — nesse caso — cooperação entre cientistas de duas dezenas de países. David Johnson está animado. "De repente, as respostas para o quebra-cabeça das corujas-buraqueiras nas Américas estão ao nosso alcance. É por causa da tecnologia. E dos parceiros." Para estudar uma coruja é necessário uma aldeia — ou, nesse caso, uma aldeia global.

Ao tirar partido das novas ferramentas da ciência corujesca, o projeto de Johnson poderá aumentar a contagem de espécies de corujas em pelo menos uma, talvez mais. Ainda não há resultados conclusivos, mas algumas pistas promissoras, especialmente aquelas reveladas nas diferenças dos chamados territoriais das corujas-buraqueiras. Ao ouvir as variações entre os chamados das diferentes subespécies, é possível que estejamos escutando a mudança evolutiva, testemunhando algo tão revelador quanto os bicos dos tentilhões das Galápagos de Darwin na geração de novas espécies.

E esses chamados territoriais são apenas a ponta do iceberg quando se trata de comunicação entre corujas. Podem parecer simples para nós, mas o que eles transmitem para outra coruja? O que ela escuta nesses poucos segundos de sons cuidadosamente modelados?

Muito mais do que podemos imaginar.

Quem deu um pio: conversa corujesca

Alice estava agindo da pior maneira corujesca, mesmo para os padrões dos mochos-orelhudos, normalmente rabugentos, irritados e resmungões. E, naquele momento, não aceitava nenhum dos esforços de Karla Bloem para apaziguá-la. "Ela estava piando para mim e eu estava tentando piar de volta para ela", conta Bloem, "e ela caminhou até a beira do poleiro e me bicou com força na cabeça. Eu não sabia o que fazer. E ela estava ficando visivelmente chateada porque eu não estava respondendo direito."

No linguajar dos especialistas, Alice é uma coruja que passou por um *imprinting* com humanos. Quando tinha apenas três semanas de vida, ela caiu do ninho no topo de um pinheiro na localidade de Antigo, em Wisconsin, e sofreu uma fratura séria no cotovelo. Foi levada para um centro de reabilitação de aves de rapina antes que desenvolvesse completamente a visão e recebeu cuidados das pessoas de lá, o que fez com que passasse a se sentir ligada aos seres humanos, em vez de a outras corujas. Hoje ela não tem medo das pessoas e está psicologicamente inclinada a se relacionar com elas. Esse traço, somado a seu grave ferimento, significava que ela era incapaz de sobreviver sozinha. "O pessoal da reabilitação sabia desde o início que ela nunca conseguiria viver na natureza", diz Bloem. "Uma coruja dessas tem de arrumar um emprego ou será sacrificada."

Alice conseguiu o emprego, trabalhando com Bloem, diretora-executiva do Centro Internacional das Corujas, uma instituição conser-

Alice, a fêmea de mocho-orelhudo, piando

vacionista em Minnesota cujo lema é "tornar o mundo um lugar melhor para as corujas por meio da educação e da pesquisa". O papel de Alice seria o de uma espécie de embaixadora educacional para ensinar as pessoas sobre as aves de seu grupo. Mas primeiro Bloem precisava entender o que Alice estava dizendo. A coruja podia ter sido criada por humanos, mas ainda tinha todos os seus instintos normais, inclusive o desejo de se comunicar. Só que ela os dirigia às pessoas.

"Ela fazia todos aqueles sons para mim e esperava que eu respondesse como um mocho-orelhudo", diz Bloem. "Estava ficando brava porque eu não estava fazendo as coisas direito. Em legítima defesa, procurei a literatura científica para descobrir que diabos significam os pios dela. E descobri que ninguém nunca havia estudado vocalizações de mocho-orelhudo, o que parece estranho, porque é uma espécie comum em toda a América do Norte! Por que não foi estudada?"

Foi o estopim para uma exploração de quase duas décadas dos chamados dos mochos-orelhudos, seu propósito, variedade e significado no mundo mais amplo da comunicação das corujas. Compreender as vocalizações dos bichos é crucial para compreender quase tudo que lhes diz respeito, explica Bloem: identidade, hábitos e atitudes, intenções, territorialidade e habitats preferidos, relações com parceiros, familiares, aliados e rivais. "As corujas basicamente veem o mundo através de seus ouvidos. Elas são mais ativas à noite, ao amanhecer ou ao anoitecer, então as vocalizações são essenciais para sua comunicação. Elas não piam só porque curtem ficar piando. Emitem vocalizações por um motivo e transmitem significado em seus chamados."

O pio de uma coruja é um dos poucos chamados de aves que a maioria das pessoas conhece. Mas um pio não é só um pio. Há os pios de saudação, os territoriais e os enfáticos. E as corujas não apenas piam. Elas gritam, ganem, chiam, guincham, grasnam, gorjeiam e se lamentam, principalmente em canções de cortejo — canções de amor feitas de sons estranhos e rudes, geralmente não muito apreciadas, exceto pelos ouvidos aos quais se destinam. Algumas corujas cantam com toda a força dos pulmões; outras arrulham baixinho. Algumas gorjeiam como um grilo. Outras riem ou rugem com risadas maníacas. Na época de reprodução, o macho de coruja-ocelada da Índia emite um grito estridente e trêmulo de "risada", *churruawaarrrr*. A coruja--sombria é conhecida por seu estranho assobio sibilante, como o de uma bomba caindo.

Certa vez, estive na varanda de um amigo na Itália e ouvi, no escuro, os chamados de quatro pares de corujas-do-mato-europeias das profundezas da floresta, do outro lado da estrada. Pios vibrantes e trêmulos de duas notas, mudando de tom, seguidos pelos chilreios agudos das fêmeas — primeiro aqui, depois à distância numa direção, depois na outra direção. As corujinhas beligerantes patrulhavam os limites de seus territórios, animando o coração sombrio da floresta.

O chamado da coruja-das-torres tem sido descrito de várias maneiras como um grito áspero, um ronco nasal, uma série de notas, *clique, clique, clique, clique, clique*, como as de um catidídeo,* e um silvo rouco que soa como uma correia de ventilação se soltando no seu carro. A coruja-ladradora que ouvi na floresta de Pilliga, na Austrália, não apenas emite um *uóc, uóc* ou *uuc, uuc* do tipo canino, mas também

---

* Gafanhoto grande da família dos tetigonídeos, conhecido como "esperança".

rosna, primeiro baixinho, depois com mais ênfase. Pode emitir um espirro suave seguido de um grito abrupto e um pio trêmulo e rabugento. Os silvos, vibrações e chilreios do mocho-pigmeu-do-norte combinam com seu corpo diminuto. Mas a voz profunda e rouca da minúscula corujinha-flamejante destoa de sua estatura diminuta. Essa é outra maneira pela qual as corujas quebram as regras. Em geral, o tamanho do corpo de uma ave determina o tom de suas vocalizações. Quanto maior a ave, mais baixo será o seu tom. Aves menores geralmente têm vozes mais agudas e chilreantes. A minúscula corujinha-flamejante destrói essas fórmulas. Ela retarda as vibrações do chamado, afrouxando a pele ao redor da garganta, criando um pio rouco e grave, mais adequado a um mocho-orelhudo, diz Brian Linkhart, que as estuda. "É uma ave grande presa num corpo pequeno."

JR, uma corujinha-do-leste macho que mora no Centro Internacional das Corujas, tem um chamado que soa exatamente como um telefone tocando. E, quando um telefone real toca, ele responde com sua própria chamada, diz Bloem. "É muito difícil atender o telefone com a cara séria, com o JR ali ao fundo tocando."

Mesmo entre esses silvos e pios estranhos e maravilhosos, os gritos, rosnados, grunhidos, uivos e miados espalhafatosos da coruja-barrada merecem menção especial. Certa vez, quando o ornitólogo Rob Bierregaard caminhava pelos subúrbios de Charlotte, na Carolina do Norte, tocando chamados de coruja-barrada para atrair as aves, alguém lhe perguntou se ele havia perdido seu macaco. Mais tarde, nas profundezas da floresta, ele ouviu o poderoso e aterrorizante grito, do tipo "mulher sendo assassinada", de uma dessas corujas bem perto dele, e o susto o fez dar um pulo de um metro.

O zoomusicologista Magnus Robb tem o dom de caracterizar o chamado das corujas. Robb se descreve como um músico que "foi parar no zoológico". Ele não apenas faz gravações cristalinas de sons de corujas, mas também usa palavras como "brilhantes", "penetrantes" e "evocativos" para descrevê-los. O chamado de solicitação para acasalamento da fêmea das corujas-de-orelha tem "a forma de um suspiro pesado", escreve ele, "o *Vvvu* diminui e vai desaparecendo no final. Se você já experimentou a velha brincadeira de fazer uma gaita usando um pente e papel de cigarro (ou de Izal, aquele papel higiênico mais duro e talvez obsoleto que arranha o traseiro), bem, o timbre é bem parecido com isso".

Não sei você, mas isso me dá vontade de correr para a floresta para ouvir o chamado.

Não é fácil descrever os chamados das corujas, e muito menos imitá-los. Mas, no Centro Internacional das Corujas, a capacidade de piar como elas está incluída na descrição de trabalhos dos funcionários. É um teste decisivo de obsessão, mas também uma ferramenta útil quando as pessoas vêm ao centro tentando identificar uma coruja que ouviram. "Perguntamos: 'Como ela soava?'", diz Bloem. "Mas na maioria das vezes as pessoas não conseguem se lembrar. Então, se você puder reproduzir vários chamados de coruja diferentes, elas talvez digam: 'É esse, foi *esse*!'."

O chamado mais fácil de imitar pode ser o pio territorial de uma coruja-de-orelha macho. Bloem faz uma demonstração: um som calmo, sutil e espaçado de *Huu, Huu, Huu*. "O chamado de coruja mais simples do planeta", declara ela. "Até uma criança de quatro anos consegue imitar."

O chamado de um bufo-pescador pode ser o mais complexo, ele tem uma voz tão grave que muitas pessoas não conseguem reproduzi-la. Não é particularmente alto, mas graças a seu tom grave pode ser ouvido acima do rugido estrondoso dos riachos e rios onde a coruja pesca.

Os palestrantes convidados para falar no centro são sempre chamados a demonstrar os seus melhores pios. O pedido frequentemente traz à tona o instrutor ou o radioamador. Veja o caso de Brian Linkhart, professor de biologia do Colorado College: "Vou ensinar vocês o que fazer com a boca para imitar o chamado de uma corujinha-flamejante", diz ele. Essa é a tarefa que ele dá aos alunos no início da temporada de campo. O apelido do treino é "Chamado CF para iniciantes". Os alunos sairão em algumas semanas para pesquisar as populações de corujas e precisarão saber como piar no "estilo flama" para provocar o canto de uma coruja macho. "Primeiro seus lábios vão formar a palavra *bup*", instrui Linkhart. "Mas vocês não vão pronunciar as consoantes. O som humano *uuu* é o que sai. Ótimo.

Mas essas corujas também são ventríloquas. Elas têm a capacidade de projetar suas vozes e, ainda, de fazer com que elas pareçam ocas — uma defesa contra a predação. Para obter aquele som oco, abram a garganta o máximo que puderem. E, em vez de deixar o ar passar direto pelos dentes, como fazemos quando falamos, tentem direcioná-lo para o céu da boca, para o palato. E é isso: o som vai reverberar um pouco na boca antes de sair."

Ufa. Isso *não* é nada fácil, e ajuda a gente a dar valor ao que é preciso para ser uma coruja.

"Se vocês praticarem isso religiosamente por cerca de duas semanas", diz Linkhart, "podem realmente começar a enganar uma corujinha-flamejante macho. E isso é uma viagem mental, porque, quando você consegue que uma dessas corujas responda, você começa a sentir que está criando asas. É uma coisa muito legal."

Mais uma vez, estou sentindo o impulso de correr para a floresta, com as orelhas em pé e os lábios franzidos para fazer *bup*.

Afinal, por que as corujas piam? Seus chamados são uma espécie de linguagem? Se sim, o que elas estão dizendo umas às outras? O que comunicam a aliados, inimigos, companheiros, familiares? As corujas que cantam juntas estão fazendo um dueto ou estão duelando com suas vozes? Quando uma corujinha começa a piar, e como ela sabe fazer isso?

Para responder a essas e outras questões, Bloem começou a estudar as vocalizações de Alice em 2004. Entretanto, ela ampliou suas observações para os mochos-orelhudos na natureza, envolvendo ainda um casal em cativeiro no centro. "Queria compreender as diferentes vocalizações e o seu contexto comportamental para poder contar o que se passa com essas aves, mesmo sem nunca as ter visto", diz ela. "Se você conhece o contexto associado a cada tipo de vocalização, pode fazer inferências sobre o comportamento. De repente, o mundo se abre e, usando apenas os ouvidos, você pode ter uma ideia do que está acontecendo."

É um mundo que ela não esperava explorar. Nascida na zona rural do condado de Houston, em Minnesota, Bloem diz que suas paixões de infância se concentravam em gaviões e falcões. "Eu cresci numa fazenda, meu trabalho era catar feno. Quando você está mexendo num campo de feno, acaba assustando bichos pequenos, e os gaviões aparecem e ficam circulando ali por cima. Búteos-de-cauda-vermelha me seguiam de perto quando eu estava catando feno. E foi isso que realmente despertou meu interesse pelas aves." Na faculdade, em Iowa, ela se formou em biologia e trabalhou com um ornitólogo. Depois de se graduar, tornou-se falcoeira e treinou peneireiros. Em 1997, quando a cidade de Houston decidiu que queria montar um centro conservacionista, contratou a falcoeira de 25 anos para montar a instituição.

Ela percebeu que precisaria começar criando uma programação para o centro. "Eu estava procurando uma ave para usar em projetos de educação", diz ela. "Tinha minhas aves de falcoaria, mas eram peneireiros — ótimos para falcoaria, mas não para educação. Eles aprendem rápido, mas são tensos. Sinceramente, eu queria um búteo-de-cauda-vermelha, não um mocho-orelhudo. Mas era Alice quem estava disponível naquele momento. E foi literalmente isso que deu início a essa coisa das corujas."

Demorou um ano inteiro para que mulher e ave se conhecessem. "Estou acostumada com as aves de rapina, que são bem reservadas", diz ela. "Mas com as corujas demora ainda mais. Elas não se adaptam bem às mudanças. E os mochos-orelhudos são realmente os garotos-propaganda do mau-humor corujesco. A Alice é capaz de ser completamente grossa."

Durante aqueles primeiros dias, quando Bloem tentava descobrir como se comunicar com sua nova coruja, ela piava para Alice enquanto estava perto de seu poleiro. Foi quando Alice começou a bater na cabeça dela com o bico. "Eu aprendia devagar", diz ela. "Mas, finalmente, tentei me inclinar para a frente enquanto piava, e ela olhou para mim com aparente surpresa, tipo, 'Aí! Você finalmente descobriu!', e nunca mais me bicou. Aparentemente, o jeito certo é se curvar quando você está piando."

Aqui, devo dizer que conviver com um mocho-orelhudo — ou com qualquer coruja, aliás — não é fácil. O freezer de Bloem está cheio de esquilos, ratos e camundongos, que ela estripa antes de servir a Alice. Durante a época de acasalamento, Alice costuma piar a noite toda, o que torna o sono da tratadora bem irregular. "E além disso tem aquelas garras afiadas", lembra a zoóloga. "Se ela escondeu alguma comida em seu espaço, da qual não estou sabendo, e eu chego muito perto, ela corre e ataca meus pés. Normalmente não agarra com força, mas ainda assim é o suficiente pra perfurar. Além disso, é muito territorial e, se alguém que ela não conhece entra em seu recinto, passa ao modo de ataque."

Essa não é uma questão menor. O naturalista Ernest Thompson Seton chamou essas corujas de "tigres alados". O nome científico do mocho-orelhudo é *Bubo*, do latim para "coruja com chifres ou que pia", e *virginianus*, porque foi avistada pela primeira vez por naturalistas ocidentais nas colônias da Virgínia. Mas a ave e seus parentes próximos têm distribuição geográfica ampla, do extremo sul da América do Sul ao Ártico. E onde quer que viva, desde terras agrícolas e planícies elevadas até desertos, florestas tropicais, montanhas e pântanos, é um predador feroz, capaz de matar aves tão grandes quanto um pavão macho adulto. Marcadores de aves que sobem em árvores para chegar a um ninho de coruja já foram duramente atingidos por ataques de adultos.

Bloem é cuidadosa ao colocar alguém em contato com Alice e sempre apresenta a pessoa de longe.

Depois que Bloem e Alice estabeleceram um relacionamento cordial, ou pelo menos tolerante, esse contato próximo permitiu que a conservacionista coletasse observações íntimas sobre as vocalizações de Alice.

Uma pergunta óbvia: uma coruja que passou por *imprinting* com pessoas teria vocalizações normais?

"Eu tinha certeza que sim", diz Bloem. "As vocalizações das corujas são geralmente vistas como comportamentos herdados geneticamente, e não aprendidos", então os pios e chamados de Alice eram provavelmente uma parte programada de seu repertório comportamental. Ao contrário das aves canoras, que passam a dominar seu canto por meio da aprendizagem vocal, tal como aprendemos a falar — ouvindo, imitando e praticando —, as corujas emitem cantos e chamados programados, geneticamente definidos. David Johnson me contou que pesquisadores pegaram ovos de coruja, colocaram numa incubadora e, em seguida, tocaram para eles canções e chamados de pardais e outros tipos de aves. Quando as corujinhas ficam adultas o suficiente para chamar, elas sempre vão cantar em "corujês", emitindo os chamados de sua espécie.

Mas Bloem não tinha certeza se Alice produziria esses sons no contexto comportamental apropriado. Assim, decidiu complementar e confirmar suas observações sobre a ave ouvindo os chamados das corujas nas florestas ao seu redor e observando seus comportamentos com binóculos infravermelhos de visão noturna. No entanto, descobriu que não conseguia ver o que estava acontecendo ao redor do ninho. "Aqui, os mochos-orelhudos tendem a nidificar onde há árvores", diz ela, "e onde há árvores, há galhos, nos quais a iluminação infravermelha produz reflexos." Para observar os comportamentos das corujas ao vocalizar num contexto de reprodução, ela percebeu que precisava de um casal reprodutor em cativeiro.

Assim surgiram Rusty e Iris, mochos-orelhudos adultos feridos que ingressaram no Centro Internacional das Corujas em 2010. Ambas as aves tinham problemas nos olhos. Iris teve uma pupila perfurada e Rusty ficou cego em um acidente com um carro. Nenhum dos dois tinha *imprinting* com humanos. "Eles se conheceram na reabilitação e ficavam juntos", diz Bloem, "então, para nós, eram um bom casal reprodutor em potencial." O centro construiu um criadouro equipado com câmeras de segurança e microfones e depois passou a transmitir o cotidiano do casal ao vivo na internet, com uma webcam, para que as pessoas que assistiam pudessem ajudar nas observações da dupla e de seus filhotes.

Finalmente, Bloem tinha tudo preparado para conduzir seu estudo.

Os chamados dos mochos-orelhudos são "variados e difíceis de caracterizar", segundo o conceituado guia *Birds of the World*. Um mocho-

-orelhudo macho pode produzir "um conjunto indescritível de pios, cacarejos, guinchos e grasnidos", escreveu um ornitólogo, "emitidos de forma tão rápida e desconexa que o efeito é ao mesmo tempo assustador e divertido". As corujas são conhecidas por seus pios mais graves e ressoantes em um tom barítono silencioso, que muitas vezes contribuem para o clima de meia-noite nas trilhas sonoras de filmes.

Depois de centenas de horas de observação meticulosa, Bloem conseguiu caracterizar e descrever quinze vocalizações distintas: seis tipos de pios, quatro tipos de chiados e cinco tipos de grasnidos, incluindo um grasnido de alarme semelhante a um grito misterioso. Ela também observou que as corujas têm comunicação não vocal. Quando estão com medo ou agitadas, elas ciciam ou estalam seus bicos.

Como a maioria das corujas, os mochos-orelhudos são altamente territoriais. Eles ficam no limite de seus domínios e estabelecem as fronteiras com a voz, emitindo pios profundos e suaves num ritmo gaguejante: *uuu-UUU-uuu-uuu*. Tanto machos quanto fêmeas dão pios territoriais por conta própria, cantando simultaneamente com um companheiro, ou até mesmo duelando com uma coruja vizinha ou estranha. É muito melhor do que entrar em uma disputa física real. "As corujas não querem lutar porque o risco de lesões é muito alto", diz David Johnson. "Uma garra no olho ou algo assim, e o jogo acaba, então você acaba fazendo de tudo pra evitar isso. Quando vocaliza, se quiser posar de durão, você vai deixar a voz mais grave e projetá-la."

Um pio de baixa frequência se transmite bem e permite alcance máximo com atenuação mínima em uma variedade de habitats, desde que o animal não esteja muito próximo do solo. Ao estudar orangotangos nas florestas tropicais de Bornéu, minha amiga Kinari Webb e seus colegas usavam pios de coruja para sinalizar uns aos outros. "Um chamado *wuuu-wuuu* de tom médio funciona bem", diz ela, por isso é o método que a maioria dos indonésios usa para localizar uns aos outros na mata. Emitido do poleiro certo, até o pio sutil da coruja-de--orelha pode percorrer mais de um terço de quilômetro, se o vento ou o trânsito não o abafarem.

Num pio territorial completo, um mocho-orelhudo inclina-se para a frente em posição quase horizontal, com a plumagem eriçada, a garganta estufada como a de um sapo gigante e a cauda levantada. Embora as fêmeas dos mochos-orelhudos sejam consideravelmente maiores que os machos, elas têm uma siringe menor, o que lhes confere um pio mais agudo. Bloem discorda da visão convencional de que os machos emitem um pio mais elaborado que o das fêmeas. Na verdade, diz ela, um pio típico de macho tem apenas quatro ou cinco notas, enquanto o da fêmea tem cerca de seis a nove. Para ser justo, os machos ocasionalmente soltam um vibrato impressionante na segunda nota, o que pode explicar a ideia de que o pio deles é mais complexo, diz ela, mas essa variação de frequência sonora é incomum.

Os chiados variam entre os cacarejantes, emitidos dentro ou perto do ninho ou enquanto as corujas estão em cima da comida, e os irritados e até mesmo gritados. As aves emitem esse chiado irritado, um guincho alto e agudo, às vezes acompanhado de uma bicada dolorida, quando estão — bem — incomodadas. E há ainda o chiado agudo, quando elas estão extremamente irritadas ou sofrem algum tipo de restrição física.

Corujas jovens e famintas imploram por comida com um grasnado áspero e estridente. As fêmeas longe dos filhotes também fazem esse chamado, um som fácil de localizar e eficaz na comunicação a curtas distâncias. Quando Alice está entediada, ela "grasna duas vezes", diz Bloem, uma espécie de *uac-uac*, para chamar a atenção. A pesquisadora também notou uma vocalização específica que Iris emitia enquanto alimentava seus filhotes para estimulá-los a comer. Mais tarde, quando criou corujinhas sozinha, Bloem descobriu que, se lhes oferecesse comida num momento em que simplesmente não estavam interessadas, tudo o que precisava fazer era imitar aquele chamado "e de repente elas queriam comer".

Outro tipo de guincho que Bloem nunca tinha ouvido chamou sua atenção em uma conferência feita por dois pesquisadores que trabalham na província canadense de Saskatchewan. Quando os especialistas ouviram sua apresentação sobre as vocalizações das corujas, perguntaram se ela conhecia os chamados que os mochos-orelhudos em nidificação emitem durante uma exibição de asa quebrada.

Mochos-orelhudos recorrem à exibição de asa quebrada? Essa notável defesa do ninho é típica de aves vulneráveis que nidificam no solo, como quero-queros e maçaricos. O fato de os mochos-orelhudos, que fazem ninhos em árvores e estão no topo da cadeia alimentar, poderem se valer desse tipo de manobra diversionista era novidade para Bloem. Portanto, ela foi para Saskatchewan para ver a situação com seus próprios olhos. E era verdade: se um mocho-orelhudo em nidificação for ameaçado por um cão ou outro predador, ele eriça as penas e se joga no chão, para tirar o atacante das imediações do ninho, batendo as asas como se estivesse machucado e guinchando uma ou duas vezes — uma tática altamente arriscada e um indicador de como essas aves podem ser grandes protetoras de seus ninhos.

Algumas vocalizações, as mais íntimas que podem ocorrer entre os membros de um casal, Bloem aprendeu apenas através do contato próximo com Alice. O pio suave e grave de "olá", por exemplo. Ou o chiado baixo, com ar de quem está batendo papo, dirigido a outro indivíduo de perto e transmitido em breves interjeições transcritas aproximadamente como *Hum? Hum? Hum? Hum?*

Um grande número de vocalizações ocorre no contexto da cópula. Rusty gentilmente demonstrou isso repetidas vezes antes de falecer, entristecendo a todos, em 2022. "Qualquer pessoa que assistia à nossa webcam sabia quando Rusty estava interessado, porque seus pios ficavam mais baixos e mais lentos", diz Bloem. "E às vezes ele deixava passar algumas notas no final. Ficava sentado do outro lado do aviário e olhava para Iris ou às vezes se aproximava e piava bem no ouvido dela, baixinho, *Huu, Huu*, e então continuava até que ela respondesse com um piozinho estridente. Aí ele ficava animado e soltava esses pios em staccato, quase como um chimpanzé, voava e pousava nas costas dela. Ela mexia o rabo para o lado e ele envolvia essa região da fêmea com a cauda para o que é chamado de 'beijo cloacal', quando o sêmen é transferido. Se tivesse sucesso — ou mesmo se chegasse perto — ele soltava um grito estridente, o 'guincho copulatório'."

"Você poderia imaginar que esse som estridente viria da fêmea, porque ela está com oito garras nas costas", diz Bloem. "Mas ela está ocupada fazendo chiados de aborrecimento. Tive de assistir a um zilhão de sequências de cópula antes de poder entender isso. Finalmente, Iris acabou piando durante um dos guinchos copulatórios, então tive certeza de que era Rusty quem estava guinchando."

Com o tempo, Bloem estabeleceu o repertório vocal completo dos mochos-orelhudos e relacionou os diversos chamados com os respectivos comportamentos das aves. Mas ainda faltava alguma coisa. Quando Rusty e Iris começaram a procriar, ela percebeu que também poderia estudar como as corujas desenvolvem seus pios e outros chamados.

Para sua grande alegria, descobriu que as corujinhas começam a vocalizar no ovo, antes mesmo de eclodirem. "Temos um microfone supersensível a menos de um metro e meio de onde os ovos foram postos", diz ela, "e conseguimos captar o som das corujinhas lá dentro cerca de dois dias antes de eclodirem. Elas invadem a célula de ar do ovo e começam a respirar. É quando começam a vocalizar. Você consegue até ouvir o barulhinho delas dentro da casca."

Com pouco mais de duas semanas de vida, as minúsculas corujinhas piavam na posição correta do corpo e no ritmo correto — também uma surpresa. "Alguém que estava vendo aquela bolinha de três bebês fofinhos pela webcam me mandou uma mensagem dizendo: 'Acho que os bebês acabaram de piar'", lembra Bloem. "Eu fiquei de queixo caído, e fui dar uma olhada na gravação do vídeo. Lá estavam elas, aquelas bebezinhas minúsculas, na posição correta — cabeças abaixadas, pontas da cauda sem penas inclinadas para cima —, piando no ritmo correto de quatro notas, embora com vozes muito estridentes. Ninguém tinha ideia de que elas poderiam piar quando tinham apenas duas semanas de vida!"

As corujinhas continuaram com seus pequenos pios por algumas semanas e depois pararam. Aos cinco meses, recomeçaram com vozes que ficavam falhando, como a de um adolescente. Por volta dos seis ou sete meses, os pios tornaram-se indistinguíveis dos de um adulto.

As corujinhas também piavam no contexto correto desde o início. "Isso me pegou totalmente de surpresa", lembra Bloem. "Eu observava uma ninhada quando percebi que as corujas estavam claramente chateadas e alarmadas com alguma coisa. Mas todas estavam quietas e olhavam para fora. E, de repente, ouço um pequeno som agudo e não acredito. Então a câmera se mexe para mostrar as costas de uma corujinha chamada Patrick, e percebo que seus ombros estão se movendo em sincronia com o som. Patrick estava fazendo um chamado de alarme com sua voz aguda e estridente. Eu não tinha ideia de que os filhotes eram capazes disso."

"E não precisaram praticar. As corujinhas simplesmente produziram pios no ritmo adequado, na posição e no contexto adequados, desde o início. Elas acertaram desde o começo."

Se as vocalizações das corujas são programadas, será que isso significa que o chamado territorial de uma coruja soa semelhante ao de outra? Ou que as vozes das corujas seriam como as nossas, ricas em assinaturas de identidade individual?

Há alguns anos, uma equipe de cientistas franceses montou uma experiência projetada para verificar se os mochos-galegos conseguiam fazer uma distinção entre os pios territoriais de vizinhos e os de estranhos.

Como outras corujas, os mochos-galegos machos piam para defender seu território e tendem a fazer isso de um poleiro habitual. Se ouvirem um intruso piando em seu território, respondem veementemente, com pios intensificados e sobrevoos de desafio. A equipe de pesquisa tocou os pios de um vizinho conhecido e de um estranho em dois locais — do poleiro habitual do vizinho e de um local incomum, a alguma distância desse poleiro. Os mochos-galegos sabiam quem era quem, sem dúvida nenhuma. Quando os pios de um vizinho conhecido foram tocados no local habitual, as corujas mostraram pouca reação. Essa redução da agressividade para com os vizinhos é conhecida como fenômeno do "querido inimigo". Isso economiza o tempo da coruja e os custos energéticos de sinalização, patrulhamento e perseguição. No entanto, quando os pesquisadores tocaram os pios de um estranho naquele local familiar, as corujas rapidamente responderam com uma explosão de pios estridentes, agitados, com ar felino.

"Vemos isso com nossas corujas em cativeiro quando uma nova coruja selvagem aparece na área", diz Bloem. "Primeiro, elas ficam quietas e escutam um pouco, depois começam a piar e ficam claramente muito agitadas. Eu já usei o pio de nossas corujas em cativeiro para me ajudar a decidir se a coruja que estou ouvindo é nova ou uma que já esteve na área." Ela descobriu que podia identificar corujas selvagens que viviam nas florestas ao seu redor por seus pios territoriais, que eram consistentes para cada ave e suficientemente distintos uns dos outros para servir como "impressões digitais" dos indivíduos. O que normalmente diferencia um mocho-orelhudo de outro é o número de notas por pio e como eles são espaçados. A coruja que ela chamou de Scarlett Owl'Hara (os pesquisadores de corujas parecem adorar trocadilhos) soltou uma dupla de notas em parte de seu pio. Wheezy cantou um trio de notas e o pio de Ruby aumentou e diminuiu de tom. Victor tinha um vibrato sexy.

Conhecer as vozes individuais das corujas deu a Bloem uma janela íntima para suas "vidas amorosas". Victor fez par com Virginia, Wendell com Wheezy, Jack com Jill, Haggar com Helga, e Scarlett — no fim das contas — com seu Rhett, que mais tarde fez par com uma coruja chamada Delilah. Para surpresa de Bloem, os laços de casal estavam em constante evolução, com tantas trocas de parceiros que era difícil acompanhar. "Não era para isso acontecer!", exclama ela.

Mesmo Alice não está imune aos caprichos do afeto. Quando Bloem se casou novamente, Alice passou a se apegar ao novo marido dela, Hein. "Agora Hein é o número um e eu sou claramente a número dois", diz ela. "Então, sinto que ela é meio que uma traidora. Mas não se discute com uma fêmea de mocho-orelhudo. Quem manda é ela."

Cada indivíduo da espécie dos mochos-orelhudos tem um piado característico. Em graus variados, isso é verdade para todas as aves do grupo, desde a coruja-barrada e a coruja-do-mato-europeia até os mochos-pigmeus e os corujões.

Por que as corujas teriam vozes distintas? A maioria das espécies de aves mostra pelo menos alguma individualidade em seus chamados e cantos, algo útil para identificar parentes e se comunicar com companheiros, aliados e rivais. "As corujas têm isso por um bom motivo", argumenta Bloem. "Afinal, elas interagem principalmente por meio da comunicação vocal ao longo de várias temporadas e vários anos." Faz sentido que suas vozes sejam distintas e estáveis, para que se reconheçam e mantenham casais de longo prazo, reúnam-se em estações reprodutivas seguidas e saibam quem são seus vizinhos. "Se o pio de uma coruja for familiar e permanecer em seu próprio território, ninguém precisa perder a linha", diz ela. "Mas é importante saber se um estranho apareceu, para que você possa aumentar a gritaria — assim ele vai saber que seu lugar está ocupado e, com sorte, você vai fazer com que ele vá embora antes que qualquer altercação física comece. As corujas decidem como responder a outras corujas piando perto de seu território com base nesse reconhecimento de indivíduos."

Como as próprias corujas se reconhecem pela voz ainda é um mistério. Mas ultimamente houve progresso nessa área de pesquisa, graças à observação cuidadosa e à aplicação do aprendizado de máquina e da ciência computacional, com o objetivo de compreender como o pio de uma coruja pode transmitir a identidade única do autor dos chamados.

Pavel Linhart, ecólogo comportamental da Universidade da Boêmia do Sul, na República Tcheca, estuda a comunicação vocal em animais, desde leitões e petinhas até felosas-musicais e corujas, para tentar entender como seus pios, guinchos e gorjeios comunicam informações sobre tamanho do corpo, estado emocional e identidade individual. Para estudar a individualidade vocal, os pesquisadores selecionam e medem as características acústicas dos chamados, como duração, frequência e o que batizaram de "características espectrais" — qualidade do som e "colorido" —, e também como estas mudam ao longo do chamado. Em seguida, usam algoritmos para construir um sistema que classifica os chamados. Dessa forma, podem calcular quantas assinaturas individuais únicas são possíveis para uma determinada população ou espécie e quão fácil ou difícil é atribuir um chamado a um indivíduo com base nas suas características acústicas. No geral, as corujas, vistas como grupo, têm elevada individualidade em comparação com outros animais, diz Linhart. Isso faz sentido, dado o papel da comunicação sonora em suas vidas.

Linhart e seus colegas criaram uma apresentação interativa on-line sobre a individualidade vocal em espécies de corujas, para que as pessoas possam ouvir por si mesmas o que diferencia os indivíduos de uma espécie (pios altos ou baixos, melodia, ritmo ou qualidade do som — tonal ou rouco). Ele aponta grandes diferenças nos chamados de diferentes espécies. As corujas-das-torres normalmente emitem um guincho de banda larga para seus chamados de propaganda territorial, que variam de ave para ave na forma como o guincho aumenta de tom e como termina repentinamente. Em outros tipos de corujas, os chamados dos indivíduos variam na melodia ou frequência (mais aguda ou mais grave). Nas corujinhas e no gênero *Bubo* (bufo-real e mochos-orelhudos), o ritmo das unidades repetidas é o diferencial. As espécies do gênero *Strix* (corujas-barradas, corujas-do-mato-europeias, corujas-do-mato) parecem ter os padrões de pios mais complexos, incluindo vários tipos de sílabas diferentes, e modulação e ritmo altamente individualizados. O prêmio de maior individualidade de chamados territoriais vai para as corujas-do-mato-europeias.

Por que algumas espécies têm mais individualidade em seus chamados do que outras é um enigma, mas Linhart acha que espécies com chamados mais complexos codificam mais individualidade e que, de fato, chamados complexos podem ter evoluído para permitir uma melhor discriminação individual.

Ultimamente, o pesquisador tcheco tem explorado a variação individual nos chamados dos mochos-galegos. Essas corujas vivem em regiões abertas, campos, pastagens e encostas rochosas, principalmente na Europa Ocidental, espalhando-se para o leste até a Rússia e, no sul, chegando até o Mali e o Níger. Na República Tcheca, já foram uma espécie comum. Hoje a população local é vista como ameaçada. "Agora, mais do que nunca, para a população tcheca de mochos-galegos, cada indivíduo é importante", afirma. "E agora, mais do que nunca, compreender os sons únicos de cada ave é importante para o monitoramento e a conservação."

Como os mochos-galegos são sedentários — eles não migram — e possuem territórios estáveis que ocupam a longo prazo, são uma espécie modelo perfeita para estudar a identificação de assinaturas acústicas, diz Linhart. Na última década, ele e seu colega Martin Šálek catalogaram as vozes territoriais das corujas. Agora, juntamente com a estudante de doutorado Malavika Madhavan, eles estão investigando se os mochos-galegos que se reproduzem em altas densidades emitem chamados territoriais mais distintos porque "precisam" ser mais reconhecíveis para os outros. Ou seja, será que os indivíduos com muitos vizinhos têm vozes mais individualizadas?

Os membros da equipe estudaram diversas regiões com diferentes densidades de populações da espécie. Na Hungria, descobriram que onde os machos vivem em fazendas isoladas, longe de outros vizinhos, os chamados territoriais registram menos individualidade. Mas onde a população é mais densa, onde há até cinco machos num único local, emitindo chamados uns para os outros a apenas cem metros de distância, os sons são mais distintos e distinguíveis — provavelmente aumentando o reconhecimento individual dentro da comunidade.

Para ilustrar a variação nos piados do mocho-galego e como é difícil ouvi-los, Linhart criou uma série de gravações e as publicou on-line: primeiro, os piados de três machos são reproduzidos em velocidade normal e, depois, em uma velocidade três vezes mais lenta para que os ouvintes possam escutar as nuances, as diferenças na forma como as aves individuais modulam a frequência de seus chamados. Linhart também idealizou um jogo on-line que demonstra — com eficácia humilhante — as dificuldades de reconhecimento dos diferentes chamados dos mochos-galegos. É um jogo de "combinar pares" com dezesseis "cartas" feitas de botões de áudio. Cada carta é o pio de um mocho-galego diferente. O desafio é encontrar pios correspondentes entre as cartas. Joguei repetidas vezes, e todas as vezes fracassei miseravelmente. Simplesmente não consigo ouvir, ou não consigo lembrar, as distinções entre a frequência e o tom das vocalizações. Isso me faz admirar ainda mais o talento para detectar sutilezas no pio das corujas que as aves — e alguns pesquisadores que as estudam — parecem ter.

Mochos-galegos

Linhart me contou que a maioria das pessoas fracassa no jogo. Os mochos-galegos têm um nível de individualidade mais baixo em seus chamados do que o de outras espécies. Muitos machos emitem sons bastante semelhantes. "É bem provável que as corujas possam ouvir pequenas diferenças no tom e na modulação de frequência ou duração, mas esses detalhes não são perceptíveis para nós." Além disso, o pio do mocho-galego pode soar diferente no início de uma sequência de chamado e no final — mais baixo e mais lento no início, mais rápido e mais alto no final —, como se o macho estivesse apenas se aquecendo ou ganhando confiança. Finalmente, alguns machos da espécie têm um estilo de vocalização variável, talvez explicado pela idade ou pelo ambiente social. (Os machos mais velhos podem ser mais consistentes e menos intimidados por chamados de outros machos.)

Estou começando a me sentir um pouco menos humilhada.

A questão é que distinguir os piados característicos de corujas individuais não é fácil. É preciso audição aguçada, familiaridade e horas e horas de audição. Também ajuda ter um ouvido musical.

Quando Karla Bloem estudava os chamados dos mochos-orelhudos selvagens, teve sorte ao receber o auxílio de Marjon Savelsberg como voluntária virtual para o monitoramento. Musicista de formação, Savelsberg especializou-se no estilo barroco antes de se apaixonar pelos chamados das corujas. "Ela era magnífica em distinguir as corujas selvagens e ouvir coisas extremamente distantes", diz Bloem. "Era perfeita para aquilo, um gênio. O irmão dela é engenheiro aeroespacial. Ela é o equivalente disso no mundo das vocalizações de corujas."

Nos últimos anos, Savelsberg voltou-se para o monitoramento de populações de bufos-reais na sua terra natal, a Holanda. Suas descobertas iluminaram alguns dos mistérios em torno dessas corujas altamente reservadas e os detalhes intrigantes (e um tanto escandalosos) de suas vidas familiares.

Crepúsculo na vasta pedreira de calcário de Oehoevallei (vale do Bufo-Real) perto de Maastricht, antigo povoado romano que hoje é uma movimentada cidade no sul da Holanda. A terra ao redor da pedreira é verde e ondulada, com carvalhos, faias e árvores frutíferas e inúmeras maravilhas escondidas, plantas e animais raros que prosperam nas campinas calcárias — orquídeas e outras flores silvestres, e os insetos incomuns atraídos por elas, incluindo borboletas ameaçadas de extinção e 24 espécies de libélulas. A pedreira data do século 18, quando se descobriu que a marga, pedra calcária amarela da região, servia para a construção de casas. Abaixo das pastagens e florestas onduladas há uma rede de cavernas e túneis feitos pelo homem, onde os trabalhadores outrora serravam blocos de calcário. Devido à sua vegetação especial, a pedreira foi reservada como área natural pela organização conservacionista Natuurmonumenten. Durante a pandemia da covid-19, tornou-se refúgio para moradores da cidade que buscavam espaços verdes e recreação segura.

Mas agora está ficando tarde, e quem veio fazer piqueniques e caminhadas trata de encerrar o passeio e voltar para o carro. A pedreira fica em silêncio. Começa a garoar.

Então, de repente, ouve-se o ronco suave de um pequeno motor. É Marjon Savelsberg, que conduz sua scooter para deficientes por um caminho até o portão trancado onde ela para. Ela usa sua chave para entrar, dirige até um local escolhido e depois apoia a scooter em um arbusto. O ar está repleto de cheiros de ervas, diz Marjon, "como um armário de cozinha cheio de especiarias". Ela pega um microfone e um gravadorzinho portátil e se prepara para uma noite de observação e gravação.

Falta cerca de uma hora para o pôr do sol, "exatamente quando os bufos-reais começam a cuidar dos negócios", diz ela. "Eles acordam e saem do poleiro, e você os vê esticar as asas e as pernas e sacudir as penas. Eles ficam empoleirados enquanto escurece devagar e então começam a emitir chamados ou a voar. Eu simplesmente fico sentada lá nos arbustos, onde eles não conseguem me ver, assisto a tudo e gravo."

A princípio tudo fica quieto, só o barulho da chuva e os *bip bips* agudos dos sapos-parteiros e um chamado ocasional de um cuco-canoro, como o do relógio ao qual a ave empresta seu nome. Mas então, lá em cima, no ar da noite, escuta-se um profundo e estrondoso *Uuu, huu*. E, de longe, outro chamado mais baixo e mais longo, *Uuu huu huuuuuu*. Dois machos, um deles com um chamado consideravelmente mais agudo que o do outro. Savelsberg não tem dificuldade em distinguir os dois indivíduos.

O outro nome popular do bufo-real, "coruja-águia", evoca uma criatura mítica híbrida, metade águia, metade coruja, e isso não está muito longe da verdade. Pesando cinco quilos ou mais e com envergadura de mais de 1,80 metro, a ave rivaliza em tamanho com a coruja-pescadora-de-blakiston, seus olhos como um pôr do sol ardente fitando, imperiosos, os meros mortais abaixo de si. O caçador mais feroz dentre todas as corujas, é capaz de capturar praticamente tudo o que quiser — coelhos, gansos, carquejas, raposas e até corços —, surpreendendo suas presas ao voar perto do solo ou da copa das árvores, ou capturando pássaros e morcegos em pleno voo. É também famoso por se alimentar dos seus primos predadores — falcões, águias-de-asa-redonda e outras aves de rapina diurnas —, por vezes procurando sistematicamente fendas nas rochas e arrebatando um açor-nortenho ou ógea do seu poleiro noturno. "Encontramos anilhas de falcões-peregrinos em seus ninhos", diz Savelsberg, "junto com restos de carquejas, gansos, corujas-de-orelha. O que você imaginar, eles comem." Devoram até ouriços depois de descascar sua pele espinhosa.

Em termos de força e ferocidade, a ave não tem rivais e, no entanto — como Savelsberg é capaz de dizer —, também exibe um tipo extraordinário de ternura. Quando ela pegou pela primeira vez um filhote de bufo-real para medi-lo, pesá-lo e anilhá-lo, o que chamou sua atenção foram as patas. "Nunca imaginei como seria a sensação de tocar nas patas de uma coruja", conta ela. "Você não pensa nessas coisas. Mas, mesmo quando elas são muito jovens, com quatro semanas de vida, e não conseguem andar ou voar, suas pernas são muito grandes e robustas, até a altura das coxas. É puro músculo, músculo coberto de veludo, tão macio e forte ao mesmo tempo. Eis o que essa ave é para mim, incrivelmente macia e forte. Você vê isso quando as mães grandes, pesando dois, três, quatro quilos, cuidam dos filhotinhos minúsculos, de cinquenta gramas. A ternura que elas demonstram é maravilhosa e, mesmo assim, com essas patas, matam coelhos sem hesitar."

Os bufos-reais habitam uma área vasta, cerca de 30 milhões de quilômetros quadrados, desde a Europa Ocidental até o Extremo Oriente, em grande parte porque podem se adaptar a uma grande variedade de condições climáticas, habitats e altitudes. No entanto, as pressões humanas cobraram seu preço — tiros, envenenamento, destruição de habitats, colisões com automóveis e trens, fios de alta tensão — e, no século 20, o número dessas aves magníficas diminuiu.

"No meu país, o bufo-real ficou desaparecido durante um século, erradicado pela perseguição e pela caça", diz Savelsberg. Na Europa, os números caíram tanto em vários países que a Alemanha iniciou um programa maciço de reintrodução na década de 1970. O sucesso foi tanto que as aves começaram a regressar à Holanda. Agora, a província em torno de Maastricht tem 23 casais da espécie.

Em 1997, o primeiro casal reprodutor de bufos-reais foi encontrado na pedreira de Maastricht. As aves gostam de nidificar em sa-

Fêmea de bufo-real em Oehoevallei

liências protegidas de penhascos ou em fendas e entradas de cavernas, por isso a organização Natuurmonumenten criou recantos nas paredes da pedreira que servem como locais de nidificação. "Nada consegue alcançar o ninho ali, por isso é um lugar fantástico", diz Savelsberg. "Faz calor no verão, mas aparentemente as fêmeas não se importam. Os machos sempre pousam no muro oposto da pedreira e ficam de olho nas coisas." Agora, o local da pedreira abriga três pares diferentes — fato conhecido apenas por causa da habilidade auditiva aguçada de Savelsberg, que lhe permite distinguir uma ave da outra por pequenas diferenças em seus chamados.

No geral, monitorar essas aves é extremamente desafiador. A espécie é noturna, difícil de detectar devido à plumagem críptica e à excelente camuflagem, com pouca distinção visível entre os sexos. Conhecer os chamados de cada ave é fundamental para essa tarefa.

Em 2008, uma equipe de cientistas franceses analisou as vocalizações de uma pequena população de bufos-reais que se reproduz no vale do Loire e descobriu que os chamados de ambos os sexos eram individualmente distintos, e que monitorar as corujas através da análise de suas assinaturas vocais poderia ajudar na compreensão de suas populações.

"O tom, ou frequência, diz muito sobre o sexo", afirma Savelsberg, "mas, para saber o que você está ouvindo quando uma coruja chama, seu ouvido deve ser capaz de perceber o tom e o cérebro deve ser capaz de lembrá-lo, e para mim isso é uma coisa muito natural de se fazer."

"As vocalizações do bufo-real são música para os meus ouvidos", diz ela. "É claro que eles não têm as variações melódicas de muitas aves canoras, mas têm um repertório bastante grande. Você conhece 'Continuum', de Györdy Ligeti?", ela me pergunta. "É uma peça para cravo, e a tensão musical é incrível por causa dos pequenos intervalos e das variações. As vocalizações de bufos-reais são assim. As diferenças nos piados podem ser mínimas, mas ocorrem e me enchem de admiração. Exatamente como a música."

Assim como Bloem, Savelsberg não pretendia estudar corujas. Musicista clássica de formação, estudou com membros da Orquestra Johann Strauss e esperava se tornar flautista profissional. Mas, pouco antes do exame final para se formar no conservatório, apresentou dificuldades para respirar e controlar os músculos e não conseguiu tocar o instrumento durante o período de uma hora exigido na prova. Isso a forçou a seguir um caminho diferente.

"Tive que desistir de ser musicista", conta ela. "Bom, desisti de ser musicista *fisicamente*. *Aqui* em cima" — ela dá um tapinha na cabeça — "sou musicista sempre." Ela se requalificou como professora e, por um tempo, ensinou crianças pequenas com deficiência, mas depois teve que desistir quando sua condição piorou. Os médicos disseram que ela tinha cardiomiopatia idiopática — uma doença do músculo cardíaco que torna mais difícil para o coração bombear sangue para o resto do corpo — e que provavelmente não viveria mais do que outra década. "Foi difícil. Fiquei anos desanimada", lembra ela. "Mas então eu disse: 'O.k., estou aqui agora. Então vamos ver o que dá pra fazer'."

"Sempre tive fascínio pela natureza", afirma. "Mesmo quando era criança, eu tinha um carrinho de bebê, supostamente para minhas bonecas. Mas uma vez por semana minha mãe virava-o de cabeça para baixo e de lá caíam penas, pedrinhas e outras coisas que eu coletava."

Ela encontrou uma webcam administrada pelo Grupo de Trabalho Holandês dos Mochos-Galegos, uma organização que procurava espectadores para registrar a presa entregue a um casal de mochos-galegos em nidificação. Savelsberg apareceu para ajudar nas observações. Mais tarde, em 2012, descobriu a webcam do projeto de vocalização do mocho-orelhudo no Centro Internacional das Corujas e se tornou uma das principais observadoras do grupo.

"Ela era muito curiosa", diz Bloem. "Começou a estudar a literatura e a analisar os espectrogramas de vocalização e se tornou realmente uma parceira nisso tudo."

"Fiquei muito interessada em ler os espectrogramas, porque, na verdade, eles são partituras musicais da natureza", diz Savelsberg. "São quase como partituras de verdade, nas quais as notas altas são a parte da soprano e as notas graves, a parte do baixo, e o formato da nota indica quanto tempo dura um som. Nos espectrogramas, é basicamente a mesma coisa. Ambos são representações gráficas do som. Como musicista, eu gostava de ficar sentada no trem lendo partituras e ouvindo violinos e outros instrumentos na minha cabeça. Agora posso fazer isso com espectrogramas, com vocalizações de aves, piscos-de-peito-ruivo, noitibós, corujas. Nem preciso mais ouvir seus cantos e chamados. Sei como eles aparecem no espectrograma e posso ouvi-los na minha cabeça."

A curiosidade de Savelsberg levou-a a visitar a pedreira local perto de Maastricht para ver se conseguia ouvir os bufos-reais ali. Sabia que havia um casal naquele espaço, embora nunca tivesse visto as aves, e se perguntou se eles soavam parecidos com mochos-orelhudos. Foi o início de uma nova carreira.

"Passei da flauta doce para um gravador de mão e um microfone", diz ela. "Não conseguia andar muito, então comprei uma scooter para deficientes e ia todas as noites à pedreira fazer gravações de áudio."

Certa noite, um guarda-florestal da Natuurmonumenten a viu e perguntou o que ela estava fazendo ali no escuro. "Respondi: 'Sou um pouco fã de corujas e estou gravando suas vocalizações agora porque elas não piam durante o dia'. E então ele disse: 'Você deveria entrar em contato com nosso ecólogo'." Foi o que ela fez. Hoje é considerada especialista em bufos-reais e suas vocalizações e trabalha em estreita colaboração com os ecólogos do parque para anilhar as corujas e monitorar a população do local.

"Inacreditável", diz ela. "A partir daquele momento, tive permissão para entrar em áreas onde ninguém mais poderia ir. De repente, eu tinha colegas novamente e passei a ser vista como muito mais do que alguém com deficiência. Depois de ser obrigada a desistir da música, fiquei muito deprimida. Era minha paixão na vida. Fiquei sem ouvir música durante dez anos. Não conseguia — aquilo me doía. E então descobri esse trabalho e percebi que ainda era musicista. Todas as habilidades que aprendi, todo o talento que tenho, ainda posso usar tudo isso, só que de uma forma diferente. Como sou tão fascinada por sons, posso fazer muito por essa espécie."

Sentada imóvel na pedreira escura, escondida no mato e quase invisível, Savelsberg escuta.

Tanto os bufos-reais machos quanto as fêmeas têm um pio territorial profundo, sonoro e estrondoso de duas sílabas, um *uuu* alto e um *huu* mais baixo e descendente, mas as notas costumam ser tão próximas que soam como um único pio arrastado, repetido a cada dez segundos ou mais. "Eles cantam de um poleiro bem visível", diz Savelsberg, e enquanto cantam, eriçam a penugem e exibem as pequenas manchas brancas retangulares na garganta, que são consideradas sinais da boa condição física de um macho. O macho com a ornamentação mais reluzente geralmente tem o melhor território, e as corujas podem até piar em uma ordem hierárquica estrita com base nesse status. Eis aí uma razão para a sensibilidade das corujas à luz ultravioleta. As penas brancas no emblema da garganta refletem a luz ultravioleta e parecem mais brancas e brilhantes para outros bufos, graças à sua capacidade de enxergar essa parte do espectro. Os filhotes já emplumados têm o mesmo tipo de mancha, mas na boca — visível apenas quando estão boquiabertos ou implorando por comida. Ambas as manchas brilham intensamente — na garganta, para ajudar o bufo adulto a acenar para seu companheiro ou avisar um rival que possa invadir seu território, e, na boca, para ajudar o filhote que quer que os pais lhe deem um lanchinho. Os emblemas na garganta podem ser a razão pela qual essas corujas piam principalmente ao anoitecer: o crepúsculo aumenta o contraste visual da mancha branca.

As diferentes variedades de vocalização dos bufos se assemelham às dos mochos-orelhudos e de outras espécies — pios, grasnidos, chiados, chamados de solicitação e súplica. Contudo, se você caminhar muito perto de um ninho de bufo-real, diz Savelsberg, poderá ouvir um chamado exclusivo dessa coruja que vai arrepiar os pelos do seu pescoço, uma risada estridente e arrepiante, semelhante a uma "gargalhada do diabo". Às vezes, a coruja usa isso como um chamado de alerta. "Mas acho que o significado do som vai além disso", pondera. Ela observou fêmeas cacarejando durante 45 minutos no outono, quando suas corujinhas estavam se dispersando. Corujinhas de apenas três meses também cacarejam. Savelsberg gravou ainda algumas vocalizações que não foram descritas na literatura, incluindo um chamado usado tanto por machos quanto por fêmeas para manter contato.

Antigamente, Savelsberg teria de carregar uma bateria pesando trinta quilos. Agora o equipamento é mais leve e mais fácil de transportar na sua scooter. Ela também coloca pequenos gravadores em áreas movimentadas da pedreira, fixando-os sob uma folha para que ninguém os encontre. Depois, montada na scooter, sobe e desce as colinas, verificando as atividades das corujas no escuro.

Ela não se preocupa em ficar sozinha na pedreira à noite. "As pessoas sempre dizem que não teriam coragem de ir até lá depois do anoitecer. Mas, na verdade, é uma segunda casa para mim." Certa vez, ela encontrou alguém no escuro, um homem escalando o muro da pedreira bem onde ela estava sentada. "Mas ele ficou tão assustado comigo quanto eu com ele — talvez mais."

Na única vez em que Marjon perdeu equipamento devido a um roubo, os ladrões não eram humanos.

Ela estava observando um par de corujas em uma área remota da pedreira. "Esse casal tem um território bastante pequeno, então consegui chegar bem perto do ninho", diz ela. "E encontrei um lugar onde podia observar sem incomodá-las. Passei horas lá vendo o que estava acontecendo. Conseguia até ouvir as corujinhas quando elas acabavam de sair do ovo. Foi fantástico."

Um dia, ela decidiu deixar seu equipamento de gravação no local. No dia seguinte, voltou para recuperá-lo. "Tudo tinha desaparecido, exceto o tripé. O microfone tinha sumido, o DeadCat, o cabo, a bateria, o gravador. Eu pensei: 'Foi tudo roubado'. Fui embora tão infeliz! Mas nos dias seguintes, algo continuou me incomodando. Por que alguém deixaria o tripé lá?"

"Depois de algumas semanas, voltei e, sob o poleiro preferido das corujas, vi um pacote pendurado no alto dos arbustos que se parecia com meu gravador e minha bateria, ainda todo embrulhado em plástico. O microfone tinha caído quarenta metros da árvore, até a parede da pedreira, mas o DeadCat tinha sumido." Para ser justa, diz ela, o DeadCat, tão felpudo, lembra muito um roedor cheio de pelos. "Sim, mas aqueles fedorentos roubaram meu equipamento, então tive de chamá-los de Bonnie e Clyde. Agora costumo colocar minha configuração de gravação debaixo de um guarda-chuva, mas não é uma proteção muito boa. As corujinhas pulam em cima dele e o rasgam. Encontro sempre uma surpresa!"

Depois que Savelsberg retira os pequenos cartões de memória de seus gravadores, ela os conecta em um computador em casa e começa a analisar o que gravou. Ela treinou um software de análise sonora chamado Kaleidoscope para reconhecer os bufos-reais nas gravações. "No início, ele 'reconhecia' cortadores de grama, crianças jogando futebol, o chamado de um cuco-canoro", diz. Na verdade, o software ainda fica confuso com o *cucuu, cucuu* do cuco. Mas ela trabalha metodicamente nas gravações — é uma enorme quantidade de dados, oito terabytes por ano — para separar as vocalizações das corujas e atribuí-las aos indivíduos, e por fim correlacionar as vocalizações com os comportamentos que ela vê.

"O lado fantástico do reconhecimento vocal individual e do monitoramento acústico é que conseguimos saber quantas corujas existem", diz ela. "Se uma coruja desaparece e uma nova chega à região, você pode ouvi-la e vê-la no espectrograma. Então tem provas científicas para validar o que pensa que está ouvindo."

"É uma maneira muito gratificante de monitorar corujas. Ao conhecer os sons únicos de suas vozes individuais, você pode monitorá-las com precisão, sem ter que capturá-las ou prendê-las, colocar transmissores, o que evita perturbá-las ou causar estresse. Basta ir lá, posicionar seus microfones e ouvir. Você nem precisa estar presente durante a gravação. Está apenas observando as corujas no ambiente natural, com o comportamento natural delas."

Tempo, paciência, ouvido musical: é uma receita para uma visão profunda de como as corujas usam o vale; os limites de seus territórios e os postos de onde os machos piam uns para os outros durante a noite; onde eles se empoleiram, caçam, constroem ninhos. E, claro, a sua população e a sua vida familiar.

Até Savelsberg chegar ao local, pensava-se que apenas um casal de bufos-reais vivia na pedreira. Agora ela conhece pelo chamado os membros individuais dos três casais e seus territórios, e deu-lhes nomes, que usa em suas palestras (nos dados, eles são identificados por números). "Como é uma pedreira, Flintstones é o tema", diz ela. "Temos a Betty e o Barney. Fred e Wilma. Pedrita e Bam-Bam."

O que ela descobriu enquanto rastreava as corujas, seus territórios e como elas formam casais derrubou algumas crenças antigas sobre o comportamento do bufo-real. Pensava-se que os casais ficavam juntos por toda a vida. Não ficam. "Acompanhar as mudanças nas suas relações é a coisa mais legal que se pode fazer com o reconhecimento individual", afirma Savelsberg.

No mundo das aves, o divórcio é definido como a parceria de um indivíduo reprodutor com um novo parceiro enquanto o parceiro anterior ainda está vivo. Um estudo com corujas-das-torres sugere que isso ocorre quando a reprodução não está indo bem para um casal e um novo acasalamento beneficia ambos os parceiros. Mas não se sabe muito sobre o divórcio em bufos. Savelsberg descobriu que os que estavam na pedreira pareciam trocar de parceiros com a mesma frequência que os mochos-orelhudos.

"Infelizmente, Bam-Bam morreu em agosto, então Pedrita ficou sozinha, e ela estava piando. Em dezembro, encontrou um novo companheiro. Ele se mudou para ficar com ela, e — quase não pude acreditar no que ouvi — era Barney! Barney abandonou Betty e foi viver com Pedrita, e eles formaram um novo casal e tiveram corujinhas. Então, no final da época de reprodução, quando as corujas se dispersaram, Pedrita desapareceu — depois de ter vivido com Barney durante apenas um ano. Então o pobre Barney ficou piando sem parar e, não muito depois, quem se juntou a ele? Betty. Betty deixou Fred para viver com Barney. E, não muito depois, Fred encontrou uma Wilma."

"Se você quer novela", resume ela, "é só aprender o reconhecimento individual dos bufos."

Os dados de Savelsberg sobre bufos-reais e seus insights sobre a individualidade dos bichos estão sendo usados para um projeto que desenvolve software especial e algoritmos de aprendizado de máquina, como os que Linhart usa, para detectar padrões individualmente distintos de vocalizações em animais de diferentes espécies. O projeto, liderado pelo Centro de Biodiversidade Naturalis, na Holanda, aproveita a escuta automatizada e a computação para analisar as vozes de animais individuais e os sons que emitem em diferentes condições. Savelsberg fornece ao centro conjuntos de dados de indivíduos vocalizando em diversas circunstâncias (vento, chuva, farfalhar de folhas nas árvores) para testar esses programas. O objetivo é compreender os mistérios das vocalizações dos animais e utilizar as assinaturas acústicas, incluindo as de corujas, para monitorar as populações, tal como faz Savelsberg — o que pode se tornar uma ferramenta importante para a conservação.

Nas noites na pedreira, Savelsberg observou outros aspectos reveladores das interações sociais do bufo-real. As corujas progenitoras não afugentam seus filhotes no final da estação reprodutiva, como se acreditava anteriormente. As corujinhas vão ficando por ali, às vezes durante meses. Esse padrão de desenvolvimento — um longo período juvenil antes de se tornar independente dos pais — é considerado por alguns cientistas um pré-requisito para a inteligência das aves.

E o que é ainda mais surpreendente, Savelsberg avistou um par de bufos adultos adotando uma corujinha, um filhote de seis meses

Filhotes de bufo-real

que não tinha nenhuma relação com eles. A dupla perdeu seu próprio filhote com dez semanas. "A corujinha era de outro casal, que havia parado de alimentá-la, e chegou até esse casal vizinho, sem filhotes", diz Savelsberg. "Seus irmãos tinham ido para o outro lado da pedreira, mas essa corujinha estava se aproximando cada vez mais do outro casal. De repente, sentou-se no meio do território deles. E eu pensei: 'Está maluca?'. E começou seu chamado de súplica, *raaa, raaa*. E então a dupla passou a alimentá-la! Eu não conseguia acreditar no que via. Fui lá todas as noites durante essas semanas e apenas sentei e observei a fêmea vir alimentá-la."

Parece contraintuitivo. Mas muitas espécies de aves criam filhotes que não são seus, especialmente se nascerem em cativeiro ou cuidarem de sua prole de forma cooperativa. Ainda assim, o comportamento é incomum em corujas selvagens. Sabe-se que corujas-das--torres jovens trocam de ninho se não recebem comida suficiente dos próprios pais, e muitas vezes são incorporadas à família adotiva. O pesquisador Sumio Yamamoto relatou recentemente um caso de coruja-pescadora-de-blakiston (um macho selvagem) ajudando a criar um filhote que não era dele. O pai biológico do filhote ficou ferido, e o macho não aparentado "ou sabia do ferimento do macho residente original ou, de fato, o causou", diz Yamamoto. De qualquer forma, o macho alimentou o filhote e ajudou a criá-lo, possivelmente para solidificar seu vínculo de casal com a fêmea residente.

Às vezes, as corujas adotam filhotes órfãos quando perdem os seus, o que parece ter sido o caso desses bufos. Mas o comportamento parece notável. "Posso imaginar que, se você tem quatro filhotes e então aparece um quinto, você simplesmente acolhe o bichinho", diz Savelsberg. "Mas e se você não tem suas próprias corujinhas, já não tem nenhuma há dois meses e meio porque a sua não sobreviveu, e de repente aparece esse juvenil grandão pedindo comida, ainda assim você o alimenta?"

As corujas desafiam nossas expectativas. Elas nos mostram que a vida familiar — formar e desfazer casais, ter filhotes e criá-los — é muito mais rica e complicada do que pensávamos. Às vezes, a única maneira de ver isso é ouvir.

Como produzir corujinhas: namoro e criação dos filhotes

Filhotes de mocho-pigmeu-do-norte, um ou dois dias depois de saírem do ninho

Em uma bela manhã de junho, numa fazenda em Linville, na Virgínia, o céu está azul, a grama está verde e os pássaros fazem ninhos por toda parte: azulões e andorinhas-das-árvores em caixas, tordos em uma cerejeira carregada de frutas maduras, e, abaixo dos galhos vergados de um lindo salgueiro-chorão verde, corrupiões-do-pomar em um ninhozinho perfeitamente tecido com grama seca, forrado com vegetação e penas macias e ocupado por três filhotes grandes. O ninho está salpicado de luz e balança suavemente com a brisa. Dos galhos acima vem um som de *pxxxt* e o assobio agudo e intermitente da mãe. Um filhote de chopim-mulato já saiu desse pequeno abrigo, um local muito bem escolhido por sua mãe, de uma espécie que é parasita de ninhadas.

Mais adiante, no celeiro dessa fazenda da época da Guerra de Secessão, uma família de corujas-das-torres nidifica em condições muito diversas, na penumbra do chão duro do antigo silo, as paredes decoradas com cocô de coruja, o chão cheio de pelotas pretas que se

Filhotes de coruja-das-torres em um silo na fazenda em Linville

amontoam em camadas com vários centímetros de altura e nenhum material de nidificação que mereça esse nome.

É difícil não nos surpreendermos com o contraste entre os berçários. Mas, na verdade, esse é um excelente corujal. As suindaras nidificam nesse silo há pelo menos 25 anos, provavelmente há mais tempo. Agora, cinco corujinhas estão curvadas no chão, agrupadas, girando a cabeça e sibilando. A mais nova ainda é um amontoado de pelúcia branca e fofa, como duas grandes bolas de penugem grudadas uma na outra. Três estão no meio, confusas, com pedaços de penugem ainda grudados nelas. A quinta, empoleirada em uma saliência acima das outras, totalmente emplumada e cheia de marra, é muitíssimo parecida com uma gárgula, mas com um coração no lugar da face. O mais velho dos seis filhotes já ganhou penas, subiu uns quinze ou vinte metros até o topo do silo e decolou mundo afora. Parece praticamente um milagre.

O que é preciso para produzir uma corujinha? Esse é o mistério e a missão em nome dos quais vivem todas as corujas. As diferentes espécies realizam essa tarefa de modos distintos, mas, para todas elas, trata-se de um trabalho árduo, com chances de sucesso complicadas. E, para todas elas, a coisa começa com a busca por um companheiro.

PIADOS, CHIADOS E APLAUSOS POR AMOR

Pattee Canyon, oeste de Montana: o nascer do sol não vai demorar, mas é final de março, e ainda está frio e escuro. Em uma bela floresta mista de ponderosa, lariço e abeto conhecida como Larch Camp, Steve Hiro está sentado na base de uma árvore, escutando o ambiente no escuro. Cinco ou seis metros acima dele, há uma pequena cavidade que abriga um ninho de coruja. Da escuridão surge o trinado suave e o chiado único de uma coruja — um macho, imagina Hiro. Então vem o silêncio. Depois de um instante, um chiado duplo estridente e agudo, da fêmea dando sua resposta. Silêncio. Alguns minutos depois, o mesmo diálogo.

Esses não são os chamados de "exibição" de uma ave em busca de um companheiro. O par já está unido. Esses chiados e guinchos delicados são o que Hiro chama de "conversa suave", um diálogo tranquilo e íntimo entre os membros de um casal de mochos-pigmeus-do-norte. São o resultado de um longo e misterioso namoro que Hiro quer desvendar, tentando entender como essas aves formam pares, quais são as conversas que as unem e como colaboram na escolha do ninho e, em última instância, na criação de seus filhotes. Em suma, todos os segredos de duas corujas se unindo para criar a próxima geração de sua espécie. Para entender o namoro, ele escuta as aves no escuro e depois acompanha o desenvolvimento da relação entre elas por meio de suas vocalizações.

Quando Hiro começou o trabalho com a espécie, em 2009, quase nada se sabia sobre como as corujas cortejam ou formam casais, ou mesmo em que momento se lançam a essa tarefa. "Pensávamos que essas corujas formavam casais em abril", diz ele. "Mas então comecei a sair para a floresta cada vez mais cedo naquele ano, ouvindo-as e seguindo-as, e descobri que elas estavam namorando desde fevereiro."

As corujas dessa espécie são pequenas, reservadas, solitárias e normalmente silenciosas, exceto durante a época de reprodução, quando suas vocalizações ganham vida. Seu chamado territorial não é como o de outras corujas; é mais musical. Quando Theodore Roosevelt e o naturalista John Burroughs o ouviram pela primeira vez, não conseguiram acreditar que o "grito estranho e nada parecido com o de uma coruja" fosse realmente de um desses animais. Burroughs escreveu: "Era o som que um menino faria ao soprar o gargalo de uma garrafa vazia".

O primeiro mocho-pigmeu-do-norte que eu vi voou e pousou em um galho alto de pinheiro, uma avezinha roliça, mais ou menos do tamanho de um junco,* parecida com um nó de madeira no galho e visível apenas através de uma luneta, mas claramente muito tagarela, estufando a garganta a cada nota que emitia. Como escreveu Mary Oliver: "Não é o tamanho, mas a vividez que nos diz quando estamos em contato com algo real".

Mais tarde, eu veria um deles quase cara a cara, chiando e soltando trinados em um pinheiro a poucos metros de distância. Fui alertada sobre sua presença por uma enxurrada de chamados de alarme zombeteiros e pela atividade frenética de uma multidão de trepadeiras e chapins. Essa é sempre uma boa maneira de avistar uma coruja. Ouça os chamados de alarme dos tordos, das trepadeiras, dos chapins-de-penacho-cinzentos. Os passarinhos têm bons motivos para estar incomodados. Um caçador feroz, o pequeno mocho trata os pássaros canoros como petiscos. E frequentemente ataca aves e mamíferos com o dobro do seu tamanho, o que significa que aves maiores, como picoteiros-comuns, pica-paus peludos e esporas-longas-de-bico-grosso não estão seguras. Consegue pegar até esquilos-terrícolas e esquilos-vermelhos.

Eu entendo por que essas corujas são conhecidas como "gnomos de olhar zangado". Elas olham feio para a gente até pela parte de trás do corpo, ou pelo menos é o que parece. Na parte traseira da cabeça do mocho-pigmeu-europeu há um par de manchas escuras com penas e anéis brancos, "olhos falsos" que são bastante convincentes. Durante anos, pensou-se que essas manchas oculares funcionavam apenas para confundir predadores, mas pesquisas sugerem que elas também podem confundir aves canoras que formam bandos para atacar seus predadores.

---

* Aqui a autora se refere a um pássaro (*junco*, no original), e não à planta aquática com esse nome. A espécie mais comum dos juncos na América do Norte mede até vinte centímetros.

Independentemente do que se diga sobre a ferocidade dessas corujas, ninguém pode acusá-las de serem pouco carinhosas com seus companheiros.

No início da época de reprodução, no final do inverno, os machos se instalam em um poleiro alto e produzem seus chiados estranhos, altos e repetitivos para atrair uma parceira. Se a fêmea demonstrar interesse, então vem o dueto, que alterna chiados únicos à distância: o macho em um tom mais grave, a fêmea em um tom mais agudo.

"À medida que a formação de um casal avança, a mudança nas vocalizações é muito legal", diz Hiro. "Às vezes, depois do dueto, você pode ouvi-los copular. Há um barulho específico que mostra o que está acontecendo, um trinado, mas mais suave e mais rápido, que dura apenas alguns segundos."

Quando o par está formado, vai à caça separadamente, mas um sempre sabe onde o outro está porque há uma troca de chiados de chamado e resposta ao longo do dia. Assim que encontram um local de nidificação, começa a conversa suave — aquele piado calmo e íntimo em torno do local do ninho —, bem como a limpeza mútua, o aconchego e a partilha de comida. "O macho aparece logo ao amanhecer, e a primeira coisa que se ouve é o seu delicado chiado duplo", diz Hiro. "Se a fêmea estiver na cavidade de nidificação, esse pode ser o sinal para que ela saia e faça uma pausa no cuidado com os ovos. Eles podem ou não copular. É muito íntimo e evocativo. Você só consegue ouvir se estiver sentado ali, perto do ninho, escutando."

A capacidade de escutar é essencial para monitorar a reprodução dessas pequenas corujas. Seus movimentos são tão rápidos que você pode piscar e não ver a fêmea entrando e saindo da cavidade de nidificação. Uma vez lá dentro, ela mantém sua localização em segredo, raramente colocando a cabeça para fora. Daí o ouvido vigilante de Hiro.

Ele é voluntário do Owl Research Institute (ORI) [Instituto de Pesquisas sobre Corujas], uma organização dedicada a estudos prolongados sobre o grupo. Fundado por Denver Holt na Reserva Indígena Flathead em 1987-88, o ORI hoje tem sua sede em uma casa de fazenda perto da pequena cidade de Charlo, Montana, à sombra das montanhas Mission. Essa região do estado abriga quinze espécies diferentes de corujas, catorze das quais se reproduzem aqui. A coruja-do-nabal nidifica nas pastagens e, no final do inverno, aparece às dezenas em busca de arganazes à noite. A coruja-de-orelha prefere os bosques densos de espinheiro, oliveira-russa e cerejeira-da-virgínia, enquanto o mocho-funéreo se reproduz nas florestas de abetos e espruces-de-engelmann, típicas de altitudes elevadas, que cobrem as montanhas. As corujas-cinzentas também nidificam nas árvores aqui e, no começo das manhãs, povoam os postes das cercas em áreas desmatadas, caçando camundongos, arganazes e ratos. Até mesmo as corujas-das-neves aparecem no inverno, pousando em telhados e campos ao redor de Charlo e ao sul do lago Flathead.

A paixão de Holt pelas corujas começou quando ele era estudante de biologia da vida selvagem na Universidade de Montana. Depois de avistarem o ninho de um mocho-pigmeu-do-norte não muito longe da universidade, Holt e seu colega Bill Norton concluíram que aprender sobre aquelas corujas era melhor que a faculdade. Na época, havia apenas um único relato de observação de nidificação da espécie na América do Norte, datado de 1926. Os dois graduandos faltavam às aulas e monitoravam o ninho com binóculos e lunetas. Coletavam pelotas e restos de ratos, arganazes, chapins, papa-moscas, trepadeiras. Registravam entregas de presas e gravavam os chamados e cantos das corujas. Eles notaram que o macho nunca entrava na cavidade de nidificação, mas, ao anoitecer, usava um *tuut-tuut* lento e cavernoso para chamar a fêmea para se alimentar. Ambos observaram que as aves esticavam as caudas em um ângulo elegante e as contraíam ou sacodiam de um lado para o outro, como uma alvéola ou uma petinha, quando estavam empolgadas ou como um modo de exibição de ameaça.

A dupla publicou dois artigos, e Holt nunca mais quis saber de outra coisa. Agora, quase quatro décadas depois, ele é uma das maiores autoridades do planeta no estudo dessas aves. Quando pedi sugestões de especialistas em corujas aos ornitólogos, o nome de Holt apareceu repetidas vezes. De acordo com John Fitzpatrick, do Laboratório de Ornitologia de Cornell, ele é o "sr. Coruja". Perto de Charlo, Holt é conhecido simplesmente como "aquele cara das corujas" e reuniu ao seu redor um zoológico de apoiadores e funcionários empolgados, entre eles criadores de gado, fazendeiros, motociclistas, jogadores profissionais de hóquei e futebol e jovens aspirantes a biólogos da vida selvagem. Funcionários sazonais, estagiários e vários voluntários contribuem centenas de horas todos os anos para os projetos do instituto. "O entusiasmo dele é contagiante", disse-me um voluntário. No boné de beisebol de Holt está escrito *"umiaq"* — a palavra do idioma inuíte para um grande barco aberto, feito de peles de animais, que precisa de uma equipe para manejar seus remos.

Nas últimas quatro décadas, em Montana, Holt e sua equipe estudaram a reprodução de mochos-pigmeus-do-norte, corujas-serra-afiada, mochos-fúnéreos, corujas-das-torres-do-oeste, corujas-cinzentas, corujinhas-flamejantes, corujas-do-nabal, corujas-de-orelha, mochos rabilongos, corujas-buraqueiras e corujas-das-torres. Todo verão, ele migra para o Ártico para estudar a reprodução das corujas-das-neves. Seu objetivo com todas essas pesquisas é entender de que essas aves precisam (alimento, habitat, locais de nidificação) para uma reprodução bem-sucedida, de maneira que os gestores ambientais e territoriais possam trabalhar melhor para conservá-las.

Entrei para a equipe do ORI durante a época de nidificação para observar parte do trabalho e aprender o que é preciso para produzir uma corujinha. Os esforços do instituto para compreender a reprodução desses animais começam com o tipo de pesquisa que Hiro faz, encontrando aves que estão cortejando parceiros. Hiro trabalha com isso desde 1995 e começou por causa de Holt. Cirurgião cardíaco aposentado, ele se especializou em cirurgias complexas de válvula mitral e aórtica, uma área de ponta, e ficou encantado quando deu um lance e arrematou um item de leilão no evento de arrecadação de fundos para um hospital — o item leiloado era "Um dia de trabalho de campo" com Denver Holt. "Eu disse à minha esposa, Terry: 'Vou fazer isso custe o que custar'." Em novembro daquele ano, ele saiu a campo com a equipe do ORI para anilhar corujas-de-orelha. "Você é bom com as mãos", disse Holt em determinado momento do dia. "O que faz da vida?"

Hiro descobriu que adorava corujas. Adorou o processo de pesquisa de campo e o trabalho com a equipe do ORI. Depois disso, passou a se oferecer para ajudar sempre que podia. O trabalho com corujas era um bem-vindo alívio para seus dias de hospital. "A sala cirúrgica é totalmente controlada", afirma. "A umidade é controlada; a temperatura é controlada. Você não fala. É um ambiente esterilizado. Sua pele também tem de estar esterilizada. E então, de repente, você entra num ambiente onde se machuca, fica com frio, enlameado, coberto de neve. Era a antítese completa da sala de cirurgia, e eu adorei." Depois de se aposentar, ele começou a sair várias horas todos os dias durante a época de reprodução dos mochos-pigmeus, para encontrar casais e seus ninhos e documentar seu comportamento reprodutivo. Agora ele é um dos maiores especialistas dos Estados Unidos na biologia reprodutiva dessa espécie pequena e esquiva.

"Steve sabe mais sobre o namoro do mocho-pigmeu-do-norte do que qualquer pessoa no país", diz Holt. "Ele dá muito duro para ir até o campo e fazer esse trabalho."

Hiro descobriu que, durante a paquera, os mochos-pigmeus normalmente cantam pela manhã, mas às vezes fazem isso o dia todo, chamando uns aos outros com seu trinado de acasalamento.

Com as corujas, o namoro é assim. Nada desse negócio de se pavonear ou exibir penas coloridas e espalhafatosas; em geral, elas só emitem piados mútuos. "Se você é uma coruja, precisa cantar para atrair um companheiro", diz Holt. "As corujas grandes piam. As pequenas chiam. O negócio delas é isso, ficar vocalizando." Mas são pios de primeira grandeza, a mais requintada e persuasiva das linguagens corujescas.

Imagine que você está só em uma floresta fria e escura. De repente, um *huu-uu-uu* profundo e gutural de uma coruja-cinzenta ressoa por entre as árvores e reverbera em seu peito. Uma coruja-cinzenta macho muitas vezes começa a procurar parceiros no final do inverno, lançando seu chamado pelo ar vespertino e noturno, deslumbrando a fêmea não com um canto gorjeante, mas com notas repetitivas de baixa frequência que a convidam a chegar mais perto — *vvvuh... vvvuh... vvvuh... vvvuh* —, como pedras caindo no ar. As travessuras vocais de cortejo das corujas-barradas durante a noite, em alguns bairros suburbanos, podem ser tão virtuosísticas e maníacas que acabam com o sono das pessoas. Thoreau* achava que a canção de cortejo da corujinha-do-leste soava como as vozes de amantes suicidas que tentavam consolar um ao outro: *"Oh-o-o-o that I had never been bor-or--or-or-orn"*** de um lado da lagoa, e um trêmulo *"bor-or-orn"* ecoando do outro. Corujas-pescadoras-de-blakiston machos e fêmeas cantam duetos tão perfeitos que parecem vir de uma única ave.

A coruja-serra-afiada, por sua vez, leva a paquera vocal ao extremo. Durante a época de acasalamento, os machos voam rapidamente em torno de seus territórios, que estão repletos de opções de locais de nidificação, tentando atrair as fêmeas. Um macho pousa em um local seguro, de costas para um tronco de árvore, e grita continuamente durante a noite para se anunciar, soltando 112 chiados por minuto, de meia hora após o pôr do sol até meia hora antes da aurora. (David Johnson cronometrou tudo isso.) Pela manhã, ele está rouco. Quando uma fêmea entra em seu território, o macho aumenta a velocidade para 260 chiados por minuto. Então ele costuma mostrar a ela os locais de nidificação e até lhe oferece um ratinho para provar que é um bom provedor. Se os locais para seus ninhos estiverem à altura e suas ofertas de comida forem satisfatórias, a fêmea ficará com ele. Caso contrário, ela sai voando e o macho a segue, vocalizando enfaticamente no ritmo de 160 chiados por minuto. Quando isso não consegue atraí-la de volta, ele retorna ao poleiro e começa tudo de novo. Os machos dominantes ou "vencedores" só precisam chiar por algumas noites para encontrar uma companheira. Os "perdedores" são forçados a ficar chamando sem parar, às vezes durante semanas a fio.

Depois que uma coruja macho conquista o interesse de uma fêmea, ele pode começar a se pavonear de outras maneiras. Pode exibir suas penas, eriçando-as. Pode esticar o pescoço ao máximo, depois balançar a cabeça para um lado e abaixá-la pelo menos até a altura dos pés,

---

* Referência ao escritor norte-americano Henry David Thoreau (1817-1862), autor de *Walden, ou A vida nos bosques* (trad. de Alexandre Barbosa de Souza. São Paulo: Edipro, 2018). Nessa obra, ele relata sua experiência de vida com a natureza nos arredores do lago de mesmo nome, onde morou.

** Em português, "Oh, quisera nunca ter nascido!".

depois virá-la para o outro lado e levantá-la novamente. Os detalhes variam de espécie para espécie. O ornitólogo Edward Howe Forbush descreveu o "grotesco ritual amoroso" das corujas-barradas como "ridículo ao extremo. Empoleiradas em galhos bastante baixos [...] elas acenavam com a cabeça e se curvavam com as asas semiabertas, balançavam-se e viravam a cabeça de um lado para o outro, enquanto emitiam os sons mais esquisitos e bárbaros que se possa imaginar". Às vezes, as corujas-das-torres também podem dar início a um namoro curiosamente veemente. Não faz muito tempo, Motti Charter, pesquisador do Instituto de Pesquisa Shamir, de Israel, capturou em vídeo os estranhos e aparentemente hostis rituais de acasalamento de duas suindaras em uma grande caixa-ninho. No vídeo, ouvem-se guinchos e assobios altos ao fundo, e não fica claro se as aves estão acasalando ou brigando. "Elas não param de lutar, de saltar uma sobre a outra e de fazer todo tipo de coisas estranhas", diz Charter. "Inicialmente, pensei que fosse um macho que tinha entrado na caixa, e que os dois machos estavam brigando, mas descobri que era uma fêmea." E ele completa: "É um ritual de acasalamento muito interessante".

Comparemos isso com as suaves juras de amor e o aconchego das corujas-buraqueiras, sentadas o mais perto possível uma da outra na toca delas, acariciando-se com os bicos e esfregando suas cabeças.

Assim como as corujas-serra-afiada, as corujas-cinzentas costumam cortejar com comida. Um macho costuma emitir seu chamado de exibição em torno de uma estrutura com função de ninho. "Não foi ele que fez essa estrutura, é claro", explica o pesquisador Jim Duncan, "porque as corujas não constroem essas coisas, mas ele espera atrair uma fêmea para vir vê-lo e conferir o imóvel." A fêmea fica de ouvidos atentos para algum chamado que lhe interesse e, se ouvir algo assim, abrirá caminho pela floresta e pousará em um galho perto dele. "E então ela olha para ele e diz: 'Ei, você é uma coruja-cinzenta macho bonita. E você tem um belo ninho — que não fez —, mas sabe caçar?'. Quer verificar se ele é um bom provedor, então o desafia a fornecer comida, proferindo um chamado suave e nasal: *uuup*." Durante todo o inverno, essas corujas competem por comida. Mas em algum momento, no início da estação reprodutiva, algo dentro do macho muda. Em vez de engolir o arganaz capturado, ele o carrega para um poleiro próximo e fica sentado em silêncio. A fêmea, por sua vez, reage ao arganaz pendurado no bico do macho não com agressão, mas chilreando em busca de comida. "Ela faz o que nos anos 1970 costumava ser chamado de 'implorar por comida'", diz Duncan. "Então uma bióloga disse: 'Espere um minuto, as corujas-cinzentas fêmeas são maiores que os machos. Elas não estão implorando por comida. Estão *exigindo*'. Portanto, o nome mais apropriado agora é 'chamado de exigência alimentar'. Ele sai, apanha um arganaz e depois se aproxima de novo. E, quando volta com o roedor, emite uma espécie de versão acelerada de seu chamado de cortejo que diz: 'Veja só o que eu peguei, o que você acha de mim agora?'."

Quando as corujas-de-orelha machos exibem comida para uma fêmea, elas levantam ambas as asas, exibindo o que parece ser um lindo formato de lira. Duncan fotografou uma pose semelhante de uma fêmea que está prestes a ganhar uma presa do macho. A coruja, então, vira a cabeça de lado para receber a comida. "É como quando os seres humanos se beijam", compara Duncan. "Temos um grande nariz que precisamos tirar do caminho."

Pios, eriçamento das penas, cuidado mútuo com as penas, alimentação. É principalmente isso que acontece quando as corujas formam casais. Mas uma espécie leva o namoro a grandes alturas. A coruja-do-nabal pode ter um chamado que lembra um cachorro asmático, como descreve o naturalista Mark Cocker, mas seus feitos aéreos de cortejo são de tirar o fôlego.

Falta pouco para o pôr do sol nas pastagens abertas que se espalham pelos sopés das montanhas Mission, com sua coroa de neve. Estamos em meados de abril e quase tudo se prepara para a primavera por aqui: pelicanos, petinhas, tico-ticos-dos-prados, águias-pescadoras, tartaranhões. Um maçarico emite seu chamado à distância e três grous-canadenses voam acima dele, as barrigas rosadas sob o sol poente.

Estou procurando uma dançarina do céu, a coruja-do-nabal. Tal como acontece com tantos encontros com corujas, você consegue ouvir a ave antes de vê-la, seu *tuut-tuut-tuut-tuut* quinze, talvez vinte vezes seguidas. Basta olhar para cima e você a divisa flutuando em grande altitude. É a única espécie de coruja que faz isso — voa bem alto à luz do dia, como um búteo-de-cauda-vermelha —, e apenas durante um breve intervalo de tempo no final da tarde. Que altura ela alcança? Setenta, noventa metros? Uma integrante da equipe do ORI, Chloe Hernandez, envia um drone para descobrir, mas o dispositivo paira a cerca de sessenta metros, bem abaixo do nível da coruja. A ave bate as asas lenta e frouxamente, errática como uma grande mariposa. Então, de repente, dá um pequeno mergulho lateral, seguido por uma dramática subida. Alguns minutos depois, faz isso de novo. Se você ouvir com atenção, vai perceber que aquele mergulho inclinado tem um som, como o tremular de uma bandeirinha com vento forte. À medida que a coruja macho cai, ela junta suas longas asas sob o corpo e as movimenta com batidas curtas, semelhantes a palmas, oito, dez, onze vezes em rápida sequência, como se estivesse aplaudindo seu próprio espetáculo. Então o animal voa para cima novamente e fica suspenso no vento enquanto o mundo vai ganhando um tom rosa-prateado e acinzentado. O macho pode repetir essa dança várias vezes para impressionar uma fêmea ou durante uma exibição territorial para machos rivais. Entre as exibições, eles podem lutar brevemente no ar ou logo acima do solo, brigando por território ou parceiras em potencial. De qualquer forma, é um show e tanto.

A coruja-de-orelha, que tem parentesco próximo com a coruja-do-nabal, às vezes também executa esses voos altos, semelhantes aos de uma mariposa, para defender seu território, mas raramente isso acontece durante o dia. Outras corujas podem fazer uma espécie de voo conjunto de cortejo à noite. David Johnson se lembra de uma vez no início da primavera no norte de Minnesota, anos atrás, quando caminhava ao longo de um lago congelado sob uma lua crescente. "Um par de corujas-barradas soltava chamados de um lado para outro", conta. "Então, de repente, eu as vi voando juntas sobre o gelo, fazendo curvas juntas, iluminadas pela lua. Foi mágico. Ouvimos os sons escandalosos e as conversas das corujas que estão namorando", diz Johnson. "Raramente vemos o voo das que estão fazendo a corte, embora isso aconteça o tempo todo."

Coruja-do-nabal

Mas observar a coruja-do-nabal se exibindo abertamente assim, lá no alto, à luz do dia, é algo que faz a coruja parecer tão — digamos — *vulnerável*, parando, curvando-se, batendo palmas com as asas embaixo do corpo.

Tudo isso para impressionar uma fêmea. O que dita a escolha de machos que ela faz? Como uma coruja escolhe um companheiro? Esse ainda é um grande mistério, mas em algumas espécies estão surgindo pistas e teorias fascinantes, incluindo uma que explica a plumagem das corujas-das-neves, um estranho ponto fora da curva entre as aves desse grupo.

Na maioria das corujas, não é possível distinguir o sexo pelas penas. Já a coruja-das-neves é a única espécie com claro dimorfismo sexual na coloração adulta e no padrão da plumagem. Os machos adultos são de um branco puro, quase fluorescente, o que faz sentido, do ponto de vista da camuflagem, em uma ave que vive a maior parte de sua vida nas altas latitudes do Ártico, onde no verão há quase 24 horas de luz do dia. As fêmeas não são brancas, têm manchas escuras e faixas castanhas sobre o fundo branco. "Isso bate com todas as espécies de corujas que vivem em campo aberto, nas quais as fêmeas têm mais marcas na plumagem do que os machos", diz Holt. "Elas tendem a ser um pouco mais escuras no geral, talvez para melhor camuflagem durante a época de nidificação." Mas, no caso da espécie ártica, as fêmeas são dramaticamente mais escuras que os machos, com seu branco imaculado.

Imagina-se que as corujas-das-neves tenham um ancestral comum com os mochos-orelhudos, e que as duas espécies divergiram há cerca de 4 milhões de anos. À medida que as corujas-das-neves evoluíram e se expandiram para o habitat ártico, a seleção natural favoreceu o aparecimento da plumagem branca. Mas Holt argumenta que a escolha dos parceiros e a seleção sexual também contribuíram para a plumagem puramente branca do macho. "As fêmeas optam por procriar apenas com machos bem brancos, quase fluorescentes", diz. "Nos 285 ninhos que encontramos, havia apenas machos brancos fluorescentes se reproduzindo. O macho leva três ou quatro anos para desenvolver essa coloração. Os mais jovens se parecem mais com as fêmeas na plumagem, com as mesmas manchas marrons, e não possuem territórios próprios. Eles ficam à margem e não se reproduzem." Portanto, a plumagem de um macho é uma forma de a fêmea avaliar a idade relativa, o status social e a qualidade genotípica de um parceiro em potencial. "Ela pode dizer: 'Ei, pra começar, fisguei um macho totalmente adulto, e, em segundo lugar, ele já tem alguns recursos'", resume Holt. (A plumagem brilhante pode ser um "sinal positivo" no mundo das aves, indicando genes de alta qualidade e uma boa dieta.) "'Minhas chances de constituir família são melhores com ele do que com o moleque aqui, que pode ser ótimo no futuro, mas no momento não tem nada.'"

Corujinhas-do-leste e corujas-buraqueiras parecem praticar o que chamamos de "acasalamento seletivo", quando um indivíduo escolhe como companheira uma ave semelhante a ele em aspectos importantes. Quando David Johnson mediu o tamanho do corpo e a área das asas de 75 casais de corujas-buraqueiras no Oregon, descobriu que havia uma relação linear positiva quanto ao tamanho das asas e ao peso de machos e fêmeas — isto é, as fêmeas grandes escolhiam os machos grandes para se acasalar, e as pequenas escolhiam os machos pequenos. "Isso parece incomum", diz ele. "Estamos muito acostumados com a ideia de que as fêmeas querem acasalar com os fortões. Mas não é esse o caso das corujas-buraqueiras. E, pelo que estamos descobrindo, isso também não acontece com outras espécies de corujas."

Por que as aves escolheriam companheiros do seu tamanho?

Isso tem a ver com gasto energético, diz Johnson. "Só é vantajoso ser grande se a alimentação durante o ano for boa. Se o ano não for bom, vale a pena ser menor, porque você precisa de menos energia para ter sucesso." O acasalamento seletivo garante variabilidade na população, o que é importante se as fontes de alimento forem imprevisíveis. "Isso assegura que algumas aves da população tenham sucesso e que nem todas acabem ficando esgotadas. Portanto, há uma pressão evolutiva real para que as corujas sejam pequenas. Isso é algo que não sabíamos ou esperávamos."

E tem mais. As fêmeas também tendem a escolher machos da sua idade. Como podem saber a idade do futuro companheiro? "Através de sinais óbvios que os machos transmitem sobre as suas características", diz Johnson — a profundidade e o tom das suas vocalizações, a capacidade de caça, o sucesso na nidificação. "As corujas tiveram milhões de anos para aprender a captar esses sinais. Subestimamos suas capacidades. Elas são muito mais espertas do que imaginamos."

À CAÇA DE UMA CASA

As corujas podem ser habilidosas na hora de caçar e encontrar parceiros, mas definitivamente não têm o mesmo talento na hora de construir ninhos. As corujas-das-neves e as corujas-do-nabal são as que chegam mais perto de fazer seus próprios ninhos, cavando uma pequena depressão circular no chão. As corujas-do-nabal tendem a simplesmente se aninhar na grama, abrindo um buraco em forma de tigela e enchendo-o com grama e penas fofas. Já as corujas-das-neves escavam seus ninhos rasos em pequenas elevações na tundra ártica. Em um estudo de longo prazo com 280 ninhos de coruja-das-neves, Denver Holt descobriu que elas se agrupam em áreas mais favoráveis com certas características geográficas: elevações maiores em escarpas, as quais oferecem terreno mais alto e seco para os filhotes, mais exposição à brisa para se refrescarem e para minimizar a presença de mosquitos e, talvez o mais importante, uma vista panorâmica da paisagem circundante e de possíveis predadores.

A maioria das corujas não faz seus próprios ninhos, mas se apropria de estruturas construídas por outros animais. O macho geralmente encontra um território com presas abundantes e algumas boas possibilidades de nidificação, mas a fêmea seleciona os lugares onde ficarão os ninhos propriamente ditos.

Ela reconhece um bom local quando o vê. Algumas espécies, como as corujas-de-orelha e os mochos-orelhudos, instalam-se em velhos ninhos abandonados, desocupados por pegas, corvos ou falcões. Suindaras normalmente nidificam nas vigas dos celeiros, em prédios vazios ou silos, como aquela família de corujas de Linville, ou em cavidades ao longo de penhascos. Corujas-buraqueiras fazem jus ao seu nome nidificando em túneis subterrâneos escavados por esquilos-terrícolas, cães-da-pradaria, texugos ou outros animais cavadores. As espécies menores — mochos-pigmeus-do-norte, corujas-serra-afiada, corujinhas-flamejantes, corujinhas-do-leste — encontram cavidades naturais em árvores ou buracos prontos, feitos por pica-paus, às vezes em árvores mortas que ainda estão de pé, mas que já podem ter perdido o topo e a maioria dos galhos.

Fixar residência em um ninho pré-fabricado não é uma má estratégia. Isso significa que uma ave reprodutora não precisa gastar energia para construir sua própria casa. Mas muitas vezes há uma escassez geral de bons imóveis, bem como a concorrência de outros bichos que tomam ninhos emprestados, como os esquilos-vermelhos.

A cooptação de estruturas de outros animais é, em parte, o que explica a grande dificuldade dos pesquisadores para encontrar ninhos de coruja. "Não há dúvida de que localizar ninhos é difícil e demorado", diz Holt, "mas é essencial para compreender o que está influenciando o sucesso reprodutivo delas, o que se passa com as suas populações — e, se estiverem em declínio, encontrar possíveis formas de enfrentar isso por meio de uma boa gestão." Durante uma temporada recente de reprodução, a equipe de Holt encontrou nove ninhos de corujas-do-nabal. Todos falharam, exceto um. "É crucial descobrir o que está causando o fracasso dos ninhos para sabermos que medidas tomar para proteger a espécie."

Assim que as equipes encontram um ninho, elas registram sua localização, anotam suas características e, às vezes, anilham as aves, tanto adultas quanto filhotes. Trabalham rapidamente para minimizar a perturbação, manipulando as aves o mínimo possível.

A busca pelos ninhos começa com a localização das aves. No início da temporada de reprodução, quando as corujas estão estabelecendo ou defendendo seu território, a equipe de Holt sai a campo com um sistema reprodutor de chamados Foxpro, já carregado com vocalizações de coruja. "Quando os machos estão em modo territorial, é mais fácil obter uma resposta de algumas espécies", diz Holt. "Os machos encaram isso como um desafio. A reação deles é: 'Quem acabou de entrar no meu pedaço?'. A preocupação deles é que um novo chamado possa representar outro macho invadindo seu território. Geralmente, o indivíduo residente voa para um poleiro mais alto e emite chamados por alguns minutos. Se não ouvir o piado intrusivo novamente, ele vai embora. Assim que os parceiros se juntam e a nidificação começa, todas as espécies de corujas ficam mais silenciosas, por isso é importante localizá-las nessa fase inicial. Você não consegue encontrar essas aves se aparecer casualmente", diz Holt. "Você tem de ser metódico e sair a campo. Um monte de vezes."

Não há atalhos para trabalhar com corujas, como costumam dizer as pesquisadoras do ORI Beth Mendelsohn e Chloe Hernandez. As duas costumam se agasalhar nas noites geladas de inverno e adentrar matas densas em busca de corujas-cinzentas em áreas remotas no lado oeste das montanhas Mission, uma região povoada por ursos-pardos. Elas realizam levantamentos pontuais das florestas na escuridão total, às vezes a pé na neve, às vezes em um quadriciclo, parando periodicamente para tocar no Foxpro o chamado territorial ressonante da coruja-cinzenta. A dupla trabalha em um período que vai de meia hora após o pôr do sol até uma ou duas da manhã, parando a cada quatrocentos metros ou mais para tocar o chamado das corujas, ouvindo possíveis pios por dez minutos e depois seguindo em frente.

Trabalho noturno na terra dos ursos: procurar corujas não é para os fracos de coração. "Não é incomum encontrar ursos perto de ninhos de coruja-cinzenta", diz Mendelsohn. "Eles preferem o mesmo tipo de habitat e às vezes até comem os ovos e os filhotes." Mas ela diz que aprendeu a conviver melhor com a situação. "Quanto mais tempo você passa andando fora da trilha na região dos ursos, mais você vai pegando o jeito. Em vez de ceder ao medo, tento desenvolver uma percepção melhor. Quando você está procurando corujas, precisa ficar quieto porque depende de ouvi-las piar. Então, estamos tentando não fazer muito barulho, mas todos os nossos sentidos estão em alerta e ficamos bastante conscientes do que nos rodeia."

"Quando você finalmente escuta uma coruja", prossegue ela, "é quase como se você a tocasse. É uma experiência tão rara, mesmo para nós que passamos tantas noites ao ar livre. O pio baixo e profundo começa lá longe, tão suave que você nem tem certeza se está ouvindo mesmo. Você fica quase imóvel e tenta ficar ainda mais silencioso. Então, afinal, percebe que sim, é uma coruja-cinzenta, talvez até um casal delas. É de tirar o fôlego."

Depois que as aves são detectadas em uma área, seja nas campinas dos vales ou nas profundas florestas montanhosas, o que se segue é dia após dia de buscas de ninhos, vasculhando campos e revirando florestas em busca de sinais da presença de corujas.

As corujas-do-nabal podem nidificar em campos abertos, mas seus ninhos pequenos e cavados não são fáceis de encontrar, bem escondidos como estão entre o capim alto e as ervas. "Além disso, a principal linha de defesa da fêmea é manter-se perfeitamente imóvel até ser praticamente pisada, contando com a camuflagem enquanto potenciais predadores passam", diz Mendelsohn. Assim, em maio e início de junho, a equipe de Holt "varre" o campo com pedaços de corda de escalada com sessenta metros de comprimento, amarrados uns nos outros e presos em cada extremidade a um quadriciclo, ou sendo levados por alguém a pé. Os motoristas ou pedestres se movimentam em paralelo lentamente, com tensão suficiente na corda para que ela passe por cima da vegetação e não haja risco de quebrar ovos. Quando uma coruja se assusta e sai voando, o arrasto é interrompido e a equipe procura ovos ou indícios de ninhos, que são marcados e registrados com um GPS.

É trabalho duro. Os campos são ásperos e cheios de ervas daninhas, e as cordas muitas vezes não passam pelos espessos aglomerados de carda, uma planta invasora que se parece com um cardo, com protuberâncias curtas e duras. E claro que é possível deixar passar ninhos. Em duas situações, a equipe de busca viu uma fêmea de coruja-do-nabal pular a corda que passava e retornar instantaneamente para seus ovos. Somente uma observação diligente foi capaz de revelar o ninho propriamente dito.

Nem todos os ninhos de coruja são tão difíceis de localizar. Penso nas corujas-buraqueiras dos depósitos do exército no Oregon e em todas as Américas, que ornamentam suas tocas de nidificação com tantas decorações complicadas que elas parecem funcionar como outdoors. David Johnson encontrou tocas repletas de talos e espigas de milho, vértebras de veados, musgo, tufos de grama (em um ninho, ele encontrou 105 pedaços da raiz da gramínea), retalhos de tecido (elas preferem vermelho, branco, azul e verde, nessa ordem), esterco de gado e de bisão, fezes de coiote, pedaços de concreto, luvas velhas e até pedaços desidratados de batatas que serviam de semente — fatias do tubérculo que têm nelas os chamados "olhos". Certa vez, um agricultor que morava perto do depósito tinha acabado de plantar batatas e despejou uma caçamba do que restou do plantio a uns 2,5 quilômetros dali. "As corujas machos se reuniram ao redor da carga", conta Johnson, "e todos levaram para casa pedaços das batatas para decorar a toca, carregando-os por toda aquela distância. As fêmeas devem ter pensado: 'Sério, Bob? Batatas? Será que elas são mesmo legais para a decoração?'", especula Johnson. "Ou será que eles só querem mostrar criatividade? Porque claramente gastaram um monte de energia para fazer aquilo."

Johnson descobriu que todo esse enfeitamento não tem a ver com atração de parceiros ou namoro. O macho só passa a ornamentar a toca depois que a fêmea começa a botar ovos. Em parte, o que ele traz serve para fornecer material macio para ela rasgar e forrar o ninho, mas a coisa vai muito além disso. A verdade é que não dá para rasgar em pedacinhos uma espiga de milho ou parte de uma batata. Eis uma pista: os machos são muito específicos quanto ao que trazem e onde colocam o material, e ficam de olho em tudo, diz Johnson. Um dia ele experimentou colocar alguns materiais aleatórios no local do ninho. Então foi almoçar durante uma hora. "E, quando voltei, aquele cara estava emitindo um chamado alto, um chamado territorial. Sabia que alguém havia colocado decorações na frente da sua toca e não aceitou aquilo. Ele está trazendo matérias-primas para a fêmea forrar o ninho, mas também está anunciando sua dominância para outros machos e avisando as futuras parceiras: 'Sou um cara durão. Veja todas essas coisas que coletei'. Se você quer mostrar que é um cara durão no mundo das corujas-buraqueiras, decore a toca! Decore-a com pedaços de concreto. Não há um sinal mais claro de um cara durão do que decorações de concreto. Os machos viram 'superprovedores' para transmitir aos outros machos a mensagem de que este lugar está ocupado."

É como uma grande bandeira que sinaliza para a espécie deles — e para a nossa — que a toca está ocupada. Um desses machos decorou seu covil com 122 pedaços de fezes de coiote. "Ele tinha uma pista de pouso que ia até a entrada", diz Johnson, "com apenas uma faixa no meio, que ele deixou aberta para o pouso. Estava decorada dos dois lados, com uma camada de cocô de coiote de alguns centímetros de profundidade."

Difícil não reparar em uma coisa dessas.

E quanto aos ninhos em cavidades dos mochos-pigmeus-do-norte? Esses não são tão fáceis de encontrar.

Em um belo capoeirão de álamos ao norte de Polson, Montana, não muito longe do lago Flathead, Denver Holt e John Barlow, um voluntário do ORI, mostram como funciona a estratégia de busca desse tipo de ninho. Holt chama o aglomerado de árvores de Bosque de Álamos Indígena porque ele cresce em uma terra pertencente às comunidades Salish e Kootenai. Cada um de nós escolhe um "batedor"

Mocho-pigmeu-do-norte espiando de dentro de uma cavidade de nidificação

na parte de trás do equipamento, uma vara sólida de nogueira com 45 centímetros de comprimento. A princípio, acho que o pedaço de pau serve para afastar os ursos-pardos que frequentam essa mata. Mas sua utilidade é outra.

Atravessamos a densa vegetação rasteira de salgueiros e espinheiros, em busca de álamos com buracos reveladores no tronco, as cavidades feitas pelos pica-paus. Várias árvores — a maioria, na verdade — exibem marcas de patadas de urso em sua casca branca, e a maioria também tem cavidades. Mas nem todas surgiram do mesmo modo. Estamos procurando buracos redondos de pica-paus. Os buracos retangulares feitos pelos pica-paus-orelhudos para se alimentarem não são próprios para ninhos. A coruja-serra-afiada tende a escolher grandes cavidades com aberturas largas em ponderosas, álamos, lariços ou choupos, feitas por pica-paus-orelhudos ou pica-paus-mosqueados. Os mochos-pigmeus-do-norte optam por buracos muito menores — cavidades naturais ou buracos escavados por pica-paus sugadores de seiva ou pica-paus-felpudos, em uma altura entre 1,5 metro e vinte metros. As cavidades muitas vezes são difíceis de ver, cercadas de sombras. "Você tem que saber o que está procurando", diz Holt.

"Veja só que beleza aqui!", grita ele. "Tem uma cavidade bem na minha frente. Dá uma pancada nela, Jon."

Jon Barlow vai até a árvore e bate nela duas ou três vezes com a vara; depois, esfrega o pedaço de pau para cima e para baixo na casca, imitando o som de um predador subindo na árvore. Do buraco sai um esquilo vermelho. Se uma fêmea de coruja-serra-afiada estivesse fazendo ninho na cavidade, ela também teria colocado a cabeça para fora, como se fosse um boneco saindo de uma caixa, para avaliar se há risco de predadores.

Bater em árvores dessa maneira muitas vezes traz à tona corujas-serra-afiada, mas não mochos-pigmeus. "As corujas-serra-afiada tendem a olhar para fora em 90% dos casos", diz Holt, "mas as cavidades usadas pelos mochos-pigmeus são tão pequenas que nenhum predador consegue entrar lá, então faz mais sentido para elas simplesmente ficarem paradas."

Não há nada de simples nessa busca por ninhos em buracos — tanto para humanos quanto para mochos-pigmeus. As corujas parecem ter seus próprios padrões rigorosos e misteriosos sobre o que constitui uma boa cavidade de nidificação. Elas são exigentes e demoram para fazer suas escolhas. "Imagine que eu começo a seguir um casal", explica Hiro, "e eles estão de olho em uma cavidade. Vejo os dois interagirem em torno do buraco logo pela manhã. Observo a dupla copulando. Vejo a fêmea entrar na cavidade por longos períodos de tempo. Então fico convencido. 'É isso! Essa vai ser a cavidade deles!' Isso pode durar dois dias. Relaxo. Acho que conseguimos e agora posso continuar e me concentrar em encontrar outros ninhos. Aí volto ao local depois de três ou quatro dias, esperando ouvir aquela vocalização matinal em volta do ninho, e não escuto nada. Olho dentro da cavidade. Nada. A dupla seguiu em frente e encontrou outra toca ou se separou. As corujas ainda não tinham decidido qual cavidade escolheriam. Estavam só visitando apartamentos para alugar!"

O que havia de bom na cavidade para que ficassem ali por dois dias? É o que Hiro fica se perguntando. E o que havia de ruim para que mudassem de ideia? "Não tenho certeza se algum dia conseguiremos descobrir", diz ele. E não se trata de abastecimento alimentar inadequado. Em um dos casos, as corujas se deslocaram apenas 183 metros de distância e finalmente montaram seu ninho com sucesso.

Dave Oleyar, que estuda pequenas cavidades de nidificação de corujas nas florestas de Utah e do sudeste do Arizona, pesquisou e mapeou possíveis buracos de corujas em sua região e estabeleceu alguns critérios básicos para uma ave que está procurando moradia. "A cavidade tem que ter uma entrada de pelo menos três centímetros de diâmetro", diz. (Isso serve para um minúsculo mocho-duende.) "Não pode ser só um copinho ou tigela. Tem que descer e ter alguma profundidade." Ele classifica as cavidades em uma escala de um a cinco, como um corretor de imóveis avaliando casas no mercado. "Existem muitas cavidades grosseiras, para ser sincero, mas também existem as boas. Um buraco semelhante a uma cobertura de alta qualidade, que dá a sensação de que eu poderia rastejar lá para dentro e onde o piso é agradável e aberto? Isso seria uma nota 5. Já aquele em que mal consigo entrar e o assoalho é muito irregular leva nota 1."

O Bosque de Álamos Indígena está repleto do que parecem ser excelentes cavidades, pelo menos quando vistas do chão, mas não há corujas fazendo ninhos. "A pesquisa é assim", diz Holt, "você bate numa árvore, sai uma coruja-serra-afiada, você encontra o ninho na hora e pensa: 'O.k., estamos no caminho certo'. E aí você bate em mais novecentas árvores e não sai bicho nenhum."

"É por isso que os pesquisadores fazem estudos com caixas-ninho no caso das corujas", diz ele. "É mais fácil." Não há dúvida de que o uso de caixas-ninho para estudar aves que usam cavidades de nidificação facilitou o monitoramento e a captura tanto dos pais quanto de seus filhotes, contribuindo para estudos sobre a ecologia e o comportamento das aves. Mas Holt se questiona se os dados desses estudos são confiáveis. "A colocação de caixas-ninho raramente imita as condições naturais", afirma ele. "Elas estão convenientemente situadas ao longo das estradas. Ficam espaçadas e todas são do mesmo tamanho." Os locais de nidificação naturais tendem a se agrupar em pontos mais densos da floresta e a variar de tamanho. "Além disso, martas e outros predadores conseguem memorizar a localização das caixas-ninho, e elas acabam virando um self-service para esses bichos."

"Se esse tipo de trabalho fosse fácil, todo mundo faria algo assim." Mas nem todo mundo faz. Muito pouca gente, na verdade. Essa é uma das razões pelas quais o trabalho do ORI — cuidadoso, meticuloso, conduzido em longo prazo, estação após estação, ano após ano — é tão importante.

Descobrir os ninhos das corujas-cinzentas pode levar literalmente anos, diz Beth Mendelsohn. Isso se deve em parte ao comportamento esquivo das corujas, aos locais camuflados e às flutuações anuais em sua nidificação, incluindo a possibilidade de elas nem mesmo fazerem ninhos. "Procurar um ninho de coruja-cinzenta é realmente como procurar uma agulha num palheiro", afirma ela, "horas e horas subindo encostas, arrastando-se por pântanos e arbustos densos, examinando cada árvore em busca de sinais de nidificação."

Descobrir um ninho, no fim das contas, pode ser algo estranhamente fortuito e uma profunda fonte de alegria.

No lago Flathead, ao norte de Charlo, há uma floresta montanhosa e íngreme em terras tribais conhecidas como Elmo: hectares e mais hectares de abetos-de-douglas, grandes pinheiros-ponderosa e lariços que ficam amarelos no outono. É um bom habitat para a coruja-cinzenta. Enquanto nidificadores de cavidades como os mochos-pigmeus-do-norte precisam de buracos naturais nas árvores ou dos buracos perfurados dos pica-paus, as corujas-cinzentas dependem de grandes troncos quebrados ou de ninhos abandonados de outras aves de grande porte. Os lariços espalham seus galhos em estruturas radiais, formando plataformas para os ninhos dos açores-nortenhos, os quais as corujas-cinzentas às vezes adotam. Membros da espécie também usam os ninhos abandonados de corvos ou de búteos-de-cauda-vermelha, às vezes escondidos no visco, um fungo parasita que vive nos abetos-de-douglas e cria um aglomerado denso, semelhante a uma vassoura, de crescimento errático. Holt acredita que esses podem não ser os locais prediletos delas — as corujas preferem árvores mortas —, mas às vezes são usados em caso de necessidade.

Mendelsohn e Solai Le Fay, estagiária do ORI, ouviram recentemente uma coruja-cinzenta emitindo chamados nessa área — uma fêmea, acredita a dupla —, fazendo uma espécie de vocalização de contato com o som de *guuc* em resposta ao Foxpro, e agora estamos procurando seu ninho. Holt e eu passamos uma manhã subindo e descendo a encosta íngreme da montanha com os jovens pesquisadores, em busca de vestígios do ninho — velhos troncos que possam abrigar lares de coruja em seus topos quebrados, pelotas no chão, penas que indiquem a presença de uma ave chocando. Pouco antes de a fêmea estar pronta para incubar seus ovos, uma onda de hormônios "depena" a área usada para chocar os ovos em sua barriga, para que ela possa pressionar sua pele quente e nua contra os futuros filhotes, transferindo calor corporal mais direto para mantê-los a uma temperatura de $38°C$ ou mais. Um aumento nos glóbulos brancos do sangue faz enrugar a pele ao longo da área usada para chocar os ovos. Qual seria a razão evolutiva para o enrugamento? Holt se pergunta se isso evita o equivalente aviário das assaduras quando uma fêmea está chocando, como aquelas almofadas de espuma usadas por pacientes hospitalizados. De qualquer modo, estando no chão ou presas nos galhos, partes da penugem fofa de uma fêmea que está chocando muitas vezes sinalizam que há um ninho por perto.

A brincadeira é ficar olhando para cima e para baixo, e penso no que o naturalista Scott Weidensaul me disse uma vez: "Se você acha que torcicolo é ruim, mana, experimente ficar com 'pescoço de coruja' — a cãibra que você sente ao olhar para cima, observando pinheiros de 25 metros de altura tentando encontrar uma coruja". Também penso em Max, o pastor-australiano detetive de corujas, e sinto saudade do seu nariz experiente. Em alguns lugares, a vegetação do sub-bosque é um emaranhado de salgueiros e amieiros, quase impenetrável. Há muitos "chicotes", como os silvicultores as chamam, árvores derrubadas, algumas encostadas nos imponentes lariços e pinheiros. Essas plantas caídas são importantes para o aninhamento. Quando as corujinhas caem dos ninhos, o que costumam fazer quando se põem a "engalhar" — ou seja, quando saem do ninho e começam a andar pelos galhos antes de emplumarem —, elas normalmente usam esses troncos e galhos caídos para subir de volta na árvore.

Este é um lindo território para as corujas-cinzentas. No chão da floresta há pequenos arbustos de sinforina e chuvisco-da-montanha, manchas brilhantes de primaveras e botões-de-ouro-da-artemísia. Liquens conhecidos como cipó-do-reino brotam nos pinheiros. Raminhos de líquen-do-lobo se espalham pelos abetos-de-douglas, num lindo tom verde-limão, quase iridescente. O líquen-do-lobo é rico em ácido vulpínico, uma substância tóxica que antigamente era fervida com carne usada para envenenar lobos. Embora o terreno seja seco e a caça possa ser difícil aqui, há bons locais de nidificação, frescos e sombreados, com alguns troncos impressionantes que se erguem de nove a doze metros, exibindo cavidades grandes o suficiente para acomodar a enorme barriga de uma coruja-cinzenta fêmea que está chocando seus ovos. Le Fay dá a volta nas árvores mortas para localizar penas ou pelotas.

Ver tais troncos dessa maneira, através dos olhos das corujas, muda a maneira como penso nessas árvores, ainda de pé, mas agora mortas ou morrendo. É fácil amar uma árvore viva, com sua folhagem exuberante e sua copa verde. Mas os troncos mortos são como esqueletos. Eles perderam as folhas, descamaram a pele. Seus ossos estão sulcados por marcas de insetos, cheios de buracos, apodrecidos no cerne, e seus topos estão atrofiados e emaranhados. Mas quanta vida eles sustentam! Mais de uma centena de espécies de aves, mamíferos, répteis e anfíbios usa protuberâncias para nidificar, empoleirar-se, abrigar-se em tocas e se alimentar, incluindo essas magníficas corujas. Agora, quando vejo troncos transformados em grades de proteção e bancos de beira de estrada, exibidos como "totens" de hotéis ou cortados e empilhados de forma organizada para servirem de lenha, fico pensando na perda que isso significa.

Um ou dois dias depois, bingo. Mendelsohn, Hernandez, Le Fay e outro voluntário voltaram para vasculhar a floresta de Elmo novamente, a cerca de 180 metros de onde estávamos procurando antes — uma área que a equipe havia contornado em sua busca no ano anterior por causa de um grande urso-preto na encosta, sentado de cócoras ao sol. "Lembrei-me de alguns troncos antigos e pensei que valeria a pena conferir novamente", diz Mendelsohn. "Enquanto eu subia aquela colina íngreme, a equipe ficou esperando mais embaixo, e eles ouviram dois *vuups.*" Era uma coruja-cinzenta fêmea. "Eu não consegui ouvir por causa do som de minha respiração ofegante. Mas então ela vocalizou novamente algumas vezes, fazendo um pio simples ou duplo tão baixo que mal tínhamos certeza de que o ouvíamos, e ficamos tentando descobrir de que direção vinha. Mais ou menos uma hora depois, tendo me concentrado no som, olhei para cima e enxerguei um canto do que acreditei ser um ninho, bem no alto desse pinheiro-ponderosa, e pensei: 'É ali!'. Às vezes, quando você enxerga o negócio, quer consiga ver a coruja ou não, você sabe que aquilo tem que ser um ninho."

Um corvo os ajudou a encontrar o local exato. Quando a ave negra passou voando por perto, grasnando, a coruja fêmea reagiu com seu pio defensivo *vuuu-vuuu.* Com uma câmera, a equipe deu um zoom nos galhos mais altos do pinheiro e, a trinta metros de altura, em um amontoado de gravetos — um antigo ninho de búteo-de-cauda-vermelha —, eles conseguiram ver, só parcialmente, uma pena da cauda de uma coruja-cinzenta. O ninho!

"Aposto que também era esse o local do ninho no ano passado", diz Mendelsohn, "e deixamos passar porque... bem... tinha urso na área."

Naquela noite, a equipe ficou entusiasmada com a descoberta, contando e recontando aquele momento. Mas Mendelsohn também estava profundamente preocupada. "A maior parte dessas florestas é manejada para aproveitar madeira e reduzir riscos, e não pensando na vida selvagem — e, caso alguém pense nos animais silvestres, os que contam são em geral os cervos e os veados", ela disse. "Trabalhamos com gestores florestais e projetos de extração de madeira, e até mesmo com silvicultores responsáveis que pensam que nunca vão derrubar uma árvore com ninho de coruja. Mas demoramos dois anos para encontrar aquele ninho, mesmo sabendo que estava ali em algum lugar — era muito difícil vê-lo do chão. É realmente assustador pensar que aquela árvore poderia ter sido cortada tão facilmente."

É por isso que é tão urgente localizar e mapear ninhos de coruja, seja em cavidades de um bosque de álamos, em troncos quebrados ou em velhos ninhos de falcão no alto de um pinheiro-ponderosa. Se os ninhos não forem encontrados e sinalizados, as árvores que os abrigam podem ir ao chão.

Se é difícil para os seres humanos encontrar ninhos de coruja, o mesmo vale para as corujas — e está ficando ainda mais difícil para elas.

Pense no que é necessário para abrir uma cavidade ou um buraco adequado para uma coruja criar sua família — digamos, um ninho de mocho-pigmeu-do-norte em um álamo. É preciso um clima com as condições certas para que os álamos cresçam e prosperem por tempo suficiente para que alguns sofram lesões ou comecem a morrer. Para que uma cavidade se desenvolva em uma árvore morta ou doente, são necessários fungos que enfraqueçam a madeira e a tornem mais macia e, portanto, mais propícia para que escavadores como os pica-paus abram um buraco. O processo pode levar muitas décadas. O mesmo se aplica aos grandes ocos ou às árvores mortas cujo topo quebrado lembra uma grande tigela, que são locais aceitáveis para espécies de maior porte, como a coruja-cinzenta.

Acrescente então a atividade humana, a remoção de grandes árvores, o abate de árvores mortas, a retirada de troncos para lenha, bem como incêndios florestais, raios e outros desastres naturais, e o processo fica parecendo bastante frágil. Isso é verdade não apenas na América do Norte, mas em todo o mundo.

Na Austrália, assim como na América do Norte, a maioria das corujas depende de buracos ou cavidades que geralmente são difíceis de achar. "Todas as corujas australianas, exceto a coruja-do-mato, obrigatoriamente se aninham em ocos e não se adaptam bem às caixas de nidificação", diz Steve Debus. "Os boobooks às vezes usam uma caixa-ninho e as suindaras às vezes se adaptam a uma estrutura artificial, mas basicamente todas as corujas australianas dependem de ocos de pau." Assim como árvores grandes e velhas viram presa da extração de madeira, dos ventos e dos incêndios, o mesmo acontece com os grandes buracos. O que resta são árvores menores, com ocos de tamanho correspondente.

"Algumas espécies grandes, como as corujas-gaviões, têm literalmente que encolher os ombros de lado para entrar", diz Beth Mott, bióloga conservacionista que estuda buracos de árvores e a fauna que os utiliza. A raridade dos ocos de pau estimula a competição agressiva. Mott já observou cacatuas-de-crista-amarela tirando filhotes de coruja-gavião dos buracos. "Elas é que são as valentonas dessa história", diz ela. O mesmo acontece com as pegas-australianas e os currawongs, que atacam os filhotes e às vezes os matam. "Essa agressão direta vinda de aves que querem elas próprias usar o buraco, resultando na morte de filhotes, é algo que vemos cada vez mais com o passar do tempo."

Mott acha que os buracos são um ambiente único, que não é fácil de reproduzir com uma caixa de nidificação. Para começo de conversa, os ocos que se formam nas árvores vivas protegem os animais das mudanças de temperatura e umidade no ambiente. As caixas-ninho tendem a ser mais quentes do que os buracos das árvores, "o que, quando você é uma mãe sentada em cima de um ovo, é um negócio importante", diz Mott. "Principalmente quando você é uma coruja-gavião, uma espécie de ave muito propensa à exaustão pelo calor." Além disso, diz ela, "o microclima que existe dentro de uma câmara de árvore é um ambiente de reciclagem incrivelmente dinâmico que não vemos quando tentamos replicar um buraco com algo artificial. Se você olhar para um oco de pau logo depois que uma família de corujas-gaviões o deixou, não vai ver grandes pilhas de restos de marsupial. Tudo o que resta ali é o que nós, australianos, chamamos de 'tripas de lama', o material quebradiço dentro da árvore que os cupins comem. Dá para ver alguns ossos, às vezes algumas espinhas dorsais, mas na maioria das vezes são apenas tripas de lama, e o lugar parece incrivelmente limpo. Com aquele enorme fluxo de alimentos e sem limpeza — você sabe, as corujas não levam o lixo para fora —, toda essa reciclagem está acontecendo dentro do buraco, sendo realizada por invertebrados, fungos e bactérias. Portanto, não creio que possamos replicar em uma caixa de nidificação aquele ambiente superdinâmico e especial presente num buraco de árvore até que realmente o compreendamos".

Dave Oleyar e sua aluna Kassandra Townsend também estão investigando as propriedades térmicas de cavidades no caso de diferentes espécies de árvores e pensando nos efeitos do clima global sobre os buracos, as aves e outros animais que dependem deles. "Será que o mes-

Filhote de coruja-gavião em um buraco com ninho

mo conjunto de animais usará essas cavidades quando (ou se) a faixa de temperatura ficar acima ou abaixo de certos limites?", pergunta-se Oleyar. "Também estamos começando a pensar nas implicações para a microbiota que está presente nas cavidades — as taxas de decomposição vão mudar? O que isso significará para as taxas de abertura e perda de ocos de pau? E para as corujas que dependem dos buracos?"

Mott descreve uma cavidade de nidificação em uma árvore que foi usada por mais de dez anos por um casal de corujas-gaviões. Incêndios devastaram a área e queimaram a árvore de dentro para fora. Após o incêndio, a dupla pousou numa árvore adjacente. "As grandes corujas da floresta fazem um barulho de luto muito óbvio quando perdem um filhote", diz ela. "E elas fizeram a mesma coisa com esse buraco de árvore. Foi muito doloroso."

Depois que esses locais desaparecerem, poderá levar décadas ou mais para substituí-los. Mott está trabalhando para desenvolver estratégias para proteger árvores ocas na Austrália e para proteger árvores grandes que ainda não desenvolveram cavidades, "recrutando" membros para a próxima geração de árvores ocas. Os especialistas concordam que precisamos de uma estratégia de conservação a longo prazo para planejar e proteger todas as fases da vida das árvores, desde as vivas com cavidades até os troncos mortos e detritos lenhosos, para que haja um fornecimento contínuo de habitats de nidificação nas florestas de todo o mundo.

Lá em Montana, o que muitas vezes permite encontrar um ninho de coruja-cinzenta em um tronco morto ou em gravetos usados por outra ave é a busca trabalhosa e metódica. Mas de vez em quando a sorte ajuda.

Escondido em uma área baixa e pantanosa de uma floresta, em um lugar apelidado de Grizzly Hill — por uma boa razão, já que a lama está cheia de pegadas de ursos-pardos, ou *grizzlies* —, a equipe do ORI me mostra o local onde Mendelsohn fez recentemente uma descoberta inesperada. Ela estava conduzindo um levantamento noturno com Jon Barlow, e os dois deram uma parada no local para permitir que Jon se aliviasse. "Estávamos apenas descendo a colina, observando as pegadas de ursos", diz ela. "Quando paramos por causa do Jon, olhei para a direita da trilha e lá estava ela, bem ali, uma coruja-cinzenta sentada em cima de um grande tronco quebrado de choupo.

Filhotes de coruja-cinzenta em seu ninho numa árvore morta em Grizzly Hill

Não foi a primeira vez que encontramos um ninho quando alguém precisou parar e fazer xixi."

A princípio, não vejo nada além de um grande tronco morto. Mas, quando eles a apontam para mim, consigo distinguir o enorme disco facial espreitando por cima da cavidade enquanto ela vira a cabeça em nossa direção e nos lança aquele olhar plácido de coruja-cinzenta. Uma coisa é enxergar uma dessas aves espetaculares num poste distante, esguia, faminta e pronta para voar. Outra, bem diferente, é ver uma fêmea grande como essa tão de perto, enfiada em seu ninho como uma rainha pousada numa jangada de madeira em forma de barril. Vista de baixo, a cavidade do tronco parece pequena e irregular, pouco se assemelha à confortável tigela natural que daria um bom ninho. Mas Holt me diz que, contanto que a coruja tenha espaço para depositar os ovos no "assoalho" de madeira e cobri-los com o abdome, ela consegue se virar. "Só espero que ninguém pegue esse tronco antes que os filhotes nasçam."

CRIANDO CORUJINHAS

Steve Hiro observa atento o ninho de mocho-pigmeu-do-norte em um grande álamo ao norte de Charlo. Ele está olhando para a cavidade e segurando uma escada apoiada em uma árvore adjacente. No alto dela, Denver Holt luta com cordas elásticas, na tentativa de amarrar a escada móvel à árvore sob o olhar nervoso de quatro pessoas do nosso grupo — Hiro, Le Fay, Hernandez e Mendelsohn, esta especialmente ansiosa. Pendurada no braço direito de Holt vê-se uma câmera. "Cuidado", diz Mendelsohn, "essa é uma câmera de seiscentos dólares — e não é nossa."

Holt está tentando posicionar a câmera de modo que ela tire um fluxo constante de fotos do ninho na cavidade diretamente em frente a ela. O dispositivo é acionado por movimento, portanto deve capturar todos os tipos de atividade, desde o macho entregando a presa quando a fêmea está no ninho até o nascimento dos filhotes. Mas Holt precisa colocá-la às cegas, pois não consegue enxergar ao redor da árvore. Mendelsohn segura uma luneta apontada para a câmera, para orientar Holt.

Hiro espera esse momento há anos. A equipe tentou instalar uma câmera acionada por calor no ninho de mochos-pigmeus em Pattee Canyon, mas as aves eram pequenas demais para acionar o sensor de temperatura. Holt finalmente posiciona o aparelho corretamente e desce a escada. Mas o negócio não está funcionando, então ele sobe novamente. "Estou velho, mas ainda escalo melhor do que ninguém", diz. Ele está em forma, sem dúvida — os rigores da pesquisa sobre a coruja-das-neves no Ártico ajudam nisso —, mas, quando volta para baixo, todos respiramos aliviados.

"É sempre mais complicado do que se pensa, um trabalho para quatro pessoas", diz ele, e acrescenta com um sorriso maroto: "Se fosse fácil, qualquer um faria".

Hiro avista o macho em um álamo próximo e depois a fêmea em uma árvore vizinha. "Então ela não está na cavidade, no fim das contas. Talvez esteja tirando uma folga do ninho", ele pensa em voz alta. "Mas, se está chocando, ela deveria estar lá." Há preocupação em sua voz. A equipe decide olhar dentro do ninho com uma "câmera bisbilhoteira", um aparelho minúsculo acoplado a uma haste telescópica de quinze metros que permite espiar cavidades que, do contrário, seriam inacessíveis. Essa cavidade não só fica a dez metros de altura na árvore, como também tem uma abertura minúscula — dois, no máximo dois dedos e meio de largura —, típica dos ocos de pau escolhidos pelos mochos-pigmeus e provavelmente perfurada por um pica-pau-peludo ou talvez um pica-pau-de-nuca-vermelha. Holt e Mendelsohn erguem a câmera até uma altura em que ela proporcione boa visão do interior da cavidade. São necessárias algumas manobras, mas o que finalmente entra em foco são dois lindos ovos redondos e brancos.

"Ah!", exclama Hiro. "Faz sentido ela ter saído. Ela ainda não terminou de botar os ovos."

Eis um dos motivos pelos quais os mochos-pigmeus-do-norte são os rebeldes do mundo das corujas. As fêmeas da maioria das espécies começam a chocar assim que põem os ovos. Já a do mocho-pigmeu bota um ovo todos os dias ou a cada dia e meio, geralmente perfazendo um total de cinco a sete. Mas só depois que pôs todos os ovos é que ela se ajeita para chocá-los. Os ovos continuam viáveis graças a hormônios que agem enquanto não chega a incubação quentinha que dará início ao desenvolvimento.

Como acontece com todas as espécies de coruja, o número de ovos que ela põe está relacionado com a sua condição de saúde, diz Holt, e com a quantidade de comida disponível, tanto onde a coruja está nidificando quanto — no caso de espécies migratórias — no lugar de onde ela veio. "Por exemplo, se as populações locais de arganazes forem grandes, uma fêmea de coruja-do-nabal pode botar até dez ovos. Se forem pequenas, ela pode botar apenas três ou quatro, ou mesmo nenhum."

A brancura dos ovos que vemos naquela pequena cavidade é comum entre as corujas, mas incomum no mundo das aves em geral. Em sua maioria, os ovos de aves têm um colorido complexo que ajuda na camuflagem. Penso nos ovos salpicados e listrados das aves limícolas, que se misturam com pedras, seixos e areia para confundir ladrões como cobras e raposas. Ou nos ovos de codorna-japonesa, de cores e padrões únicos, que a fêmea combina com uma área de nidificação que aproveita ao máximo essa camuflagem. Apenas as aves que chocam em locais escondidos têm ovos brancos — pica-paus, abelharucos, martins-pescadores, corujas. Os ovos, nesses casos, estão escondidos, então há poucos motivos para despender neles a energia preciosa necessária para produzir pigmentos.

Os ovos de coruja também têm formato diferente da maioria dos ovos de aves, sendo mais redondos, provavelmente por motivos relacionados ao voo, de acordo com uma nova pesquisa feita por Mary Caswell Stoddard, bióloga evolutiva da Universidade de Princeton. Segundo a teoria, os ovos das aves que passam a maior parte da vida no ar — urias, maçaricos, albatrozes — são elípticos e aerodinâmicos o suficiente para que possam caber na pelve dos esqueletos menores, mais leves e mais compactos desses animais. As corujas, que tendem a fazer apenas voos curtos, têm um esqueleto mais pesado e uma pelve mais larga, que pode acomodar ovos mais esféricos. (Mas há exceções, é claro. Os ovos de suindara são claramente cônicos ou ovoides. Os das corujas-cinzentas também têm "formato de ovo", mas são menores que um ovo de galinha e conseguem se encaixar na pelve da ave.)

Embora os ovos redondos e brancos do mocho-pigmeu-do-norte sejam típicos da maioria das espécies de corujas, a forma como eles eclodem é que não é comum. Se você observar os filhotes nos ninhos da maioria das espécies de corujas, ficará maravilhado com a variedade de tamanho deles, às vezes de forma tão dramática que parecem ser de espécies diferentes (como as suindaras naquele silo em Linville). Alguns filhotes já podem se parecer com pequenas corujas adultas, ainda com penugem fofa, mas com o disco facial escuro dos adultos e penas de voo já em crescimento, enquanto outros lembram minúsculas bolas de penugem branca. As corujas põem seus ovos com horas ou dias de intervalo e, na maioria das espécies, eles também eclodem com horas ou dias de diferença. Esse processo, chamado de "eclosão assíncrona", é a forma pela qual a maioria das corujas garante a sobrevivência de pelo menos alguns filhotes. Isso faz sentido, dada a natureza imprevisível das suas populações de presas — arganazes, lemingues e outros pequenos mamíferos. Se as presas forem abundantes, todos os juvenis provavelmente sobreviverão. Mas, se a comida escassear, os pais não conseguirão alimentar todos os filhotes. Os primeiros irmãos a nascerem — maiores, mais fortes e mais capazes de implorar vigorosamente por comida — ficarão com a maior parte da carne e terão mais chances de sobreviver. As corujinhas mais jovens podem morrer de fome.

"O mundo é brutal com o filhote que é o último a eclodir", diz Jim Duncan. ("Estou feliz por ser o filho do meio da minha família", brinca ele.) Isso pode parecer ineficiente e até mesmo cruel, mas aumenta a probabilidade de que pelo menos alguns filhotes sobrevivam até a maturidade saudável. Escalonar a eclosão dos bebês também limita as demandas alimentares em qualquer momento específico, porque os filhotes variam em seu estágio de desenvolvimento. Finalmente, conseguir tirar um filhote do ninho o mais rápido possível reduz o risco de que um ataque de predador leve embora toda a ninhada.

Mas algumas espécies de corujas quebram regras. É o caso dos mochos-pigmeus-do-norte, que, conforme Steve Hiro descobriu, parecem fazer as coisas de maneira diferente.

Quando Hiro encontrou um ninho da espécie a apenas dois metros do chão, no tronco morto de um lariço, ele se deu conta de que tinha uma oportunidade única. "Percebi que ninguém sabia realmente nada sobre a eclosão, o desenvolvimento e a emplumação dos filhotes de mocho-pigmeu, e pude documentar todo o processo detalhadamente com fotografias. Nem precisei de uma escada. Eu podia simplesmente olhar para dentro do ninho com um boroscópio" — um instrumento óptico usado para inspecionar o interior de uma estrutura através de um pequeno orifício.

Hiro começou a tirar fotos no segundo ou terceiro dia após a eclosão e viu que os filhotes estavam se desenvolvendo exatamente no mesmo ritmo, embora os ovos tivessem sido postos de forma assíncrona. "A mudança na penugem, a perda do 'dente de ovo',* a abertura dos olhos, o início das penas de voo: dava para ver que, a cada fase do percurso, eles se desenvolviam no mesmo ritmo." No vigésimo quarto dia, os filhotes começaram a olhar para fora da cavidade e foram ficando cada vez mais ousados e curiosos. Hiro queria ter certeza de que não os perderia, então ia todos os dias ver como estavam. No vigésimo oitavo dia, ele chegou às cinco e meia da manhã, olhou dentro da cavidade e viu cinco filhotes. "Então fui para casa, tomei banho e voltei por volta das nove", lembra. "E só de brincadeira fui dar uma olhada de novo. Só tinha sobrado um filhote!" Em apenas três horas, quatro filhotes saíram da cavidade. Com outras espécies de corujas, isso teria acontecido ao longo de alguns dias.

"Eu queria muito saber onde diabos eles estavam", diz Hiro. "Olhei para o chão e para os galhos baixos ao redor da árvore. Nenhum sinal deles. Então olhei para cima e vi aquelas coisinhas sem cauda bem no alto da árvore. Estavam a dez metros de altura, voando de um lado para o outro entre os galhos a quase trinta metros de distância. Não pude acreditar. Poucas horas depois de deixarem a cavidade, eles conseguiam voar. E não estavam apenas planando entre os galhos, mas realmente batendo as asas, voando para cima. Parece simplesmente incrível. Como eles ganham força para voar dessa maneira? Como desenvolvem as asas quando ainda estão dentro da cavidade?"

* Estrutura usada pela avezinha para abrir a casca do ovo.

Filhotes de mocho-pigmeu-do-norte com duas semanas de idade dentro de uma cavidade de nidificação

De qualquer forma, Hiro documentou fotograficamente o desenvolvimento sincronizado da plumagem, a eclosão e a saída do ninho em mochos-pigmeus-do-norte pela primeira vez. Desde então, a equipe confirmou a descoberta em outros seis ninhos.

Tudo isso não parece nada corujesco. (A única outra espécie conhecida que eclode dessa forma é o mocho-galego, cujos filhotes às vezes nascem de forma síncrona e, em outras, de forma assíncrona.) Por que os mochos-pigmeus não têm as mesmas limitações alimentares das outras corujas? Por que não estão sujeitos às mesmas pressões por parte dos predadores?

As trepadeiras e os chapins talvez possam responder, pelo menos no caso da primeira questão. Os mochos-pigmeus-do-norte comem muitos pássaros. Isso lhes proporciona um abastecimento alimentar relativamente estável em comparação com outras espécies de corujas que dependem de roedores, cuja população tende a flutuar. E as cavidades onde os mochos-pigmeus nidificam são minúsculas, pequenas demais para serem acessadas pela maioria dos predadores. Além disso, a capacidade de voar direto da cavidade sem precisar ficar subindo pelos galhos torna essas pequenas corujas invulneráveis a predadores terrestres. Mas como elas exercitam as asas antes de voar é algo que continua sendo um mistério.

Depois que a fêmea de mocho-pigmeu começa a chocar seus ovos, ela sai da cavidade apenas duas vezes ao dia, durante um período de cinco a dez minutos, para regurgitar bolotas ou defecar. O macho traz refeições para ela a cada duas horas. Mas, concluída a eclosão dos filhotes, a demanda por comida aumenta exponencialmente e, no décimo ou décimo primeiro dia, as necessidades dos pequenos são tão grandes que a fêmea se junta ao macho na caça.

Em muitos aspectos, as corujas parecem ser pais excepcionalmente dedicados. Enquanto incuba, a fêmea fica sentada no ninho quase o dia inteiro, com a cabeça baixa e o estômago contraído, mantendo os ovos na temperatura certa, frescos no calor, quentes na neve e no frio. Uma coruja-das-neves tem de manter os ovos a mais ou menos 36°C, mesmo quando as temperaturas fora do ninho estão em -35°C ou -40°C. Uma coruja-cinzenta nidificando ao sol, por outro lado, pode ficar muito quente, mas continua quieta para evitar o superaquecimento de seus ovos e filhotes, resfriando o próprio corpo por meio da respiração ofegante chamada de "vibração gular". Já vi um mocho-orelhudo macho abrir as asas por cima da fêmea e dos filhotes para protegê-los da chuva torrencial, encharcando as próprias penas ao fazer isso.

Jim Duncan recorda uma experiência parental especialmente estressante para um casal de corujas-de-orelha nidificando em Manitoba, em certo dia de maio. "Lembro-me de estar em casa e ouvir essa agitação ao norte, onde estava o ninho", diz ele. "Olhei para fora e havia pelo menos de quinze a vinte corvos cercando as corujas. Pensei que, se a fêmea saísse do ninho, um corvo, ao dar um mergulho, iria pegar facilmente os ovos." Ela continuou ali. "Mas então choveu naquele dia, e a chuva se transformou em neve quando a temperatura despencou para -4°C, e houve ventos de sessenta a setenta quilômetros por hora vindos do norte, empurrando a neve horizontalmente. Dois dos ovos no lado norte da ninhada congelaram. Mas depois voltamos para verificar as coisas e quatro dos seis tinham eclodido."

Graças à competência dos pais, esses filhotes sobreviveram a um bando de corvos assassinos *e* à neve.

As corujas às vezes também enfrentam revoadas de mosquitos. Em seus estudos sobre corujas-cinzentas no Canadá, Duncan testemunhou o impacto de uma ofensiva desses insetos sugadores de sangue. "São aves que optam por nidificar em habitats realmente bonitos", diz ele, prados úmidos e pântanos que também são ótimos habitats para mosquitos. As corujas costumam ir para os ninhos antes da época das grandes eclosões de mosquitos, "o que é inteligente da parte delas". Mas em certos anos elas nidificam após a onda de insetos, "o que é um desafio para elas e para nós. Você fica se sentindo um alfineteiro humano", compara Duncan. Mas a situação é pior para as corujas. Os adultos e os filhotes mais velhos podem pousar no alto das árvores, longe dos insetos, mas, se os filhotes mais novos e a fêmea adulta ainda estiverem no ninho quando os mosquitos eclodirem, não têm como escapar. "Em alguns anos, pouquíssimos filhotes ganharam penas ou sobreviveram ao período no ninho porque os mosquitos praticamente drenaram todo o sangue deles."

Assim que os filhotes eclodem, as corujas machos devem trazer presas suficientes para alimentar tanto a fêmea quanto os bebês em crescimento. (Ao contrário dos mochos-pigmeus, no caso da maioria das espécies de corujas a fêmea permanece no ninho para protegê-lo.) Os pais de corujinhas-flamejantes e mochos-duendes trazem seres invertebrados para alimentar seus filhotes, inclusive escorpiões — mas só depois de retirar os ferrões venenosos. Dave Oleyar se lembra de ter levado uma "pezada" ao manusear um mocho-duende, "o que você imaginaria que não é grande coisa, porque é uma ave de quarenta gramas", diz ele. "Mas, dez minutos depois que soltamos a ave, meu dedo inchou a ponto de... bem, ficar bem grande. E achamos que é porque provavelmente tinha algum veneno de escorpião no bico ou nas garras. Aquela ave não pareceu ter sido afetada, mas eu com certeza fui."

Holt já observou corujas-das-neves armazenando comida, trazendo dezenas dos lemingues-castanhos mais pesados que encontraram e empilhando os bichos em volta do ninho. Em um dos locais de nidificação, havia 86 desses roedores. As corujas-das-neves não precisam se preocupar com a decomposição da carne, por causa do frio, e porque os filhotes podem engolir um lemingue inteiro quando completam duas semanas de vida.

Já as corujinhas-do-leste, no Texas, trazem cobras-cegas vivas para seus filhotes, não apenas para alimentação, mas talvez também para manter os ninhos limpos e higienizados. Os filhotes acabam comendo algumas das cobras, mas a maioria dessas serpentes minúsculas (e um tanto bizarras) divide o espaço com as corujinhas nos restos do ninho e costuma comer moscas parasitas e outras larvas de insetos nas pelotas em decomposição, na matéria fecal e nas presas não devoradas. Os cientistas descobriram que os filhotes que "moram" com cobras-cegas crescem 50% mais rápido e apresentam mortalidade mais baixa do que as ninhadas sem essa companhia serpentiforme.

As fêmeas de coruja-cinzenta fazem algo ainda mais esquisito que as de coruja-do-mato, comendo as fezes e as pelotas dos filhotes e depois, algumas vezes ao dia, voando para regurgitar os restos. Isso é que são mães dedicadas.

Criar filhotes com sucesso é uma tarefa que exige tanta energia que os adultos perdem rotineiramente até um terço do peso durante a época de nidificação. Ao investirem seus recursos em seus descendentes, eles também renunciam à muda de penas — um processo que consome energia significativa. Duncan comparou as penas de um macho que criou filhotes com as de um macho cujos filhotes não eclodiram. Ele descobriu que, no outono, o macho com o ninho fracassado havia trocado quase todas as penas das asas e da cauda, de modo que parecia "novinho em folha". "Enquanto isso, o macho que recapturamos depois de criar cinco filhotes parecia um salmão esgotado, com as penas marrons e gastas", diz Duncan. Essa condição pode causar sérios danos, pois penas desgastadas e danificadas afetam as habilidades de voo de uma ave.

As corujas, especialmente as fêmeas, também gastam energia protegendo ferozmente seu ninho. Em algumas espécies, a diferença de tamanho entre machos e fêmeas — sendo as fêmeas geralmente maiores que os machos — pode estar relacionada ao papel que elas desempenham na proteção dos filhotes. Elas geralmente ficam paradas enquanto o macho caça, por isso são as responsáveis por afastar intrusos.

Muitos pesquisadores da área aprenderam sobre essa enérgica defesa do ninho da maneira mais difícil, geralmente quando estão tentando anilhar os filhotes. Há um período de cerca de uma semana em que a fêmea fica mais agressiva, depois de alguns meses nidificando, botando e incubando os ovos, alimentando e criando os filhotes. Chega uma hora em que os filhotes estão prontos para deixar o ninho — e também têm o tamanho exato para serem anilhados pelos pesquisadores. Nesse momento específico, depois de ter feito um investimento máximo em sua prole, a fêmea irá defendê-los com enorme fúria.

Se você perguntar a Jim Duncan sobre sua melhor cicatriz de coruja, ele dirá, primeiro, que a marca está escondida e, depois, que foi obra de uma coruja-cinzenta fêmea defendendo seus filhotes do trabalho de anilhamento. Em Manitoba, onde Duncan mora, as corujas-cinzentas pesam entre 1 e 1,5 quilo. "Sim, elas são superleves", diz ele, "mas às vezes te pegam. Sempre temos alguém de vigia, para poder avisar a pessoa que sobe na árvore que a coruja está vindo atacar. Então você abraça a árvore com bastante força, balança o braço no último minuto e quase sempre a coruja se afasta. O objetivo principal é ir até lá, fazer o trabalho e descer o mais rápido possível, para minimizar o incômodo para as corujas." Enquanto estudava um local de nidificação, lembra ele, "uma grande fêmea veio com tudo para cima de mim. Por alguma razão, não a detectamos até o último instante, e ela me acertou na nuca. Foi como ser atingido por um pedaço de madeira com pregos. Uma das garras se cravou bem fundo na parte de trás do meu crânio, e a ponta dela se quebrou ali. O sangue escorria

— ferimentos na cabeça sangram muito — e eu mesmo arranquei esse pedaço da garra. Uau".

A ferocidade da defesa do ninho varia de coruja para coruja, mesmo dentro de uma mesma espécie. Duncan diz que só foi atingido por corujas-cinzentas duas ou três vezes em seus trinta anos de estudo dessas aves. "O resto delas parece ameaçador quando pousa perto, mas na verdade não vem te atacar." Na Europa, as corujas-cinzentas têm fama de ser extremamente agressivas. A dramática diferença comportamental pode estar relacionada ao tempo durante o qual as aves ficaram expostas aos humanos, pondera Duncan. "Poderíamos especular que as europeias se estabeleceram em algumas dessas áreas há muito mais tempo do que na América do Norte. Então, talvez tenham se tornado mais agressivas por causa da pressão seletiva. Eu não tenho certeza. É divertido especular. As pilhas de teorias têm esta altura", diz ele, gesticulando para indicar algo como um metro. "Já as de coisas comprovadas medem isso aqui" — algo como dois centímetros.

A melhor cicatriz de coruja de Denver Holt também está escondida. É de uma coruja-das-neves fêmea, uma das aves defensoras de ninhos mais agressivas do mundo. Quando a fêmea da espécie vê o perigo se aproximando a até quatrocentos metros de distância, ela sai do ninho "e pousa no chão, fingindo que não há ninho ali", diz Holt. "Mas, se você for em direção ao ninho, ela sai voando, e tanto ela quanto o macho podem atacar." Holt foi várias vezes atingido com força na cabeça, nos ombros e no pescoço. Mas o ataque de que ele mais se lembra foi quando estava deitado de barriga para baixo, anilhando os filhotes em um ninho. A fêmea deu um rasante e o atingiu com tanta força por trás, com suas garras, que perfurou a lona dura da calça Carhartt e a roupa de baixo comprida, conta ele, "abrindo quatro buracos na minha bunda. Ela me pegou de jeito".

Talvez não surpreenda que um dos alunos de Holt tenha descoberto que os pares mais agressivos de corujas-das-neves são os mais jovens. Eles são os melhores na defesa, não apenas contra anilhadores humanos, mas também contra invasores de ninhos, como raposas, carcajus e até mesmo ursos-polares.

As corujas-dos-urais, na Finlândia, são tão enérgicas na proteção a seus ninhos que alguns anilhadores usam capacetes rígidos para se proteger. Quando o ornitólogo Pertti Saurola começou a trabalhar como chefe do laboratório de anilhamento da Finlândia, em 1974, deu instruções a todos os anilhadores para que evitassem usar capacete, a menos que fosse de couro ou coberto com uma almofada de espuma espessa ou outro material macio. Isso ocorreu em reação a pelo menos cinco casos em que as fêmeas bateram nos capacetes dos anilhadores com tanta força que morreram por causa do impacto. "Ao longo das décadas, venho usando um chapéu de pele, que impede apenas parcialmente a penetração das garras", diz Saurola. "Mas será que não é justo receber algum castigo por ser um intruso que perturba? Hoje em dia, puxo a gola da minha jaqueta de couro por cima do chapéu de pele, e isso ajuda."

Às vezes, os filhotes se defendem abrindo as asas, estalando o bico, bicando, levantando as pernas e sibilando — sendo que esta última defesa é executada de modo muitíssimo engenhoso pelos filhotes de coruja-buraqueira. Quando encurraladas em sua toca por um intruso, as corujinhas zumbem de modo exatamente igual ao do chocalho de uma cascavel. Esse "mimetismo acústico batesiano",* como é chamado — quando uma espécie inofensiva imita o som de outra perigosa —, não é único no mundo animal. Trata-se de uma espécie de "estratagema" evolutivo que protege o animal imitador de possíveis predadores. Os cientistas descobriram recentemente que morcegos-ratos-grandes imitam o zumbido de vespas perigosas para afastar suindaras e corujas-do-mato-europeias. Mas o sibilo de cascavel feito por um filhote de coruja-buraqueira, de arrepiar os cabelos, é notável sob qualquer parâmetro, e já fez com que mais de um pesquisador se afastasse da toca dos bichinhos.

Beth Mendelsohn diz que gostaria que as corujas tivessem outros recursos para defender seus ninhos, especialmente as corujas-do-nabal,

---

* O termo faz referência ao nome do naturalista inglês Henry Walter Bates (1825-1892), que formulou esse conceito, originalmente pensando no mimetismo visual, de pelos, penas, escamas etc.

que nidificam no chão. "Elas são vulneráveis demais. Chegam a dar rasantes em pequenos predadores, como jaritatacas, mas isso simplesmente não parece resolver." Durante a temporada de reprodução recente, na qual se perderam inúmeras ninhadas da espécie, é provável que os ninhos tenham sido invadidos por predadores. "Estamos instalando câmeras de funcionamento remoto para descobrir que diabos está comendo todos os ovos", conta Mendelsohn. "A predação de ninhos piorou? E se sim, por quê?" A equipe acredita que o desenvolvimento da região tem algo a ver com isso. As populações de corvos — principais predadores de ninhos — aumentaram ao longo dos anos, à medida que as pessoas se estabeleceram na área e plantaram árvores onde essas aves podem fazer ninhos. Em alguns lugares ao redor de Charlo, existem até três ninhos de corvos num raio de 1,5 quilômetro de um ninho de coruja-do-nabal.

Mendelsohn diz que muitas pessoas que assistem às câmeras de ninhos do ORI destacam o quanto as corujas são ótimos pais. "E é verdade, há muito cuidado parental intenso — a fêmea fica sentada no ninho por longos períodos de tempo, protegendo-o, alimentando os filhotes às suas próprias custas. Quando capturamos uma fêmea no final da época de nidificação, a condição corporal dela pode ser bastante precária porque tudo o que ela tem vai para os filhotes", afirma. "E isso também vale para os machos. Eles acabam emagrecendo porque alimentam os filhotes com tudo o que conseguem."

Mas, ao mesmo tempo, há casos do que parece ser abandono ou negligência parental. Uma ou duas semanas após o início de uma temporada de nidificação recente, um dos três filhotes de mocho-orelhudo caiu de um ninho em Charlo e pousou no chão, ali morrendo de fome ou por falta de abrigo. Os pais não fizeram nenhum esforço para nutrir o filhote no chão ou levá-lo de volta ao ninho. Simplesmente continuaram a alimentar os dois bebês que permaneceram em casa.

"Quando vejo coisas assim, me lembro que muito desse comportamento parental é programado", diz Mendelsohn. "Os pais veem os filhotes no ninho, reagem a eles e os alimentam, mas não vão além disso." É algo que faz sentido do ponto de vista genético, argumenta ela. "Para manter a população, uma coruja reprodutora adulta precisa produzir apenas um filhote que sobreviva até a idade adulta e procrie com sucesso. Portanto, em espécies que vivem muitos anos, como os mochos-orelhudos, provavelmente é melhor não se arriscar a tentar proteger filhotes que provavelmente não sobreviverão." Alimentar ou não um filhote "despencado" provavelmente tem a ver com a idade dele. Se esse filhote for mais velho, com mais chances de sobreviver, é mais provável que os pais continuem a cuidar dele.

Às vezes, os pais coruja ignoram aparentes atrocidades cometidas por seus próprios filhotes e não fazem nada para interferir. Em seu vídeo *Wings of Silence* [Asas do silêncio], uma exploração visual de nove espécies de corujas na Austrália, o cineasta John Young mostra uma cena arrepiante em um buraco contendo um ninho de suindara: uma corujinha matando e comendo seu irmão menor e mais fraco. É uma cena horrível, difícil de assistir (e não é incomum entre aves como falcões e garças). Uma webcam em um ninho na Califórnia pegou em flagrante outra família de suindaras. Muito popular, essa câmera-ninho atraía milhões de telespectadores, mas os apresentadores a desligaram quando duas das quatro corujinhas morreram — não está claro como —, para que as pessoas não vissem os filhotes mortos sendo devorados por seus irmãos.

Os cientistas também já testemunharam casos de canibalismo entre outras espécies de corujas. Durante tempos de escassez de alimentos, os irmãos mais velhos e mais fortes matam e comem os mais novos e fracos. Sabe-se que corujinhas-do-leste ainda no ninho lutam ferozmente entre si por comida e matam seus irmãos menores. A pesquisadora australiana Raylene Cooke encontrou restos de coruja-gavião jovem em oito das nove pelotas que ela dissecou de um ninho da espécie.

Denver Holt diz ter presenciado o fratricídio entre corujas, ou o canibalismo relatado acerca de algumas espécies. Mas certa vez viu outra cena: um filhote de coruja-das-neves, o quinto de uma ninhada de cinco, que estava doente e fraco e não queria se alimentar, foi amparado pela mãe sob as penas do peito, mas depois de um tempo caiu e morreu; ela então usou seu cadáver para alimentar os irmãos remanescentes.

Os filhotes certamente competem por comida, às vezes acumulando-a. Jim Duncan tem imagens mostrando um filhote de coruja-de-

-orelha recebendo um rato-veadeiro e instantaneamente escondendo-o dos irmãos, "e depois tentou devorá-lo o mais rápido possível".

Mas nem tudo tem esse ar de *Senhor das moscas*. Algumas corujinhas parecem exibir uma forma notável de altruísmo. Não muito tempo atrás, Pauline Ducouret e seus colegas da Universidade de Lausanne descobriram que as corujas-das-torres mais velhas podem ser impressionantemente generosas com seus irmãos menores, doando-lhes porções de comida em média duas vezes por noite — uma demonstração de altruísmo considerada rara entre animais não humanos. "Como era de esperar, essas doações são feitas pelos filhotes mais velhos e em boas condições físicas, principalmente quando a comida no ninho é abundante", afirma Ducouret. "O membro mais velho da progênie costuma ser o mais altruísta se os pais o favorecerem, fornecendo-lhe a maior parte das presas." Em alguns casos, o filhote "altruísta" entrega a presa ao irmão que estiver implorando com mais intensidade. Ao alimentar um parente particularmente faminto, diz a teoria, o irmão mais velho lhe dá uma maior chance de sobreviver e se reproduzir, promovendo assim a transmissão dos genes que ambos compartilham. Em outros casos, o filhote doador oferece a presa ao irmão mais novo que mais o ajudou a arrumar as penas. Nesse caso, o que ocorre é mais como uma troca de serviços, do tipo "uma mão lava a outra". De qualquer forma, a prática pode ser vantajosa para todos, pois passar aos filhotes mais velhos a responsabilidade pela distribuição dos alimentos dá aos adultos mais tempo para caçar.

É bem possível que o estágio mais arriscado na criação de uma corujinha ocorra quando os filhotes estão prontos para deixar o ninho: o chamado "engalhamento". Assim que os filhotes conseguem regular sua própria temperatura, mas antes que sejam capazes de voar, eles podem se aventurar pelos galhos, saindo do ninho e vagando por um ramo, ou até mesmo pulando nos galhos das árvores vizinhas.

"Achamos que o engalhamento se desenvolveu para que, mesmo antes de os filhotes emplumarem, eles possam se espalhar um pouco, saindo do ninho", diz Mendelsohn. "As coisas provavelmente já estão um pouco apertadas, e ali eles são extremamente vulneráveis a predadores. Se estiverem todos enfiados no ninho e um predador vier, provavelmente serão todos comidos." E podem se esconder melhor nas árvores.

A estratégia funciona. Quando a equipe do ORI tenta anilhar os filhotes, é uma façanha encontrá-los. "Às vezes a gente sabe que há cinco filhotes no total, e quatro de nós vamos vasculhar o ninho e encontramos menos", diz Mendelsohn. "Eles sobem o mais alto que conseguem e ficam bem imóveis. Quando você finalmente enxerga um deles, geralmente o bicho está olhando diretamente para você, com os olhos arregalados, congelado em seu poleiro. Assim que o filhote percebe que você é uma ameaça, ele começa a fazer todos os tipos de exibições defensivas, abrindo as asas, batendo o bico e sibilando."

Existem perigos nesse processo de engalhamento. Às vezes, as corujinhas acabam penduradas em um ramo e, agarradas a ele por uma pata só, usando as garras, depois conseguem se erguer ou então caem no chão. Para subir novamente na árvore, elas usam um "chicote" inclinado — uma daquelas árvores caídas apoiadas na do ninho — ou sobem direto em um tronco se houver galhos suficientes, rastejando para cima com seus pés fortes, enganchando o bico como um papagaio, bicando a casca para se agarrar e batendo as asas com força. As asas de algumas corujas ainda possuem vestígios de garras, as quais podem ajudar na escalada.

Logo após o engalhamento, as corujinhas começam a fazer voos curtos de uma árvore para outra. "É meio cômico, divertido de assistir", diz Mendelsohn, "parecido com ver uma criança aprendendo a andar. Elas vão voando, não conseguem parar e simplesmente batem em alguma coisa ou caem, ou então erram completamente a direção para onde estavam indo." Chloe Hernandez certa vez observou uma família de mochos-orelhudos com filhotes prestes a sair do ninho perto da estação de campo do ORI. "Eles faziam uns voos sofridos ao redor da estação de campo", conta ela. "Depois, do anoitecer ao amanhecer, imploravam incansavelmente por comida aos pais." Estes, observou Hernandez, traziam lautas refeições para os filhotes — galeirões-americanos, faisões-de-coleira, patos-reais.

Filhotes de coruja-barrada dominando a arte de andar nos galhos

Essa é outra motivação para se aprimorar no engalhamento: as corujinhas saltam do ninho para o chão para serem as primeiras a se alimentar. David Johnson topou certa vez com quatro filhotes de coruja-cinzenta andando no solo, com distâncias de sessenta metros entre si, para ir encontrar o pai, que estava trazendo comida. Os filhotes maiores sabem que precisam ficar perto do local de nidificação para se alimentar regularmente e às vezes assediam os pais quando clamam por comida. Jovens corujas-gavião famintas, por exemplo, podem agir de forma beligerante com os adultos. Pesquisadores australianos já viram filhotes fêmeas grandes perseguindo machos adultos menores, "agarrando agressivamente a comida e cobrindo-a [defendendo-a com as asas esticadas], enquanto os machos adultos se esquivavam ou 'chiavam' em aparente angústia". Não é nenhuma surpresa que, no final do período pós-emplumagem dessas corujas, os adultos muitas vezes se empoleirem longe de seus filhotes.

Nesse estágio, os pais coruja, às vezes, alimentam as corujinhas até que fiquem meio grogues, de tão saciadas, e depois elas podem cair num sono profundo, às vezes deitadas de bruços transversalmente sobre um galho, feito um bicho-preguiça. Tal como os bebês humanos, os bebês coruja dormem muito e passam mais tempo do que os

Filhote de mocho-orelhudo testando as asas

adultos no sono de movimento rápido dos olhos (REM), que está associado a sonhos vívidos. Em 2022, cientistas descobriram que o sono REM em camundongos envolve um tipo de processamento cognitivo que pode ajudar a moldar o comportamento quando os roedores estão acordados, incluindo a capacidade de evitar corujas e outras aves de rapina. Sua presença em filhotes de coruja também pode ter a ver com pensamentos que ocorrem durante os sonhos — ensaio ou reforço de habilidades. As aves do Centro Internacional das Corujas vocalizam durante o sono, diz Karla Bloem, tanto filhotes quanto adultos. "É muito hilário ver quando elas acordam a si mesmas com o barulho."

Aos poucos, os filhotes começam a se virar sozinhos. No início, eles são ineptos e desajeitados e não reagem de maneira adequada a predadores ou presas. As corujas-gaviões novatas "são incrivelmente curiosas, mas não sabem nada sobre o mundo", me contou Beth Mott. "Quando você tenta ser um bom biólogo e mantém distância, elas vão te seguir pela floresta. E agem como se quisessem dizer: 'O que é você?', inclinando a cabeça bem para baixo e batendo as asas." Elas também carregam coisas de um lado para o outro. "O pessoal chama esse comportamento de 'transporte de galho', e é uma forma de praticar como segurar e manipular a presa", diz ela. Aves jovens que vivem em ambientes urbanos e suburbanos carregam coisas estranhas, como plástico, panos de prato e shorts. "Elas praticam habilidades de caça e a tarefa de desmembrar a presa roubando roupas de varal e rasgando-as em pedaços. Suponho que enxergam algo balançando ao vento em um varal à noite, voam até lá e agarram o negócio. Leva um tempo para deixarem de ser tão bobonas."

Mendelsohn já viu jovens corujas praticando dar o bote. "Às vezes nem tem nada ali", conta. "Talvez houvesse um inseto que eu não vi? Mas os filhotes vão fingir que estão matando o bicho imaginário. Estão praticando os movimentos certos."

Em dado momento, as corujinhas aprendem a caçar com eficiência e evitar predadores. A duração do processo depende da espécie. Os filhotes de mocho-orelhudo passam seis meses com os pais e, se forem afastados deles, morrem de fome. Corujas-barradas ficam em "casa" apenas seis semanas e depois vão embora por conta própria.

De ovo a coruja independente em meras semanas. É assombroso.

Ficar ou partir?: construção de ninhos e migração

Imagine que você é uma corujinha. Talvez tenha passado seis meses com seus pais desde que nasceu, talvez apenas seis semanas. Mal sabe a diferença entre amigo e inimigo, predador e presa. Agora está sozinha e enfrenta escolhas que determinarão sua sobrevivência. A principal delas é entre ficar onde nasceu, o único lugar que você conhece, e empoleirar-se lá, talvez durante um inverno que trará neve, frio e escassez de presas, ou se mudar para um novo local, que pode ser mais quente e ter presas mais abundantes, mas que é totalmente desconhecido e talvez você só alcance depois de uma jornada longa e angustiante.

O que as decisões de ficar ou partir implicam para esses animais? Três espécies — a coruja-de-orelha, a coruja-serra-afiada e a coruja-das-neves — estão nos mostrando como esse cálculo pode ser complexo e quão incomuns são as rotas que algumas delas escolhem. As três aves saem do padrão corujesco de maneira espetacular, revelando as complexidades das "decisões" que essas aves tomam e questionando o que imaginávamos saber sobre elas.

FICAR...

Nos arredores de Missoula, Montana, Chloe Hernandez e eu estamos caminhando por uma ravina repleta de trepadeiras e árvores nativas raquíticas em busca de uma coruja-de-orelha, enquanto Denver Holt fica de olho na ave nas margens do rio. É um trabalho árduo e complicado, e Hernandez me avisa para passar longe da bardana, cujos grandes carrapichos redondos grudam no cabelo, prendendo-se nele teimosamente. No chão, encontramos fezes frescas e, nas proximidades, restos de um tusa* recém-consumido, junto com três ou quatro pelotas cheias de crânios de arganazes. Uma coruja claramente andou se empoleirando ali faz pouco tempo, mas agora desapareceu.

O fundo de barranco, desgrenhado e salpicado de arvorezinhas, parece um habitat não muito hospitaleiro, mas a coruja-de-orelha aprecia justamente esse tipo de ravina, forrada com aglomerados de espinheiro, cerejeira-da-virgínia e oliveira-russa — locais inóspitos para o ser humano e para a maioria dos predadores. E a questão é exatamente esta: a coruja sabe que se trata de um local excepcionalmente bom e seguro para se empoleirar durante o inverno, e faz isso de uma forma muito incomum.

Holt estuda essas corujas e seus poleiros há 35 anos. Ele encontrou poleiros nos cinco principais valezinhos da região e anilhou cerca de 2 mil corujas-de-orelha. O fundo de barranco em que estamos é especial. Para começo de conversa, é cercado de um bom habitat para corujas. No caminho até lá, passamos por campinas ricas em roedores, com campânulas, mostarda-dos-campos, braquipódio, raiz-amarga e avencão-da-pradaria. Cotovias cantam nos postes da cerca. Acima de nós, uma águia-real voa alto e ouvimos os chamados de alarme dos esquilos-terrícolas. No inverno, essa trilha é conhecida entre a equipe de Holt como "a Grande Caminhada", porque é muito difícil enfrentá-la na neve. Mas a jornada vale a pena. "Ninguém dá muita importância a este habitat", diz Holt, "mas é aqui que tudo se esconde." Ele aponta para um aglomerado baixo de galhos sob um guarda-chuva de denso matagal de espinheiro. A casca da árvore está lisa e desgastada pelas garras de uma infinidade de corujas que escolheram este lugar para resistir aos longos invernos de Montana.

---

* Roedor de hábitos subterrâneos, também conhecido como *gopher*, em inglês, vagamente parecido com os tuco-tucos sul-americanos.

✳

Durante o dia, a maioria das corujas se esconde em poleiros para descansar em segurança após a longa caça noturna. As corujas-do-mato rastejam pelas cavidades escuras das árvores. Os mochos-orelhudos procuram poleiros no alto de coníferas de folhagem densa. Algumas espécies, como as suindaras, os mochos-galegos e as corujas-mascaradas, se abrigam em cavernas. O murucututu repousa nas copas das florestas tropicais e matas de galeria, onde os predadores são poucos. As corujas-gaviões machos empoleiram-se em árvores altas, às vezes em cima de suas presas mortas. Corujas-serra-afiada aninham-se em quase qualquer tipo de refúgio, desde que ofereça proteção impenetrável — emaranhados de madressilva e densos bosques de rododendros ou pinheiros-cerrados.

Nesses lugares, protegidas de predadores e de pequenas aves que tentam afugentá-las, as corujas vão dormir, se conseguirem — às vezes com um dos olhos aberto, diz Niels Rattenborg, neurocientista do Instituto Max Planck de Ornitologia, da Alemanha, que estuda como as aves dormem. As corujas podem estar no topo da cadeia alimentar, mas também têm coisas com que se preocupar. Certa vez, Rattenborg observou um bufo-real dormindo, por meio de uma webcam. "Apesar de ser a maior coruja da Europa, ela dormia com um olho aberto e o usava para observar o outro lado da parede da falésia, como se estivesse atenta a ameaças", afirma ele. Não está claro se as corujas que dormem com os olhos abertos adormecem apenas metade do cérebro, como acontece com algumas aves. Durante o chamado sono uni-hemisférico, um hemisfério cerebral está acordado enquanto o outro dorme, e o olho conectado com o hemisfério acordado permanece aberto para monitorar o mundo, permitindo que a ave continue alerta ao perigo e se ajuste às mudanças nas condições ambientais. Algumas aves, como a fragata-grande, chegam a cochilar dessa forma unilateral enquanto voam.

Rattenborg diz que o sono uni-hemisférico nunca foi observado em corujas, o que pode ter algo a ver com a forma como os olhos frontais delas estão ligados ao cérebro. Em outras aves, cada metade do cérebro

Coruja-serra-afiada dormindo

recebe informações do olho do lado oposto. Em corujas, as informações visuais para cada hemisfério vêm de ambos os olhos. "Assim, quando as corujas dormem com um olho aberto, tanto o lado esquerdo quanto o direito do cérebro recebem quantidades semelhantes de informações visuais", diz ele. "Em teoria, isso pode fazer com que ambos os hemisférios durmam menos profundamente do que quando ambos os olhos estão fechados", mas é algo que nunca foi demonstrado.

Holt diz que suas observações de corujas selvagens em câmeras ao vivo o fazem se perguntar se elas dormem muito. "As fêmeas parecem acordar com qualquer barulho e com muita frequência." Mas as corujas precisam dormir, talvez tanto quanto nós, e dormem por longos períodos quando conseguem. Assim como nós, se forem privadas de sono, elas experimentam lapsos de atenção e acuidade cognitiva e sofrem efeitos fisiológicos negativos no sistema imunológico, no metabolismo e na regulação hormonal.

A maioria das corujas se empoleira sozinha ou em pares. Mas, durante o outono e o inverno, as corujas-de-orelha subvertem essa tradição. Na verdade, ficam amontoadas. Naquele local protegido favorito de que Holt falou, oito, nove ou até dez corujas-de-orelha podem se aconchegar uma ao lado da outra. Penso nas corujas como criaturas solitárias, ciosas de seu território, escondendo-se sozinhas durante o dia e caçando sozinhas à noite. Mas aqui temos uma espécie que pode ser decididamente gregária.

Não muito tempo atrás, Holt e sua equipe instalaram uma câmera abastecida por energia solar, apontada para esse popular local de poleiro, para obter uma visão da vida secreta dessas corujas que se empoleiram em grupo. Foi algo inédito, que está abrindo uma nova janela sobre o comportamento das corujas nesses locais de descanso. Como elas se posicionam? Existem preferências individuais para pontos de repouso? Há uma hierarquia, com as aves dominantes obtendo os melhores e mais protegidos poleiros? A câmera dá à equipe a oportunidade de ver a postura relaxada das corujas empoleiradas e como seu comportamento muda quando há uma ameaça.

Imagens recentes captaram até treze aves nesse poleiro. Por que as corujas escolheriam se empoleirar juntas em locais tão apertados?

Por um lado, há a questão do frio intenso, diz Holt. "Corujas-de-orelha se aglomeram ou se empoleiram próximas umas das outras por razões térmicas." Em geral, as corujas grandes são mais resistentes ao frio do que as menores. Mochos-orelhudos e corujas-cinzentas são grandes e bem protegidos, com penas fofas. As corujas-das-neves, de grande porte, estão especialmente bem adaptadas às temperaturas geladas, com pés emplumados e uma densa e eficaz camada de penas isolantes que, em termos de retenção de calor corporal, perde apenas para a dos pinguins-de-adélia, da Antártida, permitindo que suportem temperaturas de até -40ºC. Essas penas isolantes fazem da coruja-das-neves a espécie mais pesada do grupo na América do Norte, com quase dois quilos, o dobro do peso de uma coruja-cinzenta. Mas as aves menores, como as corujas-de-orelha, não foram feitas para suportar o frio intenso. Por isso, quando optam por permanecer num habitat durante o inverno, faz sentido que se amontoem.

Também pode ser mais seguro ficar em bando. Essa é a teoria da "vigilância" ou dos "muitos olhos". Quanto mais olhos estiverem atentos aos predadores, melhor.

E há uma terceira razão, talvez mais intrigante. Poleiros compartilhados podem facilitar a busca por parceiros na época do acasalamento. Quando Holt iniciou esse estudo, os cientistas pensavam que os poleiros comunitários eram compostos por grupos familiares. "Mas esse não é o caso", diz ele. "As aves não têm nenhuma relação de parentesco entre si." Os poleiros de inverno podem ser um local para que encontrem parceiros e ali fiquem, a fim de procriar localmente durante a estação reprodutiva seguinte.

Ano após ano, as corujas usam exatamente o mesmo local e até os mesmos galhos. Parece razoável supor que as mesmas aves voltam a usar os mesmos poleiros. Mas, quando Holt e sua equipe anilharam as corujas, descobriram que quase nunca eram as mesmas corujas que se empoleiravam no local de um ano para o outro. "Os poleiros de inverno no mesmo lugar eram usados por corujas completamente diferentes", conta ele. "Esses são simplesmente os melhores poleiros para dormir, o melhor habitat com as melhores estruturas, e as corujas sabem disso."

Basta olhar para alguns dos atuais pontos de repouso das corujas-sombrias nas saliências rochosas e beiradas de penhascos de East Gippsland, na Austrália, para ver como as corujas podem ser fiéis a um bom poleiro, geração após geração. Grandes depósitos de ossos fossilizados de pequenos mamíferos foram encontrados nesses locais; as presas permaneceram lá por centenas ou até milhares de anos.

O número de corujas-de-orelha empoleiradas juntas em Montana chega a cerca de vinte. Do outro lado do mundo existe um lugar onde essas corujas se reúnem em números impressionantes.

Se você quiser ver um espetáculo de corujas-de-orelha encarapitadas — um verdadeiro parlamento corujesco —, o melhor lugar do mundo é a praça central de Kikinda, uma pequena cidade no norte da Sérvia, perto da fronteira com a Romênia. Parece um local improvável para a maior reunião entre todas as espécies de coruja do planeta. Mas, de novembro a março, centenas de corujas-de-orelha empoleiram-se todos os dias nas árvores do centro da cidade. Se você

Corujas-de-orelha empoleiradas juntas na Sérvia

passear pela praça, com seus edifícios austro-húngaros pintados de salmão e amarelo, e der uma olhada nos pinheiros, zimbros, abetos, tílias, bétulas e choupos que a revestem ao lado da igreja ortodoxa, verá centenas de pares de lindos olhos pretos e alaranjados olhando para você, diz Milan Ružić. Se observar uma única árvore, provavelmente contará mais de vinte ou trinta corujas.

O ornitólogo sérvio estuda essas aves e seus enormes poleiros desde 2006. Naquele ano, Ružić e um pequeno grupo de voluntários iniciaram uma campanha para pesquisar mais de quatrocentas aldeias e cidades do norte da Sérvia no inverno e ficaram surpresos ao encontrar um grande número de corujas-de-orelha empoleiradas em áreas urbanas, desde Belgrado até a fronteira romena. Mapearam tantos poleiros quantos puderam encontrar e contaram as aves individualmente. "Em sessenta dias de trabalho de campo, contamos 24 mil corujas-de-orelha em centenas de poleiros diferentes", diz Ružić. Nos anos seguintes, esse número aumentou e, por fim, ele e sua equipe estimaram que perto de 30 mil aves estavam encarapitadas nas aldeias e cidades da região. O recorde de Ružić para o maior número de corujas-de-orelha empoleiradas em uma única árvore durante esse trabalho de campo: 145. E num só local, num único dia: 743. "Naquela época, foi um recorde mundial", conta ele. "Ainda é."

O naturalista urbano David Lindo liderou dezenas de passeios de observação de aves em Kikinda. "Agora sou considerado um 'filho de Kikinda' e conhecido como David Lindovich", diz ele com um sorriso. "Mas eu me lembro de ter ido para lá pela primeira vez e de ter ficado de queixo caído. Olhar para aquela praça e ver tantas corujas — foi como entrar num set de Harry Potter. Em quatro dias, creio que vimos mais de quinhentos bichos. Ver todas aquelas corujas em massa, daquele jeito, foi uma surpresa e tanto."

"Não importa qual é sua experiência com a natureza e as aves", diz Ružić, "o primeiro contato com um grande grupo de corujas num poleiro é de tirar o fôlego. Você pensa que tem alguma coisa errada. É como um tigre andando no meio da estrada: 'Todas essas corujas não estão no lugar certo; deveriam estar na floresta'. Desde muito jovens, aprendemos que as corujas estão 'muito longe'. Você pode até conseguir ouvi-las, mas não vê-las. E então você encontra um poleiro urbano como este e percebe que todas as histórias, todas as coisas que lhe contaram, estão erradas. E aí fica superanimado. Para os seres humanos, é como uma droga natural das boas — deixa a gente chapado de verdade."

As corujas-de-orelha se empoleiram comunitariamente em outros países europeus, mas não na mesma quantidade que na Sérvia. Na Alemanha e nos Países Baixos, os poleiros abrigam cerca de 25 aves, enquanto na Hungria e na Romênia são até duzentas. Costumava haver grandes concentrações na Eslováquia e em outros lugares, mas com a entrada de dinheiro para o desenvolvimento da agricultura nessas regiões, o número de corujas caiu. Também havia poleiros consideráveis no Reino Unido. Em certo inverno, David Lindo viu uma reunião de dezessete aves no oeste de Londres, "mas isso foi há mais de trinta anos", explica ele. "Raramente avistamos mais de quatro corujas juntas hoje em dia."

A razão pela qual as aves aparecem em tão grande número na Sérvia tem a ver com a agricultura, especificamente com o suprimento de alimentos para as corujas e os métodos agrícolas que o sustentam.

Toda a região norte do país é rural, e ali os agricultores evitam o uso de rodenticidas e empregam métodos de colheita mais antiquados, que largam muitos grãos no solo. Em um campo normal de alfafa, é possível encontrar milhões de roedores, o que torna a área um excelente local de caça para as corujas, segundo Ružić. Ele calculou que as corujas-de-orelha da região comem cerca de 30 milhões de roedores em poucos meses. Isso é bom para os agricultores, diz ele. Mas, durante muito tempo, eles não viram as coisas dessa forma.

Quando David Lindo observou pela primeira vez as corujas de Kikinda, perguntou a Ružić por que mais pessoas não sabem sobre elas. Ružić respondeu que ele e sua equipe têm empregado o tempo pesquisando as corujas, seus requisitos de habitat, seus alimentos — "e também convencendo as pessoas que vivem lá a não matá-las".

Em 2007, lembra Ružić, "muitos sérvios acreditavam em coisas supersticiosas sobre as corujas. 'Se aparecer um mocho-galego em cima de uma casa chamando, alguém da casa vai morrer', esse tipo de coisa". Ele identificou casos de pessoas hostilizando as corujas, derrubando árvores para tentar se livrar delas e até atirando nos bichos. Então iniciou uma campanha intensa para educar as pessoas por meio de conversas e da mídia, com fatos e números. Procurou diretamente o pessoal dos vilarejos:

"O.k., então essas corujas estão piando durante a época de reprodução por dois meses e meio na sua aldeia. Quantas pessoas morreram durante esse período?"

"Bom, ninguém."

"Tudo bem. E há quanto tempo vocês acham que as corujas estão por aí?"

"Bem, há pelo menos vinte anos."

"Então, como é que alguém ainda está vivo? Devíamos estar todos mortos."

Depois de dois ou três anos, Ružić já conseguia ver mudanças positivas nas comunidades da região. "Hoje, se você sair pra andar em Kikinda, será parado por dezenas de pessoas que querem lhe mostrar a melhor árvore da cidade, com o maior número de corujas", diz ele. "A comunidade local ficou muito orgulhosa do que eles têm."

A praça principal de Kikinda foi declarada reserva natural para proteger o habitat das corujas, tornando-se a primeira área urbana protegida na Sérvia. No Natal e no Ano-Novo não são permitidas decorações nas árvores ao redor da praça — o que mostra como a coisa é séria, diz Ružić, porque esses são os melhores lugares para exibir os enfeites. Quem for pego perturbando as corujas durante as festividades de Natal pode ser multado em até 10 mil euros. E o mês de novembro é dedicado às corujas. O mês ganhou o apelido de "Sovember", mistura de *sova*, a palavra sérvia que designa as corujas, e *November*. Estudantes entre os seis e os dezenove anos participam escrevendo poemas, produzindo obras de arte e fazendo biscoitos. Alunos da pré--escola vêm de vilarejos em volta da cidade para ver as corujas e participar de programas educacionais dissecando pelotas.

"Ver tal mudança de atitude ao longo dos últimos dez anos é uma das coisas que levarei comigo quando deixar este planeta", resume David Lindo.

Ružić continua trabalhando para educar as pessoas e torná-las mais conscientes sobre as corujas. Ainda existem aldeias na região onde as pessoas andam por baixo das aves e nunca olham para cima, diz ele. Não muito tempo atrás, ele levou um grupo de crianças de um jardim de infância para contar corujas em uma delas. "Uma senhora veio perguntar o que estávamos fazendo. 'Estamos contando corujas', expliquei. Ela comentou: 'Nunca vi uma coruja viva'. E eu respondi: 'O.k., neste exato momento há 325 corujas em volta da sua cabeça'."

Corujas empoleiradas em tal número e tão próximas dos seres humanos oferecem algumas oportunidades extraordinárias de observação. "Não há lugar melhor no mundo para ver uma coruja de perto do que aqui na Sérvia", afirma Ružić. "Às vezes, você vê uma delas sentada numa árvore, quase ao alcance do seu braço. Elas estão completamente acostumadas com as pessoas. E, se você ficar por aqui tempo suficiente durante o dia, pode até notar quando mudam de expressão facial."

Em suas palestras, Ružić mostra um painel com doze fotografias de cabeças e faces de corujas-de-orelha de Kikinda. Elas têm aparência tão diferente que o público pergunta se são de espécies distintas, ou pelo menos de subespécies. Ružić responde que não — são apenas

Aglomerado de corujas-de-orelha na Sérvia

dois ou três indivíduos da mesma espécie, na mesma árvore da praça. O que aconteceu foi que, ao apontar sua câmera para cima, o fotógrafo acabou por flagrá-los em diferentes "humores" corujescos.

"Quando uma coruja-de-orelha está relaxada, a face dela fica arredondada, os olhos fechados e os tufos caídos", diz. "Isso significa: 'Estou com um pouco de sono, estou descansando'. Se elas ouvem um som ou algo assim, a face se levanta um pouco mais e elas erguem um pouco os tufos das orelhas. Mas se ficarem realmente alertas, parece que emagrecem de repente e ficam duas vezes mais altas que o normal."

"Essa é a grande vantagem desse poleiro", diz Lindo. "São todas da mesma espécie, mas há muitas aparências diferentes. Algumas dessas corujas estão com as penas eriçadas. Outras parecem magras e muito alertas, com as orelhas eretas. Uma ou duas se parecem com David Bowie, com um olho amarelado e o outro laranja. Todas elas têm personalidade própria, e não me canso de vê-las nunca."

Também é possível testemunhar alguns comportamentos fascinantes. Se um gato passar por perto ou um ser humano fizer algo que perturbe algumas das corujas, elas param de tagarelar normalmente umas com as outras, diz Ružić, e emitem um chamado de alarme muito engraçado. "Então todas as corujas começam a emitir o mesmo chamado. É tipo: 'O que está acontecendo aqui? Qual é o problema? De onde veio esse barulho?'."

Os indivíduos ficam sentados na mesma árvore, no mesmo galho, no mesmo pedacinho de galho, por mais de noventa dias. "Elas têm o seu lugarzinho preferido, que é minúsculo", explica o pesquisador sérvio. Mas ele acrescenta que não se sabe se na temporada seguinte elas voltam todas para o mesmo lugar. E há uma hierarquia dos melhores assentos? Ele suspeita que sim. As corujas trocam de lugar nos poleiros quando as árvores decíduas perdem as folhas. Cerca de 90% das corujas se empoleiram em bétulas, diz ele. Mas, à medida que o outono avança e as folhas caem, elas se mudam lentamente para coníferas, e Ružić acha que são as mais experientes que fazem isso primeiro e conseguem ficar com os melhores pontos. Entre as gralhas-calvas da Europa, que nidificam e se empoleiram em colônias, as aves mais velhas e experientes vão para o topo da árvore, diz ele, "e fazem cocô nas outras aves abaixo para lhes mostrar que 'este é o meu lugar'. Então pode ser que seja esse o caso entre as corujas também, mas não sabemos".

Também não se sabe por que a coruja-de-orelha é a única espécie a se empoleirar em tais multidões. A maioria das corujas não tolera a proximidade com membros da espécie que não sejam da família. Denver Holt diz que as corujas-do-nabal às vezes se empoleiram em comunidade, mas os indivíduos geralmente ficam mais espaçados. O mesmo se aplica às corujas-das-neves, especialmente entre os jovens depois de emplumados, embora, novamente, eles não se empoleirem com muita proximidade.

De vez em quando, outra espécie se aninha com as corujas-de-orelha. Ružić viu corujas-do-nabal entre elas e, em três ocasiões distintas, uma suindara. "As corujas-do-nabal têm parentesco próximo com as corujas-de-orelha, então talvez não seja algo surpreendente", afirma. "Mas suindaras? Uau!"

Por que essas corujas estão se empoleirando em bandos tão grandes nas aldeias e cidades? Por que não escolhem áreas naturais? Por um lado, como qualquer bom local para dormir, as aldeias oferecem abrigo contra as intempéries e os predadores. Os invernos são frios, e os ventos, fortes. A região é totalmente plana, e há poucas árvores, poucos poleiros na floresta, principalmente depois que as árvores decíduas perdem as folhas, então faltam locais para esconderijo ou abrigo. Felizmente, as aldeias e cidades plantaram coníferas como abetos, pinheiros-negros, pinheiros-silvestres, zimbros e cedros para decoração em suas ruas e praças. Após o banquete das corujas nos campos agrícolas, elas procuram guarida nas praças e parques arborizados. Em Kikinda, por exemplo, "as corujas são tão espertas que se posicionam nas árvores coladas à escola primária local", diz Ružić, o que as mantém aquecidas e ajuda a economizar energia. Além disso, os açores-nortenhos e os bufos-reais que as caçam em outros ambientes não costumam entrar nas cidades e vilas.

Como sugeriram Denver Holt e outros, os grandes poleiros podem ser um lugar para encontrar parceiros. "É claramente uma festa das corujas, onde elas passam a conhecer muitos outros indivíduos", diz Ružić. "Especialmente se você é um jovem ou jovem adulto, é muito mais fácil encontrar um companheiro." Os poleiros também podem ser centros de compartilhamento de informações, onde os animais distribuem ou coletam informações sobre fontes de alimento. A teoria de que as aves em poleiros ou colônias podem obter pistas sobre onde se alimentar é conhecida como "hipótese do centro de informações". Os cientistas documentaram isso em apenas algumas espécies, incluindo corvos-comuns, papa-formigas-ocelados e andorinhas-de-dorso-acanelado. Mas tanto Holt quanto Ružić acham que pode haver algo semelhante acontecendo com as corujas-de-orelha empoleiradas em comunidades. "Elas podem estar transmitindo informação sobre bons locais para caça", diz Holt, "seja compartilhando-a, seja roubando-a."

Ružić observou corujas nos poleiros saindo para caçar, e acredita que a abordagem delas é altamente direcionada. "À noite, elas voam do poleiro para a copa de uma árvore próxima, e é como se estivessem pensando: 'O.k., vamos dar uma olhada e pensar onde eu comi aquele rato bem gostoso e suculento na noite passada. Há comida por todo lado, mas preciso ser rápida. Preciso ser eficiente. Acho melhor eu ir para o leste'. Às vezes acho que elas têm um mapa mental da região com bons locais para caçar", afirma ele. "Aí você vê uma coruja saindo naquela direção, depois outra a segue, depois mais cinco decolam, indo na mesma direção." Para ele, isso parece um compartilhamento de informações.

Ružić também suspeita que os próprios poleiros possam estar sinalizando às corujas migratórias que passam por aqui que este é um bom ponto de partida, um trampolim nas rotas do sudeste da Europa. "Imagine que você é uma jovem coruja-de-orelha. Foi empurrada pelos ventos frios da Sibéria ou do norte da Europa. Está vindo para o sul durante a noite e está em uma área completamente desconhecida. Não sabe nada sobre o habitat. Não sabe nada sobre fontes de alimento. E de repente você vê um monte de outras corujas-de-orelha empoleiradas, esvoaçando, forrageando, e você diz: 'O.k., deve haver comida e segurança aqui'. Então você se junta a elas por um ou dois meses. Isso pode explicar por que o número de corujas aqui é tão alto", argumenta ele. "A grande atividade em torno dos poleiros está atraindo corujas-de-orelha de toda a Europa."

Ružić também vê os poleiros como centros de aprendizagem sob outra perspectiva. Para se empoleirar em um ambiente urbano, uma jovem coruja deve aprender a superar seu medo natural dos humanos. Ela aparece no meio da cidade com o céu iluminado por luzes artificiais, diz Ružić, e há barulho, trânsito e agitação de pessoas andando por todo lado. "Visite um poleiro em outubro ou novembro e você poderá facilmente dizer quais aves são mais velhas e experientes, porque quase não prestam atenção nos humanos", diz ele. As recém-chegadas, por outro lado, "ficam muito nervosas nos primeiros dias, tentando perceber se algum som ou qualquer movimento é uma ameaça. 'Devo sair ou não?' Então elas aprendem com as corujas que estão ao redor: 'Sim, é apenas um cara andando lá embaixo ou andando de bicicleta. É só um cachorro latindo. Não preciso sair voando — é seguro aqui'. É assim que aprendem umas com as outras o que é perigoso e o que não é", afirma ele. "É sempre uma questão de aprendizagem."

OU PARTIR...

Quando se trata de corujas, provavelmente não existe nada mais surpreendente do que ver centenas delas empoleiradas coletivamente em um único lugar. Mas, se existe algo ainda mais espantoso, é a ideia de multidões de corujas voando silenciosamente acima de nossas cabeças no céu noturno.

Antigamente, acreditava-se que as corujas eram, em sua maioria, sedentárias, permanecendo mais ou menos no mesmo lugar durante a vida toda. Isso vale para algumas espécies: o mocho-galego, a coruja-barrada e a coruja-pintada-do-norte. Mas há as que migram, deslocando-se pelas mesmas razões que outras aves migratórias — para encontrar alimentos. Quando se trata de detalhes, porém, as corujas são difíceis de classificar. Elas parecem desafiar categorias bem organizadas: essa espécie é migrante, essa outra é nômade, aquela é "irruptiva" (uma ave que migra de seus locais de reprodução de modo periódico em populações extraordinariamente grandes, às vezes — mas nem sempre — devido à escassez de presas). Com corujas, acontece algo mais sutil e cheio de nuances.

"Essas aves existem há milhões de anos", diz David Johnson, "então é razoável pensar que tenham evoluído de muitas maneiras para lidar com as limitações alimentares." Suas estratégias variam enormemente entre os sexos, entre os grupos etários e sob as diferentes condições ambientais. O que se aplica a uma espécie não necessariamente funciona com outra. Algumas espécies, como a coruja-de-orelha, a coruja-do-nabal e a coruja-buraqueira, são migratórias sazonalmente. O mesmo acontece com o mocho-d'orelhas, que faz longas viagens da Europa para áreas de invernada ao sul do Saara. Mesmo dentro de uma única espécie pode haver uma variação tremenda. As corujas-das-neves, por exemplo, utilizam todas as estratégias migratórias possíveis.

"Ainda estamos engatinhando na compreensão dos padrões migratórios das corujas em comparação com os de outras aves", diz Scott Weidensaul, especialista em migração de aves. Em parte, acrescenta ele, porque se trata de animais noturnos e muito mais difíceis de estudar.

Graças aos esforços de uma revoada de pesquisadores muito dedicados, duas espécies — uma pequena e esquiva, outra enorme e exibida — estão começando a revelar alguns dos segredos de suas viagens furtivas e, no processo, ajudando a esclarecer como as corujas viajam e por quê.

✳

Halloween. É uma noite fresca de outono com céu limpo e ventos suaves de norte-noroeste. Não há lua visível. Boas condições para um surto migratório de corujas-serra-afiada. Estou indo para uma estação de anilhamento em Powhatan, na Virgínia, a fim de testemunhar a captura e o anilhamento dessas simpáticas avezinhas.

Algumas pessoas ficaram conhecendo a coruja-serra-afiada em 2020, quando ela se tornou o centro das atenções no espruce-da-noruega de 22 metros de altura, oriundo do interior do estado de Nova York, que serviria como árvore de Natal no Rockefeller Plaza. Foi durante a pandemia, e a ave se converteu em um símbolo de resiliência, roubando o coração dos nova-iorquinos e de toda a nação. "Rocky" foi encontrada toda encolhida na base do espruce, onde quase certamente ficara presa quando a árvore foi ensacada antes de ser cortada e transportada para Manhattan. A coruja recebeu cuidados de um centro de vida selvagem antes de ser devolvida à natureza. Como ela conseguiu sobreviver à viagem de Oneonta até Nova York naquela árvore cortada ainda é um mistério — como tantas outras coisas sobre essa espécie.

A coruja-serra-afiada, altamente noturna e reservada, ocorre nas florestas da América do Norte. Pequena como um tordo, com rosto em formato de coração, cabeça enorme em um corpo atarracado e olhar brilhante e intenso, é sem dúvida a coruja mais adorável do mundo, transbordante de marra. Ela se parece mais com o que a gente acha que um filhote de coruja deveria ser do que a maioria dos filhotes reais. Mas não se deixe enganar pelo tamanho minúsculo e pela cara de bebê. Aquele biquinho e aquelas garras em forma de agulha podem facilmente arrancar a cabeça de um rato-veadeiro ou de um arganaz.

Jim Duncan conta uma história que revela a natureza dessa avezinha. Durante uma primavera, ele e sua esposa, Patsy, procuravam corujas no sudeste de Manitoba. De repente, ouviram um assobio da espécie, "um macho cantando feito doido", diz Duncan. "E eu disse para a Patsy: 'Caramba, aí eu te pergunto… se a gente imitar um chamado de mocho-orelhudo, a coruja-serra-afiada vai se intimidar e parar de chamar?'." Ele piou imitando a espécie maior, e a coruja-serra-afiada

Coruja-serra-afiada em seu poleiro

imediatamente ficou quieta. "Eu me virei para Patsy e disse: 'Uau, acho que estavam certas aquelas recomendações do levantamento, sobre não fazer chamados de corujas grandes primeiro'. Dois segundos depois, a serra-afiada bateu na minha cabeça e tirou meu gorro de lã. É uma coruja pequena com uma marra das grandes."

Devido à sua natureza noturna e reclusa, as corujas-serra-afiada já foram consideradas extremamente raras. Onde quer que residissem, pensava-se que permaneceriam sempre ali. Durante séculos, a abundância dos indivíduos que migravam no outono simplesmente passou despercebida. Mas, no início do século 20, observadores perspicazes no lago Huron e no lago Erie mudaram esse entendimento. Em outubro de 1903, um pescador em um barco a vapor cruzando o Huron relatou ter visto uma grande migração de pequenas corujas que se enquadravam na descrição da coruja-serra-afiada, muitas das quais pousaram na embarcação. Alguns anos depois, uma nota no jornal ornitológico *The Auk* descreveu um desastre natural nas margens do lago, quando grandes bandos de aves migratórias que cruzavam o corpo d'água foram afetados pela neve e pelo frio, caíram na água e se afogaram. Cerca de 2 mil aves mortas foram parar em um trecho de três quilômetros de costa — juncos-de-olhos-escuros, pardais-americanos, tordos, abadejos, carriças e 24 corujas-serra-afiada. "As corujas foram uma surpresa", escreveu o autor. "Elas são raras no oeste de Ontário e só são vistas em intervalos de muitos anos. Evidentemente, migram em números consideráveis."

O assunto ficou mais claro no outono de 1910, quando o ornitólogo canadense Percy Taverner e um observador de pássaros encontraram algumas corujas-serra-afiada mortas em Point Pelee, uma longa península de pântanos e florestas que desce até o lago Erie. Eles decidiram procurar aves vivas em um capoeirão de cedros vermelhos. Avistaram uma coruja e depois outra com um camundongo no bico, a qual "ficou de pé, bem ereta, inclinou-se para a frente e olhou para o intruso, ainda segurando o corpo do camundongo no bico, sem demonstrar medo e... acompanhando cada movimento com seus olhos dourados". Embora as corujas-serra-afiada fossem difíceis de detectar, "todas quietas e tão próximas da cor e do contorno de outras formas naturais que chegavam a ser imperceptíveis", a dupla descobriu uma dúzia das corujinhas. Se um pequeno matagal rendeu tantas representantes da espécie em apenas duas horas, o número total devia ter sido muito grande, escreveram. Então veio a observação decisiva. No dia seguinte, não conseguiram encontrar uma única coruja. "Vasculhamos toda a extremidade do Point com muito cuidado, mas, com exceção dos restos mortais espalhados de outra presa desafortunada, não vimos nem sinal delas. Evidentemente haviam partido durante a noite."

Hoje sabemos que as corujas-serra-afiada viajam. Pelo menos algumas delas. Pelo menos em alguns anos, algumas delas migram. E, a cada quatro anos ou mais, muitas delas o fazem. Mas não sempre. É um enigma complexo o que determina seus padrões irregulares de movimento, para onde vão, quando e por quê.

Elucidar tudo isso é trabalho do Projeto Owlnet, um programa de pesquisa colaborativa idealizado por David Brinker, ornitólogo do Departamento de Recursos Naturais de Maryland. O projeto começou na década de 1990 para coordenar um pequeno grupo de estações de anilhamento no leste da América do Norte. O plano era atrair o maior número possível de corujas do céu noturno e colocar em cada uma delas um número de identificação exclusivo para que, se fosse recapturada, os pesquisadores pudessem rastrear e registrar seu trânsito, com o objetivo final de compreender a sincronização e o ritmo do movimento das corujas e identificar habitats e rotas importantes.

Agora, o Projeto Owlnet é uma rede de mais de 125 estações de anilhamento nos Estados Unidos e no Canadá, administrada por equipes fixas, com centenas de voluntários. Todo outono eles armam redes de neblina e anilham milhares de corujas-serra-afiada durante a noite inteira para tentar elucidar alguns dos muitos mistérios da espécie. (Na mesma noite em que eu estava anilhando, em Powhatan, uma equipe de voluntários do Instituto de Pesquisas sobre Corujas — alguns deles em trajes macabros — estava comemorando seu décimo ano de anilhamento de corujas-serra-afiada para o projeto.)

A abordagem adotada por esses anilhadores e outros em todo o país minimiza o impacto sobre as aves. "Embora o anilhamento de qualquer coruja seja uma perturbação na sua noite", diz Dave Oleyar, que tem experiência de longa data com o procedimento, "é algo que gera pouco ou nenhum impacto a longo prazo, e uma ferramenta importante para ajudar a acompanhar a movimentação e também as taxas de sobrevivência — a grande caixa-preta nos estudos da vida selvagem. Muitas das aves que soltamos após o anilhamento ficam na nossa mão por um ou dois minutos para se orientar, voam até uma árvore próxima para dar uma olhada nas novas pulseiras e depois voltam a cuidar da vida."

A estação de anilhamento de Powhatan é gerenciada por Julie Kacmarcik e Kim Cook. Naquela noite de Halloween, Cook e outra voluntária, Diane Girgente, comandam o show, nós três usando máscaras por causa da covid-19. A estação, um pequeno edifício de blocos de concreto na floresta, é equipada com ferramentas para medir e pesar as corujas e abundante decoração corujesca, cortesia de Kacmarcik, incluindo uma placa com o aviso CUIDADO COM ATAQUE DE CORUJA, que fica debaixo do relógio.

Por volta das oito e meia, estamos na nossa primeira passada da noite para verificar as redes de neblina a pouco mais de dois quilômetros estrada acima. Há olhos brilhantes no caminho à frente, um gambá atravessando. Os anilhadores realizam verificações de hora

Coruja-buraqueira com viúva-negra no bico. Essas aves comem de tudo, de insetos a gambás, coelhos e filhotes de veado; algumas espécies toleram até presas peçonhentas.

Corujas-da-neve trazendo lemingues para alimentar a prole. Quando o filhote da espécie chega a duas semanas de vida, consegue engolir o roedor inteiro.

Coruja-cinzenta fêmea alimentando o filhote com pedaços de arganaz ou de algum outro roedor pequeno

Filhote de coruja-cinzenta escalando uma árvore. Uma corujinha nessa fase da vida às vezes cai no solo e depois sobe a árvore usando suas fortes patas.

Filhotes de mocho-funéreo com plumagem completa. Os juvenis da espécie deixam o ninho cerca de um mês depois de nascer.

Filhote de coruja-gavião com plumagem completa. Ele pode ficar com os pais durante muitos meses, ainda recebendo comida.

Filhote de coruja-de-orelha se defendendo por meio da abertura das asas, numa exibição de ameaça

Coruja-dos-urais fêmea mergulhando no ar para defender o ninho em seu habitat nas florestas norueguesas

Filhotes de mocho-orelhudo protegidos na reentrância de uma árvore

Corujinhas-do-mato (com plumagens cinza e avermelhada) encarapitadas numa árvore do campus da Universidade de São Paulo

Família de coruja-do-nabal em seu habitat de campina

Coruja-de-orelha empoleirada, protegida por um junípero

Coruja-do-mato-europeia pousando em ninho de árvore morta na Noruega

IMAGENS DE CORUJAS SÃO COMUNS NA ARTE DO MUNDO INTEIRO E DE TODAS AS ÉPOCAS

Broche feito com ouro e ágata na Itália, por volta de 1860

Placa egípcia em alto-relevo com o hieróglifo do rosto de coruja, entre 400 e 30 a.C.

Bordado em seda do século 19 feito por artista chinês desconhecido

Um *skyphos*, taça de terracota grega, com pintura de coruja, século 5 a.C.

Ponta de ouro em formato de coruja para o "cetro" de um nobre da cultura pré-colombiana Zenú, entre os anos 1 e 1000 d.C.

Dependência e ascensão: coruja e lemingue, escultura feita em bronze pela artista Terresa White. A obra fica no centro da cidade de Lake Oswego, no estado norte-americano do Oregon, e, segundo White, "celebra a compreensão do povo Yup'ik sobre a inter-relação e a natureza espiritual de todos os seres".

Murucututu

Corujinha-flamejante

Coruja-pintada-mexicana

Bufo-real

em hora na rede a fim de garantir que, se uma coruja for capturada, ela seja extraída dali imediatamente, para que predadores como gambás, guaxinins, raposas ou corujas grandes não a alcancem primeiro. Essa rotina de vaivém se repete a noite toda.

À medida que andamos no escuro por um caminho acidentado, através de uma floresta mista de madeira de lei, nossos faróis captam pequenas luzes verdes piscantes no chão, milhares delas — os olhos de aranhas-lobo. Elas me fazem lembrar, junto com aquele gambá, que este mundo noturno é o mundo *deles*, o reino dos insetos, das aranhas, dos pequenos mamíferos e das aves que realizam seus feitos no escuro.

Ao chegarmos perto das redes, ouvimos o Foxpro emitindo o *tuut*, *tuut* estridente e repetitivo do chamado de uma coruja-serra-afiada macho. Não é o tipo de som sobre o qual você pensa: "Ah, então *isso* é uma coruja". Parece mais o sinal sonoro de um caminhão dando ré, só que mais rápido. Na década de 1980, as estações de anilhamento de corujas não usavam iscas de áudio. Em vez disso, colocavam redes de neblina à noite e, com esse método passivo, esperavam capturar as corujas voando naquela rota. Mas, em 1986, um ornitólogo mais criativo de Wisconsin começou a usar uma gravação do chamado de exibição da coruja-serra-afiada macho e conseguiu capturar dez vezes mais aves do que com o método de rede passiva. Claramente, o chamado estava atraindo corujas de distâncias consideráveis. Atualmente, usar a isca de áudio é uma prática comum, e hoje mais corujas-serra-afiada são anilhadas na América do Norte do que qualquer outra espécie do grupo.

No entanto, a gente não teve sorte dessa vez. As redes de neblina, cruzadas em forma de X no denso sub-bosque, estão vazias. É assim que acontece com as corujas-serra-afiada. Boas tentativas e tentativas decepcionantes, anos em que as corujas quase não aparecem e anos em que elas literalmente inundam as redes e é quase impossível acompanhar o fluxo constante de aves.

Julie Kacmarcik dirige a estação desde 2006. Naquele primeiro ano, ela passou uma temporada inteira indo e voltando entre as redes e a estação a cada hora, noite após noite, de novembro a março, sem uma só coruja que desse as caras. Entre as passadas pela rede, ficava tricotando uma echarpe que não terminava nunca. Durante o dia, trabalhava como coordenadora clínica no pronto-socorro de um grande hospital universitário. No PS, seus dias eram cheios de traumas e doenças. As corujas, pensou, seriam um alívio.

"Naquele primeiro ano, pegamos um total de zero corujas, e me lembro de nosso mestre-anilhador, Bob Reilly, dizendo: 'Bem, Julie, dado nenhum ainda é um dado'. E eu pensei, 'Bem, Bob, esses não são os dados que eu quero'."

No ano seguinte, Kim Cook se tornou a parceira número um de Julie e, logo na primeira passada pela rede da primeira noite, elas pegaram duas corujas. "Aquilo é que foi uma dancinha da vitória. Ficamos em êxtase", lembra Kacmarcik. Ela estava fisgada — e descobriu que as corujas significavam de fato um respiro para seu trabalho oficial. No pronto-socorro, Julie e sua equipe davam tudo de si para tentar reanimar um paciente — e muitas vezes falhavam. "Muitas vezes, aquela pessoa — um irmão, uma mãe, um amigo — não planejava ir para o hospital naquele dia", diz ela, "não esperava que a sua vida fosse acabar." Era de cortar o coração. Para o bem de sua equipe, ela trouxe o conceito de fazer "A Pausa" para o caos controlado do PS, um momento de silêncio após a morte de um paciente, um intervalo para que todos os envolvidos pudessem ficar quietos e refletissem, processando tudo aquilo.

"Eu claramente tenho fadiga de compaixão", diz ela. "É difícil não levar os problemas para casa com você. Trabalhar com corujas é um processo de restauração, que não interrompe a vida, exatamente o oposto do meu emprego", explica. "Nada como uma noitada com as corujas-serra-afiada para apagar um dia horrível na sala de emergência. Não quero dizer que isso resolve tudo. Mas às vezes eu digo para a Kim, com quem faço anilhamentos há muito tempo: 'Sabe, eu realmente preciso de uma coruja agora'. E ela entende."

Em uma noite de outono normal, Kacmarcik vai verificar as redes uma vez por hora. Em um ano bom, ela diz que costuma ver o sol nascer várias vezes. O ano de 2012, por exemplo, foi muito bom. Kacmarcik e sua equipe capturaram 169 corujas, "o que, para algumas estações, como Ontário e o norte da Nova Inglaterra, não é nada", diz ela. "Mas para nós foi incrível. Em uma única ida à rede, havia nove corujas. Eu estava tirando uma coruja e outra passou na frente da minha cara e bateu na rede, o que foi uma loucura." Houve períodos naquele ano em que Cook e Kacmarcik ficaram acordadas três ou quatro noites seguidas. "Jogávamos uma cama desmontável no chão e tirávamos minissonecas. Quando a noite é realmente boa, você simplesmente não quer parar. Muitas vezes, saíamos do posto de campo, íamos para casa tomar banho e, depois, direto para o trabalho."

Por volta das nove e meia da noite, na nossa segunda passagem pela rede, a sorte está conosco e vemos ao longe um pequeno corpo castanho de cabeça para baixo, balançando na rede. Girgente desliga o Foxpro e a noite fica silenciosa. Cook enfia a mão na rede e agarra as patas pequenas e emplumadas da coruja para que suas garras afiadas não lhe perfurem os dedos, depois encontra a barriga, desembaraça-a e a solta da malha. É uma fêmea. Podemos ver imediatamente que a pupila do olho direito é disforme, grande e mais oval do que redonda, possivelmente um defeito de nascença ou resultado de uma lesão. Mas, a julgar pela coloração das penas, segundo Cook, ela é uma ave mais velha e tem se saído bem. Cook a coloca em uma pequena bolsa de musselina e eu a carrego pelo estranho campo estrelado com olhos de aranha.

Na estação de campo, tiramos o bicho da bolsa. As penas são aveludadas e macias, os olhos, de um amarelo brilhante e ardente. Ela está estranhamente calma. As corujas-serra-afiada costumam ser muito dóceis, conta Cook. "Elas parecem quase hipnotizadas na nossa mão — pelo menos as fêmeas. Corujas-do-mato são mais agressivas e usam as fezes como defesa. O cheiro é tão forte que você não consegue tirá-lo das mãos. Já as corujas-serra-afiada são limpas, educadas, boas de manusear."

Os anilhadores não usam luvas. Se o fizessem, correriam o risco de ferir a ave. "Com luvas, você simplesmente não sente quanta pressão está exercendo, não tem a sensação da força de sua pegada", Kacmarcik me diz. "O importante é saber onde estão essas pernas e garras. Você pode ser arranhado e bicado, mas a parte que vai te pegar de verdade, se você não segurar corretamente, são aquelas garras parecidas com agulhas."

Cook coloca uma pequena argola de metal com um número de identificação na perna da ave e a aperta, certificando-se de que não fique muito justa ou presa em alguma pena. Ela e Girgente esticam uma asa para me mostrar a ponta irregular das penas que ajudam a deixar mais silencioso o voo da avezinha. Medem a cauda e a envergadura da asa — seu comprimento —, o que ajuda a determinar o sexo. As aves são sexadas com base em uma combinação de envergadura de asa e massa. As fêmeas são substancialmente maiores que os machos, pesando em média cem gramas (quase o mesmo que um bagel — sem o *cream cheese*, brinca Kacmarcik), enquanto a média masculina é de 75 gramas. Mas a verdade é que quase não há dúvidas de que essa ave seja uma fêmea.

Um dos aspectos reveladores dos dados obtidos pelo Projeto Owlnet é a dramática super-representação de fêmeas capturadas em estações de anilhamento em todo o país. Elas superam os machos numa proporção de quatro para um. Em um estudo sobre as mais de 40 mil corujas-serra-afiada capturadas em 252 estações de anilhamento durante um período de oito anos, 86% delas eram fêmeas e apenas 14% eram machos. Por quê? Certamente o chamado de cortejo do macho usado na isca de áudio é mais atraente para as fêmeas do que para os machos (mesmo na época em que não ocorre acasalamento). Esse piado de "exibição" sugere às fêmeas que um macho prestativo pode oferecer a elas um camundongo. E sugere aos machos que o território já está ocupado, afastando-os. Mas há mais detalhes nessa história.

Há uma fêmea completamente imóvel nas minhas mãos, quase inerte e apertando os olhos. Quando abre bem os olhos de novo, comparamos a cor deles com uma tabelinha de pintura Benjamin Moore, a escala oficial de faixas para a cor dos olhos: Oxford Gold, Bold Yellow, Golden Orchards — esta última é a cor dela. Medimos seu bico e verificamos, em torno de sua quilha, ou esterno, a presença de massa muscular, bem como as reservas de gordura sob as asas. Às vezes o pessoal acaba pegando um bolo fofo, diz Kacmarcik. "Nossa ave mais pesada foi uma que capturamos em março, então ela estava voltando para seu local de reprodução. Tinha enormes reservas de gordura e pesava 122,6 gramas — um negócio fora de esquadro. E eu lembro que ela parecia super-rechonchuda, como se não tivesse pescoço."

Mas existe alguma coruja que pareça ter pescoço?

"Essa era *redonda* de verdade", diz Kacmarcik. "Era uma bola mesmo. E foi legal olhar nas axilas e na cavidade furcular e ver uma protuberância de gordura amarela. Pensei: 'É, isso é bom. Você está pronta para ir para o norte e procriar'."

Nossa ave tem apenas fiapos de gordura na asa, o que seria de esperar durante a migração no outono, quando ela está queimando o que resta após a estação reprodutiva. Para estimar a idade dela, Cook e Girgente olham as asas sob uma luz negra. A plumagem das asas das corujas contém depósitos de pigmentos sensíveis aos raios ultravioleta chamados "porfirinas", que apresentam fluorescência rosa-brilhante quando expostos à luz negra. As porfirinas se degradam com o tempo, especialmente com a exposição à luz ultravioleta; portanto, quanto mais velha a pena, menos brilhante é sua fluorescência. Para a maioria das corujas, iluminar a parte inferior das asas com uma luz ultravioleta negra é uma maneira simples e eficaz de atribuir idade nos primeiros anos de vida. (Mas não no caso das corujas-buraqueiras; elas passam muito tempo sob o sol forte, então suas porfirinas desaparecem rapidamente.)

"As penas de uma ave jovem têm um tom uniformemente rosa", explica Cook, "enquanto as de uma ave mais velha costumam ter alguma combinação de rosa-pálido, branco e uma cor creme desbotada, representando duas, três ou mais gerações de penas." Nossa ave é uma mistura complexa das três cores, por isso é classificada como um animal MDA, ou seja, com mais de dois anos.

Essas medições meticulosas e o número da anilha da ave são submetidos ao Laboratório de Anilhamento de Aves, que mantém um banco de dados de todos os animais assim marcados nos Estados Unidos. Quando uma ave anilhada é recapturada por outro anilhador, o laboratório envia os detalhes da recaptura ao anilhador original. Os registros são então utilizados pelo Projeto Owlnet no seu esforço para monitorar os movimentos das corujas em escala continental.

Coruja-serra-afiada em pleno voo

"A parte mais emocionante do anilhamento da coruja-serra-afiada é quando você captura uma que já tem a marcação", diz Kacmarcik. "Nossa recaptura de maior distância era de Manitoba, o que quase me fez cair da cadeira: de Manitoba até Powhatan dá uma distância incrível, cerca de 2,3 mil quilômetros."

É por causa de Cook e Kacmarcik e da revoada de anilhadores espalhados pelo país que compreendemos algo não só sobre as rotas migratórias e a quilometragem dessas aves, mas também sobre o seu número. Sabemos que a cada quatro anos tende a ocorrer um grande aumento na população. O boom populacional está ligado à abundância de pequenos mamíferos, especialmente arganazes-de-dorso-vermelho, nas florestas boreais do Canadá, nos estados do norte dos Estados Unidos (Wisconsin, Minnesota, Michigan) e na Nova Inglaterra, que são os criadouros das corujas-serra-afiada que migram pela Costa Leste. Por sua vez, isso depende da safra de pinhas produzidas pelas coníferas nessas regiões. Uma safra recorde se traduz em um ano excepcional para os arganazes, o que resulta em um boom de filhotes de corujas, e as aves jovens viajam para o sul.

Os anos de fartura das corujas-serra-afiada nos deixam estupefatos e enchem as redes. Em 2012, uma equipe do Projeto Owlnet gerenciada por Scott Weidensaul administrava seis estações experimentais na Pensilvânia, além das habituais três estações de anilhamento, para tentar descobrir se as corujas viajavam numa frente ampla através da paisagem, como faz a maioria dos migrantes noturnos, ou se seguiam corredores florestais ao longo dos topos de serras, como fazem as aves de rapina diurnas. (O que acontece é que elas usam ambas as estratégias, dependendo das condições do tempo.) Essas seis estações adicionais funcionaram a noite toda, todas as noites, com a ajuda de uma dúzia de jovens técnicos de pesquisa. "E pegamos umas 4 mil corujas-serra-afiada naquele outono", diz Weidensaul. "Foi uma loucura. Numa verificação de rede numa estação, havia 27 corujas, 27 saquinhos pendurados no varal."

As corujas nessas redes eram, em sua maioria, fêmeas, e os machos, em sua maioria, aves nascidas naquele ano. "Nesses anos de fartura, há uma grande quantidade de jovens machos chegando", diz Weidensaul. "Nos últimos 26 anos, anilhamos mais de 12 mil corujas-serra-afiada na Pensilvânia e capturamos exatamente uma dúzia de machos adultos — literalmente um em mil."

Cook enfia nossa coruja fêmea de volta no saco de musselina e a coloca na balança; depois, enquanto ela ainda está no saco, leva-a para o quarto escuro dos fundos por cerca de meia hora para que se aclimate ao escuro. Finalmente, é hora de sua "liberação suave". Cook coloca o saquinho em cima de um mourão de cerca com a coruja em pé dentro e retira o saco com cuidado. A ave olha em volta, voa para pousar em um cedro por alguns momentos e depois sai para a escuridão, para continuar sua jornada.

Naquela noite, sonho que estou soltando uma coruja-serra-afiada em plena luz do dia, em um grande parque. As corujas voam de árvore em árvore, contornando o parque, mas ela está sempre lá, sempre visível.

A parte do "sempre lá" poderia ser considerada correta. A do "sempre visível" é indiscutivelmente só um sonho.

"A coisa mais importante que aprendemos com o Projeto Owlnet é a onipresença absoluta e completa das corujas-serra-afiada", resume

Weidensaul. "Eu diria que essas corujas são as aves de rapina florestais de pequeno porte mais comuns da América do Norte. Quando comecei a trabalhar com a espécie, em meados da década de 1990, elas eram o símbolo do programa de conservação de recursos silvestres do estado e candidatas à lista estadual de espécies ameaçadas, porque todos pensavam que eram muito, muito raras. E o que acontece é que elas são muito, muito *raramente vistas* porque são altamente reservadas e noturnas."

Um detalhe que ilustra isso: por anos, Weidensaul e sua equipe usaram radiotelemetria para tentar saber mais sobre onde as corujas-serra-afiada ficam durante o dia quando estão migrando. Tiveram pouco sucesso. "Estávamos interessados na ecologia das paradas delas, em que tipo de árvores estavam empoleiradas etc., então capturamos os bichos, colocando neles pequenos transmissores de rádio e depois rastreando as aves durante o dia para ver onde estavam empoleiradas. Era fácil achar a árvore onde a coruja-serra-afiada estava empoleirada", diz ele, "mas era difícil achar a coruja na árvore. Não dá nem pra contar as vezes em que eu ficava dando voltas e mais voltas num matagal de onde vinha o sinal do transmissor. E eu sabia que havia uma coruja-serra-afiada ali em algum lugar, ficava espiando e, finalmente, pensava: 'O.k., ela obviamente derrubou o transmissor, ou algo a matou e tirou o negócio dela'. Aí eu chegava mais perto e acabava espantando a coruja, porque ela tinha ficado sentada ali o tempo todo. Simplesmente não se mexia."

Além disso, diz Weidensaul, as aves tendem a se empoleirar em árvores de madeira de lei classificadas como parte do "superdossel", nos galhos mais externos, com a cabeça enfiada num monte de folhas. Depois que essas árvores perdem as folhas, as corujas procuram uma cobertura mais perene, como coníferas, madressilvas ou rododendros, ou então grandes troncos derrubados pelo vento. "De qualquer jeito, é muito fácil deixá-las passar sem notá-las."

Mas a questão, diz ele, é que em praticamente qualquer lugar da América do Norte ao sul da linha das árvores subárticas, se você montar uma isca de áudio e uma rede de neblina e tiver um pouco de paciência, vai pegar corujas da espécie.

Dada sua onipresença, ainda não sabemos muito sobre essas pequenas corujas. Coisas simples, como a altura em que uma coluna delas voa quando migram. Weidensaul é frequentemente questionado por desenvolvedores de energia eólica sobre a altitude em que as aves estão migrando, porque eles estão preocupados com a mortalidade de corujas em locais com turbinas eólicas no topo das serras. "E a verdade é que não sei dizer", admite. Transmissores com capacidade de medir altitude são pesados demais para corujas pequenas, então atualmente não há como saber a que altura elas voam.

Os pesquisadores ainda estão tentando entender alguns dos outros aspectos básicos da vida da espécie, como onde as aves se empoleiram quando estão viajando e onde se alimentam, e também a questão mais complexa de todas: para onde vão os machos adultos no inverno, e por que as irrupções dessas corujinhas se tornaram mais imprevisíveis ultimamente.

"Você pode se enganar achando que sabe mais do que realmente sabe", diz Weidensaul. Quando ele e sua equipe estavam usando radiotelemetria para estudar onde essas aves se empoleiravam, descobriram que muitas estavam descansando perto de locais com água, especialmente água corrente, e muitas vezes em lugares com sub-bosque denso. "Então pensei: 'Ah, elas obviamente estão escolhendo poleiros onde haverá uma abundância de roedores, porque todo aquele sub-bosque denso provavelmente abriga muitos pequenos mamíferos'. Mas, quando começamos a rastrear essas aves à noite, pudemos ver as corujas se movimentando pela paisagem. E acontece que elas nunca caçaram perto de seu poleiro. Sempre voavam longas distâncias para procurar presas. Tínhamos uma coruja que pousava no topo de uma montanha e voava cinco quilômetros vale abaixo para caçar nas margens de uma fazenda leiteira nessa depressão arborizada, e depois voava de volta ao topo da montanha e se empoleirava à noite. Até começarmos a rastrear os bichos, não tínhamos ideia de que as aves estavam fazendo isso."

Também na categoria de "pensar que você sabe mais do que sabe" está o padrão de anos com grandes revoadas, ou irrupções. No passado, Weidensaul conseguiu prever quantas corujas-serra-afiada se deslocariam na Costa Leste num determinado outono com base na safra de pinhas de abeto-balsâmico no sudeste do Canadá e na Nova Inglaterra, que fornecem alimento para camundongos e arganazes. Ele costumava fazer uma estimativa bastante boa: "A quantidade de pinhas neste outono geralmente me diz como será a revoada no outono seguinte", explica. Mas ultimamente isso mudou. Desde 2012, os anos de expansão previstos não se concretizaram. Ele acha que isso tem acontecido porque as mudanças climáticas dos últimos quinze ou vinte anos alteraram os ciclos da produção de pinhas, os quais afetam o número de corujas-serra-afiada migratórias. "David Brinker, que trabalha com anilhamento há mais tempo que eu, tem um jeito poético de explicar isso", diz ele. "Em cada uma dessas grandes revoadas, parece que a maré não sobe tão longe na praia quanto na anterior. Então, as coisas já não são do jeito que foram."

Uma coisa que de fato sabemos, graças ao esforço dos anilhadores: a velocidade com que algumas corujas-serra-afiada fazem suas viagens. Não é muito rápida, diz Weidensaul. "No que diz respeito ao seu ritmo migratório, elas são bem irregulares. Existem espécies como as corujinhas-flamejantes, que são migrantes de alta intensidade e de longa distância. Elas saem das Montanhas Rochosas do norte, voando cerca de 290 quilômetros por dia, e em muito pouco tempo migram para as montanhas do sul e do centro do México." Por que um ritmo tão acelerado? "Porque são insetívoras. Se demorarem muito, os insetos morrem, elas ficam sem comida e também morrem", diz. "Então você olha para as corujas-serra-afiada, cuja migração sai da mesma área, e elas adotam esse tipo de abordagem indiferente, 'Oh, só vou dar uma olhada aqui', em relação à migração. Parecem melaço escorrendo devagar para o sul. Quando um colega fez uma análise dos registros de anilhamento da espécie há alguns anos, a distância média diária percorrida na migração era de 24 quilômetros."

O ritmo lento pode refletir uma diferença na natureza do movimento das aves. Embora muitas corujas-serra-afiada sejam fiéis às suas rotas, elas não parecem ser migratórias no sentido convencional, deslocando-se todos os anos entre os mesmos locais de invernada e de reprodução. São mais nômades, pelo menos em algumas partes de sua área de distribuição, movendo-se de um lugar para outro em busca de um bom suprimento de arganazes para sobreviver durante o inverno. Uma equipe de pesquisadores canadenses que estudou a abundância de corujas-serra-afiada ao longo do tempo mostrou que, ao se movimentar dessa maneira e avaliar a oferta de arganazes à medida que avançam, as corujas evitaram anos de falha reprodutiva generalizada. Enquanto se movem na época de não reprodução, parecem estar comparando a abundância relativa de arganazes entre vários locais, procurando locais ricos nessa presa para onde retornar, ou onde permanecer, na época reprodutiva.

A razão pela qual os anilhadores pegam tantas corujas-serra-afiada fêmeas e tão poucos machos durante seus movimentos já foi um mistério. Mas as pistas vindas dos dados de anilhamento estão resolvendo o quebra-cabeças e lançando luz sobre um fenômeno mais geral na migração das corujas.

Quando os biólogos Sean Beckett e Glenn Proudfoot estudaram as proporções sexuais das corujas-serra-afiada, encontraram um padrão revelador: machos adultos foram capturados em maior proporção em latitudes mais ao norte. Isso sugere que os machos "podem ser menos migratórios e permanecer mais ao norte do que as fêmeas", escreveram os cientistas, o que explicaria por que as estações de anilhamento capturariam principalmente fêmeas, e por que, ao longo do último quarto de século, Weidensaul e sua equipe na Pensilvânia apanharam tão poucos machos adultos.

Este tipo de "estratégia de migração sexo-específica" também é típica de outras espécies de corujas — incluindo aquele parente próximo da coruja-serra-afiada, o mocho-funéreo — e pode ter a ver com diferentes necessidades alimentares de machos e fêmeas. Na Escandinávia, o pesquisador Erkki Korpimäki descobriu que as fêmeas de mocho-funéreo (que são o sexo maior) migram para o sul, das regiões mais frias para áreas com alimentos mais abundantes, e os machos adultos permanecem no norte, mais perto dos territórios de reprodução na primavera. As fêmeas não podem correr o risco de diminuir a ingestão de alimentos no inverno, por isso procuram um local quente e seguro para se abastecer antes de procriar novamente. Os machos querem ficar onde têm acesso mais rápido aos melhores territórios na primavera. Portanto, eles se movimentam no inverno, mas o fazem lateralmente, em busca de locais com grande população de roedores. As corujas-serra-afiada machos podem estar fazendo algo semelhante. Eles estão arriscando ficar em um ambiente frio, diz Weidensaul. "Se tiverem um inverno muito rigoroso e não encontrarem um lugar onde haja boa quantidade de camundongos, vão acabar morrendo. Mas, se sobreviverem, já escolhem um território e ficam lá esperando quando as fêmeas voltam em fevereiro, março, abril, quando podem começar a emitir chamados e encontrar uma companheira imediatamente." É a mesma estratégia usada pelas corujas-buraqueiras do Oregon. Na verdade, isso está sendo constatado em muitas espécies de corujas, informa David Johnson — as fêmeas se movimentam mais para o sul e os machos ficam no norte, mais perto dos locais de reprodução. "É um risco que os machos correm para aproveitar os benefícios."

Ninguém documentou nada disso ainda nas corujas-serra-afiada, mas Weidensaul está entusiasmado com um novo programa para implantar centenas de nanoetiquetas com números de identificação nas corujinhas, minúsculos transmissores de rádio temporários que serão usados para rastrear as aves com o sistema de rastreamento de vida selvagem Motus. A cada dois a treze segundos, os transmissores enviam sinais que são captados pelas torres de recepção Motus instaladas ao longo das rotas de migração. As torres são conectadas à internet e baixam as informações das nanoetiquetas em tempo real para rastrear como cada ave migra. "Vamos marcar casais adultos reprodutores de corujas-serra-afiada, juvenis nos criadouros e adultos e juvenis em migração", diz ele, "para que possamos finalmente descobrir para onde essas aves estão indo — especialmente os machos adultos desaparecidos."

Apesar de todos os esforços para compreender as corujas-serra-afiada, a espécie ainda confunde a ciência em questões fundamentais, "questões que não podemos responder porque as corujas são muito pequenas para transportar transmissores de satélite", diz Weidensaul. "Não dá para colocar um transmissor de 45 gramas carregando um altímetro e capaz de se comunicar com satélites numa coruja de oitenta gramas."

Mas *dá* para colocar aparelhos assim em uma coruja-das-neves grande e robusta, que pesa em média cerca de dois quilos. Denver

Holt foi o primeiro a fazer isso com a espécie, equipando seis aves em Utqiaġvik, no Alasca (localidade então conhecida como Barrow), em 1999. Duas das aves voaram pelo mar de Chukchi até a Rússia, passaram o verão ao longo da costa norte da Sibéria e depois retornaram à ilha Victoria, no Canadá. Outros pesquisadores seguiram seu exemplo, incluindo membros do Grupo de Trabalho Internacional sobre Corujas-das-neves e do Projeto SNOWstorm, equipes de pesquisadores colaborativos que buscam compreender as corujas-das-neves usando ciência inovadora.

O que os cientistas aprenderam ao rastrear as corujas confirmou observações anteriores e gerou novos dados. Se as corujas-serra-afiada parecem imprevisíveis nos seus padrões migratórios, as corujas-das-neves são talvez as mais estranhas de todas.

Não há como confundir essa majestosa coruja branca com outra espécie: maior que um mocho-orelhudo, muito mais pesada que uma coruja-cinzenta e — os machos, pelo menos — de um branco puro e brilhante, com olhos amarelos de tigre, de bordas pretas. As fêmeas são maiores, mais pesadas e, como sabemos, têm marcas mais densas. Esses animais se reproduzem na tundra aberta ártica na Rússia, na Escandinávia, no Canadá e em um pequeno pedaço do Alasca. São conhecidas por suas proezas de caça, defesa de ninhos e voo poderoso. E também pelo consumo impressionante de lemingues, cerca de 1,6 mil roedores devorados por um único indivíduo em apenas um ano.

Durante décadas, os observadores notaram como a ave depende dos lemingues para se reproduzir. A pesquisadora russa Irina Menyushina estudou as corujas-das-neves da ilha Wrangel durante 27 anos. Na década de 1990, observou que o sucesso reprodutivo do animal dependia do número de lemingues presentes e só alcançava seu potencial máximo durante os anos de pico dessas presas. Mas só recentemente os cientistas começaram a compreender a natureza sutil da relação entre aves e roedores, e como isso afeta os movimentos das corujas.

Nos últimos trinta anos, Denver Holt estudou corujas-das-neves em uma área de 160 quilômetros quadrados em torno de Utqiaġvik, mais de 480 quilômetros acima do Círculo Polar Ártico. É a única re-

Fêmea de coruja-das-neves com transmissor por satélite

gião dos Estados Unidos onde as corujas-das-neves se reproduzem e criam filhotes, e o lar do povo Iñupiat, que vive lado a lado com as corujas há mais de 4 mil anos. Ao longo de seu estudo, Holt analisou 14 mil pelotas de coruja-das-neves contendo restos de mais de 43 mil presas e ali encontrou grande variedade de animais representados: 33 espécies de mamíferos e vinte espécies de aves. Mas, na época de reprodução, a dieta da coruja-das-neves é 99% composta por lemingues.

"Tudo se resume aos lemingues", diz Holt. Quando os pequenos roedores abundam em uma área de nidificação na tundra, tudo prospera, inclusive as corujas. Mas, nos anos de baixa disponibilidade de lemingues, as corujas precisam se mudar para um novo local ou não conseguem nidificar.

Normalmente, essas aves se deslocam por grandes distâncias no Ártico, procurando de forma ativa as suas presas. "Machos, fêmeas, jovens nascidos naquele ano, todos têm estratégias diferentes", diz Holt. "E indivíduos diferentes têm estratégias diferentes." Algumas corujas-das-neves são fiéis aos seus locais de reprodução e invernada. Outras se dispersam para novos lugares. Muitas das aves tendem a permanecer em seus locais de reprodução durante o inverno, enquanto outras exploram várias regiões a cada inverno, viajando do Alasca à Rússia e vice-versa. Uma coruja-das-neves marcada por rádio cobriu 965 quilômetros em um único dia. "Elas parecem saber para onde estão indo e se lembram dos locais com uma precisão surpreendente", me disse David Johnson. "Sabe-se que corujas-das-neves marcadas nos Estados Unidos voltaram ao mesmo poste telefônico dentro de um território de inverno que ocuparam seis anos antes."

Na busca por bons locais de reprodução, as corujas costumam vasculhar uma área por longos períodos e percorrem grandes distâncias. A área coberta e a duração dos movimentos de prospecção são maiores nos anos em que a densidade de lemingues é mais baixa, o que faz sentido. Um estudo de 2014, realizado por Jean-François Therrien usando transmissores de rádio, mostrou que as corujas-das-neves no Ártico canadense, à procura de um local para procriar, realizavam buscas durante meses e viajavam distâncias de até 4 mil quilômetros. De um ano para o outro, as fêmeas faziam ninhos em locais separados por uma distância média de 720 quilômetros.

Às vezes, as corujas-das-neves do Alasca e do Canadá seguem para o sul durante o inverno, para as pradarias do sul do Canadá ou os estados do norte dos Estados Unidos. Elas são conhecidas por voar muito mais ao sul em um bom ano reprodutivo. Uma vez ou outra, quando os lemingues abundam na tundra do Ártico, há um boom de jovens corujas-das-neves, e as aves com cinco ou seis meses de idade se deslocam para o sul em grande número. "Existe o mito persistente de que essas irrupções foram impulsionadas por corujas famintas", diz Holt. Não é o caso. "As presas podem ser abundantes e ainda assim as corujas seguem para o sul." É provável que outras espécies, como o mocho-rabilongo e a coruja-do-nabal, comportem-se de maneira semelhante. É um padrão de irrupção oposto ao de espécies como os mochos-fúnereos e as corujas-cinzentas, em que os adultos viajam devido ao esgotamento de presas. "Uma das únicas coisas que sabemos com certeza", diz Holt, "é que as irrupções das corujas-das-neves são o resultado de uma temporada de reprodução em algum lugar do Ártico, que resulta de uma abundância de lemingues." Ele logo observa que o fenômeno foi observado pela primeira vez por naturalistas e ornitólogos das décadas de 1930 e 1940 e notado posteriormente por caçadores e anilhadores.

Coruja-das-neves com um lemingue

O que contribui para um bom ano na população de lemingues? "É difícil saber", diz Holt, que há décadas estuda os pequenos mamíferos junto com seus grandes predadores. "Há tantas influências por trás disso — recursos alimentares, quantidade de neve, qualidade da neve. É como o aumento da produção de pinhas que ocorre de tempos em tempos, quando tudo bate com as condições climáticas certas, e vem uma ótima safra. O mesmo acontece com os lemingues. As populações variam de estação para estação, mas de vez em quando as condições são perfeitas para um aumento significativo nos números, o que resulta em elevados números de corujas-das-neves nidificando e produzindo filhotes."

Durante uma irrupção, as corujas-das-neves podem aparecer em grande número em quase qualquer lugar, na costa noroeste do Atlântico ou na costa noroeste do Pacífico, até mesmo nas Grandes Planícies ou mais ao sul, diz Holt. Ornitólogos e naturalistas notaram "intensas revoadas" ou "invasões" desde o século 19. Uma das irrupções recentes mais memoráveis ocorreu no inverno de 2011-12, quando corujas foram registradas em todas as províncias canadenses e em 31 estados dos Estados Unidos. Durante a irrupção que ocorreu dois anos depois, grande quantidade de jovens corujas voou para o sul, até a Carolina do

Norte, a Flórida e até mesmo as Bermudas, cativando observadores de pássaros e fãs de Harry Potter. "Mas esses são recordes fora da curva", diz Holt.

Talvez o mais estranho de tudo isso é que algumas corujas-das-neves na verdade se mudam para o *norte* no inverno.

Por que o animal faria isso, viajando para o norte, rumo às profundezas perpétuas da escuridão do inverno ártico? "Quem vive no Ártico e o explora testemunha isso há séculos", diz Holt, "e os Iñupiat e outros povos nativos sabiam disso antes de qualquer outra pessoa." Mas agora os cientistas estão tentando analisar o mistério com rastreamento por satélite e outros estudos.

Quando Jean-François Therrien estava fazendo a sua pesquisa de doutorado sobre corujas-das-neves no Ártico em 2007 e 2008, equipou as aves com transmissores para monitorar seus movimentos de inverno. Ele notou algo estranho nos dados. As corujas não apenas passavam os invernos no norte, mas também ficavam muito tempo sobrevoando o mar. "Elas são especialistas terrestres", destaca Therrien. "Deveriam estar se alimentando de lemingues. E eis que estão no gelo marinho, a duzentos quilômetros da costa. Esse é um comportamento realmente surpreendente para uma especialista em pequenos mamíferos!"

Quando Therrien apresentou as imagens ao seu supervisor, a resposta foi: "Tem certeza de que sabe o que está fazendo? Parece que tem alguma coisa errada. É melhor voltar e refazer tudo".

Foi o que Therrien fez. Mas, veja só, as corujas de fato estavam sobrevoando o mar. Uma análise mais detalhada das imagens de satélite mostrou que elas chegavam às proximidades das bordas do gelo, perto de manchas de água aberta chamadas "polínias", que são criadas por correntes e movimentos de marés e tendem a persistir ou reaparecer a cada ano. "O que as corujas estavam fazendo lá? Indo nadar?", Therrien pergunta, brincando. "Não! Mas também não procuravam lemingues." As polínias estavam repletas de gaivotas, araus e grandes patos marinhos, incluindo êideres, que se reúnem ali em vasta quantidade no inverno, pescando e se alimentando de mexilhões no fundo do mar. "Então na verdade as corujas estavam sentadas num bloco de gelo, flutuando à deriva, prontas para atacar de forma oportunista essas grandes aves aquáticas", explica Therrien. E uma coruja consegue predar um êider? "São aves grandes, ainda mais pesadas que uma coruja-das-neves. Mas, sim, conseguem."

Holt havia demonstrado isso em seus estudos anteriores com pelotas, nos quais encontrou restos de arrabios, aves limícolas, aves marinhas e a espécie pernalta favorita da região de Iñupiat, o falaropo-de-bico-grosso.

Esse banquete com aves aquáticas pode explicar outro mistério migratório.

"Uma das coisas que nos surpreendeu no primeiro inverno em que fizemos o Projeto SNOWstorm foi a descoberta de que jovens corujas-das-neves passavam semanas seguidas no meio da parte congelada do lago Erie", diz Scott Weidensaul. "Queríamos saber o que aquelas aves estavam comendo ali. Mas então começamos a observar as imagens de satélite do NOAA* mostrando os Grandes Lagos e percebemos que o Erie poderia estar 98,5% congelado, mas tinha 1,5% de águas abertas. À medida que os ventos mudavam, as enormes placas de gelo se partiam, criando áreas abertas de água que se pareciam muito com polínias, nas quais havia grebes, mergulhões, patos e gaivotas. E era deles que aquelas corujas se alimentavam. Então é inevitável você se perguntar: será que as corujas estavam treinando no lago Erie um estilo de vida que poderiam seguir se decidissem passar o inverno no Ártico, nas polínias?"

Por que as corujas-das-neves utilizam tantas estratégias migratórias diferentes? Por que tendem a se mudar para novos locais de reprodução ano após ano? Sabemos que o sucesso reprodutivo depende da descoberta de áreas com densidade muito elevada de lemingues, cuja população flutua amplamente em diferentes lugares ao longo do tempo. Em sua maioria, essas corujas não podem se dar ao luxo de serem fiéis a um

---

* Sigla da National Oceanic and Atmospheric Administration, órgão do governo norte-americano que monitora a atmosfera e os oceanos.

local de reprodução no verão, como tantos outros tipos de aves migratórias, porque às vezes não contam com um número suficiente de lemingues em determinados anos. Elas precisam ir aonde a presa está, então procuram ativamente os lemingues por milhares de quilômetros de terreno ártico. São capazes de fazê-lo porque sua potência de voo é enorme.

"O que é interessante para mim", diz Holt, "é a rapidez com que as corujas conseguem avaliar o número de lemingues e reagir. Elas simplesmente não erram."

Não sabemos como uma ave altamente nômade como a coruja-das-neves encontra locais com presas abundantes. "Esse é um dos grandes mistérios: como conseguem rastrear os lemingues no tempo e no espaço", diz Weidensaul. "Quando a gente vê que uma coruja está se reproduzindo no Ártico central do Canadá em um ano e na Groenlândia no ano seguinte, se pergunta como ela sabia que deveria mudar de local. Uma hipótese é que, enquanto voa para o norte, ela pare e procure lemingues, mas, olhando para nossos dados de rastreamento, esse não parece ser o caso."

De acordo com Holt, só há uma maneira de descobrir. "As corujas-das-neves voam por aí, com transmissores de satélite, e agora temos de fazer um trabalho de campo para verificar o que acontece quando elas viajam. Precisamos ir às novas áreas de reprodução e aos locais antigos. Precisamos voltar à área que elas desocuparam e determinar se saíram porque as populações de lemingues estavam baixas; depois, temos de ir aos novos locais para checar quantas corujas-das-neves estão se reproduzindo lá e o que está acontecendo com as populações de lemingues. Só assim vamos descobrir como elas rastreiam os roedores. Se ficarmos só fazendo inferências a partir de mapas de satélite, não vamos conseguir chegar a uma conclusão."

As perguntas são muitas, mas uma coisa parece clara: essas corujas sabem o que estão fazendo, e a sua decisão de ficar ou partir — de segurar a barra em um lugar ou de mudar de endereço — faz parte de um cálculo complexo que ainda não entendemos completamente.

Mais vale uma coruja na mão: aprendendo com aves em cativeiro

A deusa grega Atena tinha como animal de estimação sagrado um mocho-galego. No livro *A espada na pedra*, de T. H. White, o mago Merlin convoca seu companheiro, a coruja Arquimedes, para ajudar na educação do futuro rei Arthur, então um menino apelidado de Wart.* "Merlin pegou a mão de Wart e disse gentilmente: 'Você é jovem e não entende essas coisas. Mas aprenderá que as corujas são as criaturas mais delicadas, sinceras e leais. Você nunca deve ser atrevido, rude ou vulgar com elas, ou fazê-las parecer ridículas. A mãe delas é Atena, a deusa da sabedoria, e embora com frequência elas estejam prontas a bancar o bufão para o divertir, essa conduta é a prerrogativa do verdadeiro sábio. Nenhuma coruja, definitivamente, poderia ser chamada de Archie'.".** No universo ficcional de J. K. Rowling, Harry Potter pode contar tanto com a correspondência quanto com a camaradagem oferecidas por Edwiges, sua coruja-das-neves de estimação.

Quanto a donos de corujas no mundo real, vamos começar por Teddy Roosevelt, ex-presidente dos Estados Unidos que tinha uma suindara, junto com um punhado de porquinhos-da-índia, dois coelhos brancos, uma arara, um porco, um texugo, um pônei, um urso de pequeno porte e uma hiena. Já Florence Nightingale possuía uma

---

* Trocadilho com *Art*, apelido de Arthur, e *wart*, verruga, em inglês.

** T. H. White, *A espada na pedra*. Trad. de Maria José Silveira. São Paulo: Hamelin/ Lafonte, 2004. (N.E.)

coruja de estimação batizada com o nome de Athena. O sobrenome de Nightingale [rouxinol, em inglês] pode ter virado sinônimo de misericórdia, mas a história de sua coruja tem um lado tristemente irônico. A mais famosa enfermeira britânica resgatou o filhote das mãos de um bando de meninos em Atenas e a alimentou pessoalmente, carregando-a para lá e para cá, no bolso. Quando a Guerra da Crimeia [1853-56] foi deflagrada e Nightingale concluiu que suas habilidades de enfermagem seriam necessárias no campo de batalha, deixou Athena no sótão de casa antes de partir, achando que a ave iria se alimentar de camundongos na sua ausência. Mas o mocho estava domesticado demais para caçar sozinho e ficou esperando as refeições de sempre. Nos dias anteriores à viagem de Nightingale, ela e sua família deixaram de ir visitar a coruja — e Athena morreu, talvez de solidão, certamente de fome.

Florence Nightingale com seu mocho-galego, Athena

James Gordon Bennett, fundador do *New York Herald*, colecionava corujas vivas. Bennett, diz a lenda, saiu navegando com o iate de seu pai durante a Guerra de Secessão e, certa noite, foi acordado pelos pios de uma coruja bem a tempo de impedir que seu barco encalhasse — o que deu início a uma fixação pelas aves que durou a vida inteira. Além de ter corujas de estimação, Bennett passou a colecionar estátuas dos bichos, usou seu jornal para promover a preservação deles e mandou fazer um novo prédio para o *Herald*, em 1890, que incluía um teto decorado com dezenas de figuras de corujas em bronze, as quais tinham até olhos que cintilavam com luz elétrica seguindo o ritmo de relógios que batiam as horas ali perto. Duas dessas corujas hoje montam guarda na estátua de Minerva em Herald Square, na cidade de Nova York. (Bennett também planejou a construção de um enorme mausoléu com formato de coruja para si próprio, mas esse monumento esquisito nunca chegou a ser erigido.)

Em 1946, Pablo Picasso encontrou uma musa incomum enquanto visitava o Musée d'Antibes, na França — não era sua amante, Françoise Gilot (embora ela também fosse uma de suas inspirações), nem o lugar propriamente dito, um château medieval de ar melancólico empoleirado em uma elevação acima do Mediterrâneo. Não, a musa era um mocho-galego minúsculo que tinha se machucado e estava sentado em um baluarte do castelo. Picasso adotou a coruja, fez uma bandagem em sua garra quebrada, ficou com a ave até ela sarar e depois decidiu levá-la consigo de volta a Paris.

Segundo alguns relatos, Picasso via a si mesmo na ave, ciente dos traços corujescos de seu próprio rosto. Seja como for, era o começo de um relacionamento tumultuado cujas ondas de choque afetariam toda a vida e obra do artista. Em seu impressionante livro de memórias, *A minha vida com Picasso*, Gilot escreve o seguinte sobre a coruja: "Éramos muito gentis com o mocho, mas ele só nos olhava feio. Sempre que entrávamos na cozinha, os canários chilreavam, os pombos arrulhavam e as rolinhas soltavam gorjeios, mas a coruja mantinha um silêncio enfezado ou, no máximo, grunhia. Tinha um cheiro horrível e só comia camundongos".

O mocho era mal-humorado. Picasso também vivia de mau humor. E os dois ficavam resmungando um para o outro, trocando desaforos.

Sempre que a ave bicava os dedos do dono, o grande artista revidava lançando insultos igualmente pesados contra ela. "Toda vez que a coruja grunhia para Pablo, ele gritava '*Cochon, Merde*'* e algumas outras obscenidades, só para lhe mostrar que era ainda mais mal-educado do que *ela*", escreve Gilot. Mais tarde, o mocho deixou Picasso coçar sua cabeça e se empoleirou no dedo do pintor, "mas ainda assim parecia muito infeliz", afirma a autora.

E devia estar mesmo.

De qualquer modo, apesar da natureza combativa do relacionamento dos dois — ou talvez por causa dela —, Picasso ficou obcecado pela ave, e o mocho-galego se transformou em um elemento importantíssimo de seu trabalho durante as duas décadas seguintes, aparecendo com frequência nas obras em cerâmica e em desenhos e gravuras daquele período.

Além do presidente, da enfermeira, do dono de jornal e do artista, não muitas celebridades tiveram corujas como animais de estimação. E por boas razões.

Como a maioria dos cuidadores de corujas licenciados, Laura Erickson é capaz de discorrer longamente sobre as dificuldades de cuidar de uma dessas aves — e também sobre as alegrias que esse trabalho envolve. Erickson é ex-editora do Laboratório de Ornitologia de Cornell e apresentadora do programa de rádio *For the Birds.*** Durante dezessete anos, foi tutora de uma corujinha-do-leste macho chamada Arquimedes (em homenagem à ave de Merlin) e a transformou em uma embaixadora educacional, levando-a para escolas, grupos de observadores de aves e simpósios, a fim de ensinar às pessoas como é a vida real de uma coruja.

Uma família encontrou Arquimedes em seu quintal, no chão, debaixo do ninho, num estado de saúde muito delicado. "Ele estava com-

* Em francês, "seu porco", "seu merda".
** Em inglês, no sentido literal é "para as aves"; como expressão idiomática, algo parecido com "bobagem".

Arquimedes, a corujinha-do-leste macho, na hora da comida

pletamente sem penas", conta Erickson. "Em um lado de seu corpo minúsculo, tinha ferimentos causados por perfurações e, do outro lado, estava todo ralado e com cascas de ferida." Descobriu-se que a coruja sofria de um parasita no sangue, de modo que precisava de muitos cuidados. A família levou o macho para uma clínica de reabilitação, onde ele recuperou a saúde. Mas, como acabou passando por um *imprinting* que o ligou aos seres humanos, não pôde mais ser devolvido à natureza. Por fim, foi transferido para Erickson, que tinha licença para ficar com uma coruja para fins educacionais. "Foi por isso que tive a sorte de cuidar dele", afirma a tutora.

Alimentar Arquimedes era um ritual noturno. Ela pegava um camundongo no freezer no início do *The Daily Show*, e no final do *The Colbert Report** o roedor já estava descongelado, conta a cuidadora. "Às vezes ele cortava o bicho pela metade com o bico e só comia a cabeça e a parte de cima do torso, guardando o resto para o dia seguinte. Às vezes comia o camundongo inteiro de uma sentada, engolindo primeiro a cabeça e depois deixando o resto do corpo descer pela

---

* Ambos programas de jornalismo humorístico da TV norte-americana.

garganta. Dava para ver como ele ia manivelando a presa, usando as partes de baixo e de cima do bico, e a cauda era sempre a última parte a descer, feito espaguete." Todo dia, entre seis e oito horas depois de comer, ele cuspia uma pelota. Para exercitá-lo, Erickson corria com ele pela vizinhança à noite. Colocava pequenas cordinhas ou correias em volta das patas do bicho, prendia-as a uma corda e saía correndo. A coruja decolava e ficava voando bem acima da cabeça dela.

Erickson considera que o tempo que passou com Arquimedes foi um privilégio sagrado. Tarde da noite, quando estava em seu estúdio escrevendo, com a corujinha no mesmo cômodo, adorava ficar trocando chamados com ela. Às vezes, a "conversa" durava meia hora ou mais. "Tem uma piada que diz que nós nunca somos donos de um gato — eles acham que somos funcionários deles", escreve a tutora. "Não acho que Arquimedes me visse como funcionária dele, estava mais para companheira mesmo."

Todos os tutores de corujas que encontrei tinham uma disposição semelhante em relação às suas aves, e um relacionamento pessoal parecido, extraordinário e obtido a duras penas. Desde 2016, Jim Duncan tem o "prazer de cuidar de e de se preocupar com" uma coruja-de-orelha chamada Rusty, ave-embaixadora dos programas da Discover Owls, uma organização educacional que ele fundou e dirige. "Uma das coisas fascinantes da tarefa de cuidar de uma ave viva em cativeiro, tornando-se íntimo dela", afirma, "é experimentar alguns dos tipos de comunicação mais sutis que elas podem emitir na natureza. Rusty me conta quando está brava. Ela rosna para mim. E a intensidade do rosnado é provavelmente proporcional à emoção que está sentindo. Mas, quando está se sentindo bem acomodada e contente de verdade, ela emite certas vocalizações bem curtinhas, do tipo *huh-huh-huh*, que podem se tornar intensas também." Na primavera, o bicho faz uma exibição de cortejo para Duncan, sinalizando desejar que ele faça um ninho com ela. "Mas eu não posso. Já me puseram uma anilha", brinca ele, apontando para sua aliança de casamento. "É complicado."

Duncan também notou a observação atenta de Rusty sobre os membros da família e as preferências pessoais dela. "Tenho dois filhos, e ela sabe dizer qual deles está descendo as escadas da cozinha sem vê-lo, só com base no padrão de como ele anda ou desce os degraus", conta. "Por alguma razão, não gosta de um dos nossos filhos, embora ele nunca tenha feito nada de errado com ela. Percebe imediatamente quando ele está descendo e começa a bater o bico e inflar o peito antes mesmo que ele chegue à cozinha. Por outro lado, é muito apegada a nosso outro filho. É fascinante." Duncan cuidou de outra coruja-de-orelha, chamada Nemo, durante dez anos. "E ele não poderia ser mais diferente. Tinha uma disposição muito relaxada e tranquila em relação às coisas. Essas aves são indivíduos. Assim como nós, têm suas peculiaridades, seus gostos e suas aversões."

Karla Bloem diz que seu mocho-orelhudo, Alice, sempre captou bem o caráter das pessoas. "Namorei alguns caras de quem Alice realmente não gostava, e era uma coisa muito arriscada. Assim que chegavam perto dela, ela entrava em modo de ataque. Mas não teve problemas com o meu atual marido, desde o começo. Era de cair o queixo. Tipo, ele podia entrar no cômodo em que ela ficava, no território dela, piava para ela, e Alice não tinha o menor problema com aquilo. Simplesmente inclinava a cabeça e piava em resposta. Eu achava aquilo um milagre."

O elo emocional que se forma entre uma pessoa e uma coruja pode ser profundo. Quando perguntaram ao mestre falcoeiro Rodney Stotts, que trabalha com um bufo-real e outras aves de rapina, qual era a sensação de desenvolver uma conexão com aves tão gloriosas, ele respondeu: "Ninguém inventou uma palavra capaz de descrever esse sentimento. Quando aquela ave pousa na sua mão, você simplesmente acaba chorando com as emoções que atravessam o seu coração. Você percebe como somos pequenos, e como os nossos problemas são pequenos".

Em um dia de agosto de 2017, Erickson perdeu Arquimedes. Ele parecia meio lento naquela manhã, lembra ela. Emitiu alguns chamados, mas não estava normal. Ela foi até o animal e acariciou suas penas algumas vezes, e ele se inclinou para sentir a carícia, como sempre fazia. Erickson saiu do cômodo para ir almoçar e, quando voltou, ele tinha tombado do poleiro e caído no chão, morto.

"Gosto de imaginá-lo livre", escreveu ela em uma homenagem à ave, "voando sob a lua ou pousando num galho enorme de um grande olmo centenário, ou colocando a cabeça para fora de uma toca de pica-pau-orelhudo num álamo, ou piando sob as estrelas em algum lugar por aí, universo afora. Gosto de imaginar que ele se livrou da obrigação de ensinar às pessoas coisas que elas já deveriam entender sobre os hábitos das corujas e o valor da natureza — que ele se livrou disso do jeito que costumava chacoalhar as penas depois de arrumá-las, com um jato de poeira penácea formando uma auréola cintilante em volta dele."

A mais famosa coruja de estimação do século 21, muito provavelmente, é Edwiges, a coruja-das-neves de Harry Potter. Não é de estranhar que J. K. Rowling tenha escolhido essa espécie para o papel de estrela. Essa coruja branca de grande porte é a mais singular do planeta, com sua plumagem alva e brilhante. No universo de Rowling, Edwiges e outras corujas se dividem entre as esferas dos bruxos e dos Trouxas como parte de um serviço postal alado que, com eficiência e aparente facilidade, leva cartões de aniversário, pacotes e até uma Nimbus 2000, um veículo-vassoura para bruxos. Mas elas também atuam como amigas afetuosas. Quando Harry mais precisa, Edwiges é uma companheira calorosa e reconfortante.

Depois do lançamento de todos os sete livros da série, e dos filmes baseados neles, Erickson — também conhecida como "Professora McGonagoruja"* — acabou se transformando em especialista nas aparições de corujas nos filmes, e até começou a escrever em um blog chamado As Corujas de Harry Potter, convidando os leitores a mandarem perguntas.

Nos filmes, Edwiges é uma fêmea, diz Erickson. Mas as corujas que fizeram o papel dela eram todas machos, e diferentes indivíduos a representaram: Gizmo, Kasper, Oops, Swoops, Oh Oh, Elmo e Bandit. Por que usar machos? "Para começo de conversa, as fêmeas são maiores e mais pesadas, o que dificultaria a vida dos jovens atores, e

---

* O trocadilho faz referência ao nome de uma das principais professoras da série de livros e filmes, chamada Minerva McGonagall. A terminação "all" soa como "owl", coruja, em inglês.

elas também têm garras muito fortes", explica Erickson. Daniel Radcliffe, que interpreta Harry nos filmes, usava uma grossa guarda de couro no braço debaixo de seu grande manto negro. Garras capazes de empalar um merganso, atravessando suas penas grossas, podem causar um belo estrago nos membros de uma pessoa. "Além disso", diz ela, "a plumagem de um branco puro dos machos mais velhos, comparada à das fêmeas, parece mais impressionante quando contrastada com as vestes negras de um bruxo." E por que tantas corujas substitutas e dublês? Porque aparentemente os atores-corujas também precisam de dias de descanso. "Além do mais", acrescenta Erickson, "corujas são indivíduos, e tão complicadas de treinar quanto gatos. Uma delas pode ser excelente para a filmagem de sobrevoos direcionados, outra pode ficar muito mais calma sentada numa gaiola minúscula num set de filmagem e outra pode ser mais adequada para interagir de modo gentil com um menino pequeno, empoleirada em seu braço."

Quando um de seus leitores perguntou se uma coruja-das-neves realmente conseguiria carregar uma Nimbus 2000, Erickson foi até uma loja de produtos de limpeza do bairro e pesou uma vassoura de piaçava — deu pouco mais de meio quilo, mais ou menos metade do peso de uma lebre-americana, presa que as corujas-das-neves levam regularmente para seus filhotes. Mas, em um dos filmes, a coruja simplesmente entrou voando no salão, e a edição acrescentou a vassoura digitalmente. As corujas muitas vezes esticam as patas quando estão decolando ou pousando, explica Erickson, de maneira que, nessa cena, as pernas do animal já estão posicionadas como se estivessem carregando alguma coisa.

Anos depois de criar Edwiges, J. K. Rowling pediu desculpas ao público por alguns erros básicos na maneira como representou as corujas-das-neves. Ao contrário de Edwiges, os animais da espécie são, em geral, diurnos, explicou ela (embora, conforme observado, eles também cacem nas horas crepusculares). Não piam como Edwiges fazia para confortar Harry ou expressar sua aprovação (as vocalizações reais são mais parecidas com um latido). Não mordiscam cascas de bacon, um hábito de Edwiges quando ela entrega a correspondência na hora do café da manhã. E, o que talvez seja o mais importante, não são bons animais de estimação. "Assim como a fabricação de Horcruxes, essa prática acontece apenas na ficção", escreveu ela.

"Nem pense em ter uma coruja como pet", adverte Erickson. "São aves selvagens que precisam viver na natureza. Nas gaiolas, elas simplesmente não conseguem fazer todas as coisas para as quais seus corpos foram projetados e que seus espíritos exigem." Além disso, é difícil cuidar delas. "Comem roedores ou outros animais inteiros, os quais precisam estar frescos, e suas fezes fazem muita sujeira e são fedorentas, exigindo limpeza frequente." É um comprometimento muito sério, um modo de vida. Mas isso não impediu as pessoas de tentarem. Os livros e filmes estimularam uma onda de interesse e, em algumas partes do mundo, impulsionaram o comércio de corujas como pets. "Na era Harry Potter", lembra ela, "eu recebia alguns e-mails por semana perguntando como arrumar uma coruja de estimação."

Na maioria dos países, ter uma coruja sem autorização especial é contra a lei. Os Estados Unidos proíbem as pessoas de criarem essas aves como animais de estimação, e exigem treinamento e licença especial de quem deseja ficar com uma coruja para reabilitação ou fins educacionais ou, em alguns estados do país, para falcoaria. Mas, mesmo nessas situações, o licenciado não é o dono da ave, ele apenas a "possui" e é legalmente responsável por cuidar dela. O Serviço de Pesca e Vida Selvagem dos Estados Unidos é o responsável pelas aves e pode tirá-las do cuidador a qualquer momento se a pessoa ou a instituição licenciada não cumprir os requisitos da permissão.

No Reino Unido, comprar uma coruja de estimação é algo legalizado se a ave for criada em cativeiro. Não é preciso ter licença ou quaisquer credenciais. Além disso, as corujas em cativeiro podem ser vendidas sem qualquer regulamentação, e esse é um negócio lucrativo. Uma coruja-das-neves pode render cerca de 250 libras. Com o sucesso de Harry Potter, foram tantas as pessoas que compraram corujas de estimação no Reino Unido — só para se livrar delas depois de perceber o custo e a complexidade de cuidar dos bichos — que um santuário de animais foi aberto para adotar as aves indesejadas.

O "efeito Harry Potter" talvez tenha sido ainda mais forte no Extremo Oriente. Em 2017, especialistas do Grupo de Pesquisa sobre o

Comércio de Vida Selvagem de Oxford analisaram a abundância de corujas nos mercados de aves da Indonésia antes e depois do mundo mágico de Rowling aparecer nas telas. Em Java e Bali, na Indonésia, centenas de espécies de aves capturadas na natureza foram postas à venda como animais de estimação ao longo de gerações, escrevem os pesquisadores. Em algumas ilhas indonésias, isso ocorre porque as aves, em geral, simbolizam o sucesso. "Tradicionalmente, para alcançar uma vida plena, um homem precisa ter uma casa (*Wisma*), uma esposa (*Wanita*), um cavalo (*Turangga*), uma adaga (*Curiga*) e uma ave (*Kukila*)", escrevem eles. "O cavalo representa a facilidade de comunicação e movimento dentro da sociedade, a adaga simboliza status e poder, e a ave corresponde a toda a natureza, e também à necessidade de ter um hobby em uma vida equilibrada." No passado, as corujas — conhecidas como *Burung Hantu*, "aves-fantasmas" — eram pouco procuradas. Mas, após o lançamento dos livros de Harry Potter na Indonésia, no início dos anos 2000, sua popularidade explodiu. Em um mercado na década de 1980, 150 mil aves de 65 espécies estavam à venda, e não havia uma única coruja entre elas. Hoje em dia, essas feiras vendem centenas de corujas, chamadas de *Burung Harry Potter*. Nos maiores mercados de aves em Jacarta e Bandung, até sessenta corujas chegam a ser oferecidas ao mesmo tempo, incluindo espécies como otus, suindaras, corujas-baias, corujas-castanhas, bufos e corujas-pescadoras. Em cotações de 2020, uma otus custaria apenas seis dólares e um bufo-malaio alcançaria um valor de noventa dólares. As pessoas aprendem como cuidar dos bichos em fóruns on-line, blogs, sites e grupos do Facebook com até 35 mil membros. Grupos interessados em animais de estimação se encontram com frequência em parques para exibir suas corujas e trocar informações.

O Japão é o maior importador global de corujas, concentrando mais de 90% das milhares de importações das aves. Isso pode ter alguma relação com o *kawaii*, a "cultura da fofice" japonesa, que nos últimos tempos tem dado ênfase às corujas, com seus olhos grandes e outras características faciais que lembram as humanas. Espécies que vão dos otus aos mochos-de-cara-branca e aos mochos-orelhudos frequentemente são exibidas em "cafés de corujas", sucessores dos famosos cafés de gatos do país. Embora a lei japonesa especifique que apenas aves criadas em cativeiro podem ser exibidas nesses locais, os traficantes muitas vezes contornam a legislação forjando documentos e reaproveitando licenças antigas. Os fregueses têm permissão de fazer carinho nas corujas, como se elas fossem gatos. Em seu site, o café Akiba Fukurou, extremamente popular, promete aos fregueses uma experiência relaxante ao lado de suas vinte corujas residentes.

Relaxante para os seres humanos, talvez, mas não para as corujas.

A maior parte do que sabemos sobre a psicologia dessas aves, sobre suas complexas motivações e seus comportamentos cheios de nuances, aprendemos com corujas em cativeiro como Arquimedes, animais que se machucaram ou passaram por *imprinting* com seres humanos e, portanto, não podem ser devolvidos à natureza. Uma coisa que essas aves nos ensinaram é: não há nada pouco sutil na vida das corujas — exceto, talvez, a maneira como devoram suas presas.

Vejamos o caso de Papa G'Ho, um mocho-orelhudo do Centro da Vida Selvagem da Virgínia.

Neste momento, Papa G'Ho está estalando o bico com ar feroz e estufando as penas, de modo que parece ter quase o dobro do seu tamanho real. Empoleirou-se no canto oposto de seu circuito de voo, a uns bons quinze metros de distância de mim. Mas, quando você está no mesmo recinto que um mocho-orelhudo macho desagradado com a sua presença, é fácil esquecer que é três vezes maior que ele.

"Ele não gosta de gente", diz Amanda Nicholson. Se alguém sabe disso, é ela. Como treinadora de animais selvagens e educadora do centro, Amanda tem bastante experiência na arte de ler o comportamento corujesco.

Papa G'Ho deu entrada na instituição em 2001, com ferimentos nas asas e nas patas, provavelmente por ter sido atingido por um caminhão ou um carro. Ele se recuperou, mas os veterinários perceberam que tinha sofrido uma lesão permanente, a perda de sua álula, um ossinho na ponta da asa que é essencial para diversos tipos de manobras de voo. O osso conta com penas inseridas no tecido mole que o cerca, e, quando se movimenta, faz as penas subirem ou descerem, mudando o fluxo de ar por cima da asa para controlar diferentes movimentos, como a desaceleração e o pouso. "É uma dessas coisas incríveis que as corujas têm", conta Nicholson. "Embora seja um osso tão minúsculo, ele faz toda a diferença do mundo para tornar o voo mais silencioso e definir quantas vezes a coruja precisa bater as asas." Devido à lesão, o macho não podia mais ser solto na natureza, teria de permanecer no centro. Por lá, ele tem a reputação de ser feroz, resmungão e nada cooperativo — e, ao mesmo tempo, um dos pais adotivos mais extremosos, tolerantes e ternos.

Fui até o centro para saber como as corujas vão parar lá, que tipo de ameaças elas enfrentam, quais lesões costumam sofrer e o que a equipe altamente qualificada de veterinários e treinadores tem aprendido ao trabalhar com essas aves.

O local é bem movimentado. Na primavera, fica cheio de filhotes — dezenas de ursinhos e pequenos cervos, águias e cágados. Desde sua fundação, em 1982, já ofereceu cuidados veterinários a cerca de 90 mil animais selvagens, incluindo milhares de corujas. É um hospital universitário com clínica veterinária de ponta, laboratório para diagnósticos, suíte para cirurgias com uma ampla janela, pela qual os alunos podem observar o tratamento de fraturas e lesões oculares, sala de radiologia com máquinas de raio-X e sala de espera simples, mas muito necessária. Há ainda uma UTI para animais muito novinhos que precisam passar por incubadora ou receber alimentação diretamente na boca todo dia, bem como uma sala de isolamento para pacientes com doenças contagiosas. A grande cozinha é abastecida com castanhas e outros produtos doados por supermercados da região.

Todo esse complexo de prédios está aninhado nas matas ao lado de uma floresta nacional muito parecida com o habitat de onde esses animais vêm, e os pacientes se recuperam em um conjunto de recintos abertos espaçosos — aviários e grandes cercados. No dia de outono em que estive lá, de um dos aviários ouviam-se gorjeios, grasnidos e pios de corruíras-da-carolina, gralhas-americanas e rolas-carpideiras. Os pacientes que tinham acabado de chegar eram um pedro-ceroulo que trombara com uma janela de vidro e um ganso-do-canadá que fraturara a pata.

A maioria dos pacientes é levada para o centro por especialistas em resgate ou por voluntários. Mas em certo mês de abril houve uma chegada incomum: uma ninhada com cinco corujinhas apareceu ali por acidente. Uma família de suindaras que tinha feito seu ninho numa caçamba de caminhão cheia de feno, estacionada no Arizona, acabou partindo para uma viagem inesperada país afora, e os filhotes foram descobertos, sem os pais, só quando o caminhão chegou à Virgínia. A veterinária-chefe do centro, Karra Pierce, estava lá para receber os bichos. "Estavam desidratados e magros, mas, no geral, saudáveis", recorda ela. "Foi naquela noite que ouvi suindaras gritando pela primeira vez. Foi fantasmagórico. Achei que estava sendo atacada."

Os pacientes corujescos aqui são principalmente mochos-orelhudos, corujas-barradas e corujinhas-do-leste, a maioria delas sofrendo de danos nas asas ou nos olhos, provavelmente por causa da colisão com veículos. "Mas cada caso é um mistério", conta Nicholson. "Os pacientes não conseguem nos contar o que aconteceu. E é diferente do que ocorre com gatos e cães de estimação, cujos donos podem nos relatar o histórico dos bichos. Nós mesmos temos de encaixar as peças." A equipe veterinária usa técnicas sofisticadas de diagnóstico, examinando o corpo das corujas, fazendo exames de sangue e inspecionando amostras fecais. As histórias que surgem do cuidadoso trabalho de detetive dos veterinários revelam as ameaças que essas aves enfrentam diariamente. E também se transformam em ferramentas de ensino.

Papa G'Ho, por exemplo, é o símbolo do que é conhecido como o "problema do miolo de maçã".

Se você é como eu, provavelmente não pensa duas vezes antes de jogar pela janela do carro o que sobrou da maçã que estava comendo, imaginando que o miolo da fruta é biodegradável e pode até virar alimento de alguma criatura selvagem na beira da estrada. Bem, de fato isso muitas vezes acontece — e os efeitos são devastadores.

Imagine um camundongo ou arganaz que, ao sair da mata, descobre aquele miolo de maçã na beira da estrada, parando para mordiscá-lo ali mesmo. Uma coruja, empoleirada em uma árvore vizinha, mergulha para pegar aquele lanchinho fácil bem no momento errado e é atropelada por um carro que está passando. "Um camundongo na beira da estrada é um alvo fácil para a coruja, e ela fica completamente concentrada na presa", explica Pierce. "Não tem a menor ideia de que um carro vem em sua direção."

Alguns anos atrás, uma corujinha-do-leste poderia ter encontrado seu fim dessa maneira, não fosse por um golpe de sorte: a janela do carro estava aberta. A coruja passou voando diretamente pela janela, ficou quicando dentro do veículo por algum tempo e, finalmente, pousou no assento do passageiro. "Era a coruja mais sortuda do mundo", brinca Pierce. "Se ela tivesse trombado naquele carro literalmente meio segundo antes, teria acertado o para-brisa." O motorista levou sua passageira inesperada diretamente para o centro.

Das cerca de oitenta corujas que dão entrada na instituição todos os anos, a maioria provavelmente foi atingida por um carro ao procurar comida na beira da estrada. Em geral, as colisões com veículos causam traumas oculares ou fraturas nas asas ou nas patas. "São coisas que, em geral, a gente consegue consertar", diz Pierce. Os veterinários colocam microbandagens, põem os ossos no lugar e fazem talas em miniatura para seus pacientes emplumados. Restauram penas essenciais para o voo nas asas e na cauda por meio do chamado "impingimento", uma técnica muito interessante usada desde o século 13 em aves de falcoaria. "Fazemos um corte na pena danificada perto da base dela, deixando uma bainha oca de queratina", explica Pierce. Uma pena equivalente, que saiu durante a muda de uma ave doadora, é cortada no tamanho certo, inserida na bainha com uma minúscula cavilha de queratina e depois presa com cola para que se mantenha no lugar. "Se tudo der certo", diz ela, "a pena impingida funciona como um bom substituto da original até a ave trocá-la naturalmente, soltando-a e ganhando uma pena nova."

Outros ferimentos são internos e exigem mais trabalho de detetive, como aqueles sofridos pela jovem corujinha-do-leste que um morador encontrou enfiada em um arbusto, contundida e letárgica. Quando os veterinários do centro examinaram o filhote já emplumado, notaram que ele estava sangrando, com uma série de minúsculos ferimentos por perfuração, e que seu sangue não estava coagulando — um sinal clássico de envenenamento por rodenticida. Um exame de sangue confirmou esse diagnóstico. Os rodenticidas que as pessoas usam para matar ratos contêm compostos tóxicos inibidores da coagulação do sangue, o que, no fim das contas, leva a sangramentos internos severos e à morte — não apenas a do próprio rato, mas também a das aves de rapina que se alimentam dele. Por sorte, a corujinha em questão tinha ingerido apenas uma pequena quantidade do veneno e, aos poucos, recuperou-se totalmente. Depois de cinco meses de tratamento no centro, foi devolvida à natureza.

Barry, uma coruja-barrada, não teve a mesma sorte. Durante muitos meses, até sua morte, em 2021, ela encantou os visitantes do Central Park de Nova York. Era famosa por suas exibições diurnas de cuidado com as penas e pelo alongamento na árvore de cicuta do Ramble, um dos bosques do parque, onde ficava empoleirada. Chamava a atenção, também, por entrar em um riachinho e depois ficar sacudindo as penas, sem se preocupar com os observadores que atravessavam seu território. "Barry escolheu viver no Central Park porque era o ideal para suas necessidades, mas ela era uma dádiva maravilhosa para os nova-iorquinos", diz o fotógrafo David Lei. "Era uma alegria vê-la encarando os esquilos que a confrontavam com a maior cara de pau, observá-la caçar depois que escurecia e ouvir o som típico do seu chamado, que parecia dizer *Who cooks for you? Who cooks for you all?* [Quem cozinha pra vocês? Quem cozinha pra vocês todos?], ecoando pelo Ramble." Certo dia, quando estava voando baixo pelo parque, Barry colidiu com um veículo de manutenção e morreu por causa da batida. Um exame revelou que seu organismo estava com níveis potencialmente letais de veneno de rato, o que pode ter lhe atrapalhado o voo e o senso de localização.

Às vezes uma coruja pode aparecer com o corpo frio e sem reação, o que Pierce chama de "coma corujesco". Seria uma lesão craniana? Algo que ela ingeriu? Mais uma vez, exames de sangue podem sanar essa dúvida. Uma corujinha-do-leste jovem, que foi encontrada em um parque municipal de Charlottesville, sentada quietinha no chão, não tinha ferimentos externos aparentes, mas o raio-X revelou uma fratura craniana e o exame de sangue mostrou que havia uma quantidade significativa de chumbo correndo nas veias da ave.

"Uma coisa a considerar é se essa coruja sofreu traumas neurológicos ou na cabeça porque estava intoxicada com chumbo", observa Pierce. "É mais ou menos como dirigir bêbado, certo? Você corre risco maior de acidentes se está fazendo as coisas sob influência dessas substâncias."

Fazer testes para identificar envenenamento por chumbo nas corujas é algo relativamente novo. Essa análise costumava ser rotineira apenas para águias e abutres, espécies carniceiras que costumavam se alimentar dos restos de tripas que os caçadores deixam para trás, "temperados" com fragmentos de chumbo das balas. Mas há cada vez mais preocupação com a possibilidade de que as corujas também estejam ingerindo o chumbo da munição descarregada, talvez ao comer um esquilo que recebeu um tiro mas não morreu e ainda carrega fragmentos de balas. Pierce conduziu recentemente um estudo que analisou os níveis de chumbo no sangue de quatro tipos de corujas nos últimos dez anos. Os resultados foram perturbadores. Cerca de 30% das corujas-barradas tinham chumbo, e o mesmo valeu para as corujinhas-do-leste, enquanto o número para os mochos-orelhudos foi de 19%. "Infelizmente, o chumbo está em todo lugar", diz Pierce, "nos gambás, nos esquilos e até nos cágados."

A equipe veterinária começou a tratar da corujinha do parque para tentar tirar o chumbo de seu organismo. Depois de quatro ou cinco aplicações do tratamento, o animal se recuperou, mas o envenenamento teve efeitos duradouros. O chumbo é uma neurotoxina que pode causar problemas neurológicos permanentes. A corujinha, um macho, ficou com uma "inclinação de cabeça descontrolada", diz a treinadora Amanda Nicholson. "A cabeça dele ficava quase totalmente virada para baixo." Por isso, a veterinária-chefe Karra Pierce fez para ele um minúsculo apoio de pescoço, para ajudá-lo a manter a cabeça na posição ereta. "Mas ele ainda voa num ângulo estranho e não conseguiria se virar sozinho", conta ela. "Aquela coruja não tem como voltar para a natureza." Em vez disso, agora ele está trabalhando com Nicholson para se tornar uma ave-embaixadora.

O objetivo do centro é "tratar para soltar" — restaurar a saúde dos pacientes e devolvê-los à natureza. Mas a soltura é apenas um dos três resultados possíveis. A segunda possibilidade é a eutanásia, no caso de corujas que não podem ser soltas por causa de uma lesão permanente que compromete seu equilíbrio, visão ou audição, ou problemas nas juntas ou ossos que possam causar dor mais tarde. É uma categoria ampla, infelizmente, mas veterinários e reabilitadores consideram que a eutanásia é uma espécie de dádiva para a coruja que está sofrendo. (De fato, o termo significa "boa morte".) A terceira opção é a vida em cativeiro, às vezes desempenhando um papel como o de Papa G'Ho, o de pai adotivo ou ave educadora/embaixadora.

O trabalho de Papa G'Ho é ajudar bebês da sua espécie a alcançar o primeiro e melhor dos resultados. Ele pode ser ranheta com as pessoas, mas, ao que tudo indica, é um incrível exemplo de vida para os pequenos mochos-orelhudos.

Bebês corujas precisam de algo assim. Quando nascem, eles não sabem instintivamente quem são. O *imprinting* com base em um membro da própria espécie ajuda o filhote a aprender e interpretar comportamentos e vocalizações de seu grupo, o que vai auxiliá-lo na escolha de parceiros apropriados quando for adulto. Se o *imprinting* do filhote estiver voltado para um ser humano, ele nunca vai ser corujesco o suficiente para sobreviver na natureza. (Foi o que aconteceu com Alice, a coruja da diretora-executiva do Centro Internacional das Corujas, Karla Bloem, com Rusty, a coruja de Jim Duncan, da organização educacional Discover Owls, e muito provavelmente com a pobre Athena, que morava com a enfermeira britânica Florence Nightingale.) Para as corujas, é fácil cometer esse tipo de erro. Nossos rostos parecem corujescos para elas, assim como as caras delas nos parecem humanas. Conforme explica Laura Erickson, "elas reagem a nós do mesmo jeito que reagimos a elas". Se o *imprinting* de um bebê coruja se baseia nos seres humanos, ele não vai ter medo deles. Mas não necessariamente vai ser amigável com as pessoas ou gostar do contato com elas. De fato, como Alice demonstra, as corujas nessa situação podem ser territoriais e agressivas com a nossa espécie, exatamente como seriam com outras corujas.

Os reabilitadores aprenderam tudo isso do jeito mais difícil. Hoje, eles fazem das tripas coração para evitar que as corujas jovens passem por seu *imprinting* com base nos seres humanos. Por isso, mantêm o mínimo possível de contato, usando máscaras e balaclavas camufladas para esconder o rosto e evitando qualquer tipo de comunicação com os bichos. "Tentamos ser invisíveis para elas, de modo que não se acostumem com seres humanos, e ficamos totalmente em silêncio", conta Pierce. "Penduramos cartazes bem grandes em todos os lugares onde cuidamos dos bebês — NADA DE CONVERSA! BEBÊS A BORDO!"

"A nossa prioridade é realmente fazer com que eles se acostumem aos companheiros de espécie. As corujinhas precisam ver os adultos para aprender que são corujas."

É aqui que aparece Papa G'Ho.

Na primavera de 2021, um trio de mochos-orelhudos minúsculos foi encontrado no chão em três áreas diferentes da Virgínia. Pode ser que os filhotes tenham pulado dos ninhos, tenham sido empurrados para fora por um irmão ou arrastados por um predador, ou pode ser apenas que já estivessem emplumados, tentando aprender a voar. Em casos como esses, a equipe realiza esforços para devolver as jovens aves ao ninho, colocando-as de volta no local de onde vieram e ajudando-as a reencontrar os pais. O grupo de resgate pode até fazer um novo ninho se o original caiu e, depois, observar se a mãe volta. Mas, quando isso não é possível, os órfãos são levados para o centro para serem examinados e tratados, se necessário. Nesse caso, se forem mochos-orelhudos, são levados até o macho adulto para aprenderem comportamentos corujescos essenciais.

Na companhia dessa ave grandalhona e já idosa, os filhotes aprendem a ser desconfiados com seres humanos e a se defender eriçando as penas, bufando, ciciando e batendo o bico. Aprendem a socializar entre si. "São extremamente curiosos, ativos e divertidos de observar", diz Pierce. "Ficam pulando e estraçalhando as coisas. Papa G'Ho é tolerante e um excelente exemplo para eles. A simples presença dele lhes mostra como reconhecer a sua própria espécie, para que, quando forem soltos, consigam se acasalar com parceiros adequados."

O mocho-orelhudo Papa G'Ho com filhotes

Papa G'Ho também ensina os filhotes a ter medo de seres humanos e a usar comportamentos defensivos apropriados. "Os filhos criados por ele são bem ferozes", conta Nicholson. Seus pupilos "ficam na defensiva em relação às pessoas, estalando o bico e com as penas eriçadas, e também 'se encobrem' bastante" (ou seja, se inclinam, ficam agachados e abrem bem as asas por cima de suas presas para escondê-las).

Nas últimas duas décadas, Papa G'Ho já criou mais de cinquenta corujinhas. Nunca rejeitou um filhote nem jamais foi agressivo com os bebês. Suas habilidades paternas são tão impressionantes que, em certo ano, ele venceu o cobiçado prêmio "Papai Mais Legal" da revista *Virginia Living*, ao lado de um pai humano. O pai não emplumado ganhou uma camiseta. Já Papa G'Ho foi premiado com uma remessa de camundongos no valor de dez dólares.

Depois de passar uma primavera e um verão com seu papai-modelo, as jovens corujas estão prontas para os passos seguintes da reabilitação — o condicionamento de voo e as aulas com camundongos.

"Condicionamento de voo é só um jeito chique de dizer que vamos estimulá-las gentilmente a voar de um lado para outro em seu recinto", explica Pierce. "Fazemos as corujinhas completarem um determinado número de voos, como voltas numa piscina. Precisamos que elas terminem cinco voltas bem-feitas antes de aumentar o número para dez. E fazemos com que repitam esse processo várias e várias vezes até melhorarem sua resistência e estarem voando bem o suficiente para ser competitivas numa população selvagem da espécie."

Os reabilitadores também observam atentamente o estilo de voo das corujas. Suas pernas estão na posição apropriada? Estão voando em linha reta? O voo é silencioso? "Não queremos ouvir nenhum ruído quando elas voam", diz Pierce. Voo barulhento significa fracasso — a ave não vai poder ser solta se não conseguir voar silenciosamente. Quando as corujas passam no teste de voo, seguem para as aulas com camundongos.

Os filhotes em cativeiro fazem aulas semanais para lidar com os roedores, e depois têm de passar em um teste para comprovar que são capazes de caçar sozinhos. Na prova final, os reabilitadores colocam roedores vivos em um cocho para cavalos no recinto de voo das corujas, cobrindo-os com folhas. Para passar, a ave precisa pegar os camundongos de um dia para o outro, ao longo de cinco noites seguidas.

Parece fácil de fazer. Mas não é.

Imagine que você foi alimentado diretamente na boca com pedaços de camundongo durante a maior parte de sua curta vida. De repente, a comida resolve se mexer. Ela corre, pula, guincha, morde. "Ah, isso é diferente!" Você pode tentar caçar com o bico — algo que, é de se imaginar, poderia dar certo, mas não funciona.

"Normalmente, deixamos os camundongos no cocho e verificamos no dia seguinte se eles desapareceram", diz Nicholson. Se sumiram, é boa notícia. Mas quanto tempo levou para a ave em treinamento pegar o roedor? "Ela pode ter ficado duas horas zanzando dentro do cocho, tentando pegá-lo com o bico, até pensar: 'Ah, certo! Tenho de resolver isso com as patas'", explica Nicholson. "Já observei jovens corujas passarem por essa transição. É uma curva de aprendizado muito difícil."

"E você começa a duvidar de si mesmo", acrescenta Pierce. "Você se pergunta se o camundongo escapou ou se uma jaritataca entrou e pegou o bicho. Qualquer coisa pode acontecer. Então decidimos, só por garantia, colocar uma câmera dentro do recinto, para ter certeza de que a caçada estava ocorrendo como deveria e que as corujas estavam realmente pegando os ratos."

Aves adultas com uma captura confirmada na câmera passam no teste dos camundongos em uma única noite. "Isso já me satisfaz", diz Pierce. "Mas os bebês têm de passar mais noites ali, para termos certeza de que não aconteceu algo do tipo 'O.k., consigo matar os roedores brancos, mas não os castanhos' ou 'Sabe, tive uma experiência ruim com um camundongo muito durão ontem à noite e decidi que não quero tentar isso de novo'. Então, eles passam por um processo mais longo do que o dos adultos." O mesmo vale para qualquer coruja com deficiência ocular.

Um macho de corujinha-do-leste recebeu camundongos vivos por três noites seguidas, mas aparentemente achou aquele negócio todo tão inesperado e intimidador que simplesmente desistiu e não comeu. Na escola com camundongos, ou você come presas vivas ou passa fome. Essa coruja escolheu passar fome.

"E nós ficamos nos perguntando o que iríamos fazer", lembra Nicholson. "Então, colocamos o bicho junto com um colega que já sabia como passar na prova dos camundongos. Ele aprendeu rapidamente com o amigo e, depois de algumas noites, já se virava bem."

Por outro lado, certos participantes das aulas com camundongos são estudantes empolgados demais. "Temos algumas imagens muito perturbadoras de uma coruja-barrada que estava realmente adorando tudo aquilo. Ela não comia muito bem a comida morta, então tentamos usar roedores vivos", lembra Nicholson. Normalmente, as corujas esperam a barra ficar limpa antes de se alimentar. "O animal fica muito vulnerável se tirar os olhos de um predador em potencial no recinto para ir caçar e comer a presa, fechando os olhos, engolindo-a e tudo o mais", explica ela. "Mas aquela coruja nem esperou que os seres humanos saíssem do recinto. O reabilitador jogou o camundongo no cocho e a coruja simplesmente mergulhou, pegou-o com as garras, passou-o para o bico e o engoliu de uma vez só. Dava para ver o camundongo ainda em movimento. Eu pensei: 'Caramba, você não vai nem matá-lo primeiro?'."

"Fico pasma de ver que todas as corujas acabam entendendo como funciona a caça."

✳

Durante uma apresentação via Zoom no final de fevereiro, a fim de levantar fundos para o centro, Nicholson divide a tela com uma coruja-barrada chamada Athena, calmamente pousada na mão (coberta com luva) da tratadora. Athena é uma ave-embaixadora. Graças a seu carisma, as corujas estão entre as embaixadoras mais populares dos programas educativos sobre animais mundo afora. Às vezes, são treinadas para simplesmente ficar sentadas na mão enluvada de um treinador; em outras, exibem-se em um show de voo livre, dentro de um recinto ou ao ar livre. De qualquer modo, elas cativam o público e — com alguma sorte — inspiram as pessoas a se importarem mais com as aves e seus ambientes. Dos três destinos possíveis para uma coruja que fica no centro, esse — o de se tornar uma embaixadora ou "ave-educacional" — é o menos provável, afirma Nicholson, "mas é o que tem nos ensinado mais sobre a vida interior dessas aves e sobre como 'ler' seu comportamento".

Conheci Athena no centro. Ela estava lá desde 2012, quando foi encontrada no chão em Richmond, na Virgínia, fraca, sem coordenação motora, com degeneração da retina em ambos os olhos. Os veterinários achavam que poderia ter sido afetada pelo vírus do Nilo Ocidental. De qualquer modo, estava parcialmente cega e não havia como soltá-la na natureza. Nicholson diz que trabalhar com ela ao longo dos anos lhe deu uma compreensão sobre o comportamento das corujas que nunca teria conseguido de outra maneira. Ela já treinou outros tipos de aves de rapina, e as diferenças são muito significativas. "Quando observo um dos nossos gaviões ou o falcão-peregrino com o qual trabalho, consigo perceber com facilidade os animais processando no cérebro deles o que está acontecendo", compara ela. "É fácil lê-los."

"As corujas, por outro lado, são sutis na hora de mostrar o que estão pensando, e você tem de estar afinado com elas para ler seu comportamento. Alguns falcoeiros com quem já trabalhei acham que por essa razão elas são as mais 'burras' das aves de rapina, as mais impossíveis de treinar. Agora que eu mesma já treinei corujas, a mi-

Athena, a coruja-barrada

nha reação é dizer que eles estão totalmente errados. As corujas não são burras. Eles é que não são bons na hora de ler o comportamento delas." Ela continua sua argumentação: "Pense um pouco. Nós, seres humanos, somos criaturas diurnas, saímos tropeçando por aí quando a luz está forte e, em geral, fazemos bastante barulho. As corujas saem voando quando a luz está no mínimo e caçam no escuro, orientando-se silenciosamente, seguindo os sons mais fracos que se possa imaginar. E nós seguimos por aí, barulhentos, atrapalhados e muito ruins na hora de ler o comportamento delas".

Isso talvez seja especialmente verdadeiro no caso de corujas pequenas, como a serra-afiada e a corujinha-do-leste. Nicholson diz que essas espécies menores antes eram consideradas fáceis de treinar, cordatas e obedientes. "Mas isso era porque estávamos entendendo errado o comportamento delas", argumenta. "Muita gente na nossa área diz que gostou de trabalhar com as corujinhas-do-leste e outras espécies pequenas porque são muito 'calmas'. Existe essa ideia ultrapassada de que elas são tranquilas. Na verdade, elas vivem aterrorizadas. Ficam em alerta máximo e tentam ser discretas. Mantêm-se completamente imóveis porque estão tentando ficar invisíveis, tentando não morrer. Estão dizendo: 'Estou aqui, sou só parte da árvore, eu me confundo com a árvore'. E interpretamos isso de forma errada. A coruja pode até estar fazendo o que pedimos, mas por dentro é como se estivesse morrendo."

Recordo-me então daquela serra-afiada fêmea manuseada na estação de anilhamento em Powhatan, de como ela era aparentemente dócil e ficava quietinha. Ela estava fazendo o que as corujas pequenas fazem diante de uma ameaça. Estava tentando desaparecer.

Nicholson diz que aprendeu tudo o que sabe sobre interpretar as corujas e o seu comportamento com Gail Buhl, do Centro de Aves de Rapina da Universidade de Minnesota — uma das principais autoridades do país no treinamento de corujas em cativeiro reabilitadas.

"Não há dúvida de que as corujas nos ensinam a sermos melhores observadores do comportamento", diz Buhl. "Os sinais que mostram são difíceis de ler, mas muito importantes, porque revelam o estado interior da ave."

Duas jovens serra-afiadas, ambas cegas de um olho, ensinaram-na a entender corujas pequenas e a treiná-las para que se tornassem aves-embaixadoras. Uma, do sexo feminino, chamava-se Acadia; a outra, um macho, tinha o nome de Me-Owl.* "As aves não sabem seus nomes", diz, "mas os seres humanos gostam de dar nomes às coisas. Quando damos um apelido às corujas-embaixadoras, escolhemos um nome que tenha a ver com a ave, com a sua história natural ou com o seu nome científico, a fim de que se torne um tema importante para a discussão educacional." Acadia é onde a coruja-serra-afiada foi descrita pela primeira vez na literatura científica. Já Me-Owl foi pego por um gato, que o cegou. ("Os gatos causam danos terríveis à vida selvagem", destaca ela.)

As duas corujas pequenas ensinaram a Buhl cinco grandes coisas.

Primeiro, ao treinar uma dessas aves, é preciso considerar a história natural da espécie, que molda sua resposta ao contato humano. Em que lugar do mundo ela vive? Em ocos de pau, no solo, na floresta densa ou em campo aberto? Quais são suas defesas diante de um predador?

---

* Trocadilho em inglês com *meow*, "miau", e *me owl*, "eu coruja".

"Veja o que aquela coruja faz na natureza, como ela se protege", diz ela. As serra-afiadas ficam imóveis e fecham quase totalmente os olhos.

As pessoas tentam treinar corujas de pequeno porte como se fossem um predador maior, um búteo-de-cauda-vermelha, um falcão ou mesmo uma águia. "Mas coisas sutis fazem das corujas animais diferentes. Sim, as menores comem pequenos mamíferos, répteis, pássaros, insetos. Mas também são comidas por outras espécies, como aves de rapina maiores, cobras, predadores terrestres. Sim, elas são caçadoras, mas também são presas."

Em segundo lugar, corujas são indivíduos. Têm personalidades diferentes e reagem ao treinamento de maneiras distintas. Buhl conseguiu treinar Acadia em apenas três meses. Mas precisou de um ano para Me-Owl, um bicho que — talvez compreensivelmente — era mais desconfiado.

Em terceiro lugar, se houver uma escolha entre segurança e comida, as corujas tendem a escolher a segurança. Assim, achar reforços positivos, fazer com que elas se sintam seguras o suficiente para receber uma recompensa, é algo desafiador. Buhl aprendeu a usar aquelas peninhas parecidas com cerdas ao longo do bico do animal para resolver isso. "Elas aprendem logo cedo que não enxergam muito bem de perto, e que essas penas-cerdas ajudam a saber onde está a comida. Ficam pensando: 'Quando pego um camundongo, eu me estico para baixo e sinto o bicho com as minhas penas-cerdas, esse é o camundongo, esse é o meu dedão do pé e pronto, coloquei a comida na boca'." Assim, Buhl aprendeu a tocar essas penas de um jeito que, quase sempre, fazia a coruja se virar na direção dela e abrir o bico, o que permitia que ela colocasse lá dentro um pedacinho de comida como recompensa.

A quarta e mais importante lição é esta: as corujas têm emoções. Essa foi uma mudança enorme no que se pensava a respeito dessas aves. "Quando entrei no ramo do treinamento de animais-embaixadores, a ideia de que as corujas tinham emoções era criticada por ser antropomorfizante", conta. "O costume era dizer: 'Não sabemos nada sobre isso, então não vamos falar desse tema. Vamos nos ater aos comportamentos'." Mas, durante o treinamento, ela se deu conta de que as corujas certamente têm emoções, e de que essas emoções afetam seus comportamentos. "Ter medo de uma coisa vai afetar como você reage a essa coisa. E precisamos reconhecer que esses dois fatores, as emoções e o comportamento, estão ligados entre si."

Por fim, as serra-afiadas lhe ensinaram como as emoções *se mostram* em uma coruja pequena — como surgem o medo e o incômodo, assim como os sentimentos de conforto, relaxamento, "segurança". E, talvez o mais importante da perspectiva da ave, o que dispara esses sentimentos, como a coruja é afetada pela presença de um ser humano, em especial um treinador da espécie humana. Quando Buhl ensina outros treinadores, ela começa com isto: que impressão nós (como seres humanos e treinadores) despertamos nas corujas? E como elas mostram as emoções disparadas pela nossa presença?

"Para começar com a parte óbvia", diz ela, "somos enormes se comparados a uma coruja pequena. E agimos como predadores. Gostamos de olhar as pessoas e outros animais diretamente nos olhos. Fitamos as coisas fixamente, tal como os predadores fazem, sempre de olho no que interessa. Se estou com o olhar fixo na coruja, estou agindo como predador." (As lentes das câmeras também são predatórias do ponto de vista dessas aves.) "Costumamos caminhar diretamente em direção às corujas. Isso também é comportamento predatório. Vamos andando, paramos e nos perguntamos se ela está se sentindo tranquila, e depois começamos a andar de novo, devagar, falando mais baixo. Tudo isso se assemelha a rastejar ou ficar de tocaia, como um leão ou um gato doméstico. São as ações de olhar fixamente para o alvo, com a intenção de chegar o mais perto possível, rastejando, antes de dar o bote."

E como as corujas lidam com tudo isso? As pequenas reagem com uma resposta aguda de incômodo, também conhecida como reação *fight-or-flight* [luta ou fuga]. No caso de muitas aves, a primeira defesa é sair voando, mas no das corujas pequenas "a resposta de fuga é o 'congelamento', porque elas dependem da camuflagem para se esconder", diz Buhl. "Elas pensam: 'Se eu ficar parada, você, o predador — fotógrafo ou treinador — irá embora porque posso confiar na minha camuflagem. É o que eu sei fazer'."

Buhl já trabalhou bastante com todos os tipos de aves de rapina em projetos de reabilitação da vida selvagem. "É algo que provoca um comportamento defensivo bastante intenso em outras aves desse tipo", conta. "Os búteos-de-cauda-vermelha ficam eriçados e esticam as asas. As águias-americanas bicam e dão tapas com as asas. Os abutres também bicam e torcem a parte bicada do corpo. São todas estratégias defensivas. Algumas corujas também bicam, mas, para a maioria delas, a defesa-padrão é ficar parada e quieta. Elas são estoicas em situações assim, e as pessoas interpretam isso de forma errada. As corujas estão enfrentando o mesmo estresse que outras aves de rapina, mas acabam internalizando o problema."

Em suas palestras, Buhl mostra duas imagens de corujas-do-nabal, as quais foram fotografadas aproximadamente na mesma posição. A da esquerda está com os olhos bem abertos e salientes, quase saindo das órbitas, feito bolinhas de gude. As pupilas estão dilatadas, as penas retraídas, bem coladas ao corpo, o disco facial bem esticado. Já os pés parecem se fechar em volta do poleiro com força, como se o bicho estivesse se apoiando em cima das garras. Os plumicornos [tufos de penas que lembram chifres] estão eriçados. As corujas-do-nabal são classificadas como desprovidas de tufos de penas, mas tais tufos aparecem em situações nas quais elas se sentem incomodadas. É como se elas se encolhessem de medo, só que na vertical.

"Não é o que você quer ver nesse animal."

Já a coruja da direita mostra os olhos parcialmente abertos; suas pupilas estão pequenas, o disco facial relaxado e as penas afofadas de um jeito uniforme. Os pés estão escondidos embaixo do corpo, "um sinal de relaxamento", explica Buhl, "como acontece quando a gente cruza as pernas ou os tornozelos ao se sentar numa cadeira".

É *isso* o que um treinador gosta de ver.

As duas corujas parecem pertencer a espécies totalmente diferentes uma da outra (tal como aquelas corujas-de-orelha das fotografias tiradas da mesma árvore em Kikinda, na Sérvia). As diferenças visíveis refletem o que está acontecendo dentro do cérebro da ave. A da direita se sente segura e confortável. A da esquerda está passando por uma reação de "congelamento", tomada pelo medo.

"As corujas-do-nabal também dependem da camuflagem para se esconder. Portanto, estão dizendo a si mesmas: 'Não importa quanto desconforto eu esteja sentindo, preciso ficar totalmente parada para me misturar com o ambiente à minha volta. É essa a reação que adoto por causa da minha história natural, vou me apertando toda, encaixando até as asas o mais perto possível do corpo, agarrando meu poleiro'. Parece contraintuitivo quando se pensa que a reação das outras aves é simplesmente: 'Vou me mandar daqui, tô indo embora'. Mas a maioria das corujas confia primeiro na camuflagem."

Buhl diz a seus estudantes que é possível "ler" uma ave olhando para seus olhos, penas e tufos, pés e postura corporal. Todas essas partes do corpo refletem os sentimentos de uma coruja, suas emoções e seus pensamentos. "Depois", diz ela, "tente não ser um predador. Por meio da sua linguagem corporal, ajude a coruja a perceber que você não é uma ameaça. Não a fite diretamente, mantenha o corpo a um ângulo de 45 graus da ave e até recue no recinto, olhando apenas de soslaio para ela, depois olhando para o outro lado, abaixando a cabeça, usando só a sua visão periférica para ver o animal inteiro."

O que Buhl, Nicholson e outros treinadores aprenderam sobre a psicologia das corujas certamente os ajuda a melhorar suas técnicas de condicionamento. Mas também oferece uma visão íntima da vida que esses animais ocultam — suas emoções sutis, sua sensibilidade, seu estoicismo —, o que muda a experiência que tenho ao ver essas aves ou as fotografias delas.

Desde que Buhl começou a trabalhar com corujas, ocorreu uma grande mudança de atitude entre os especialistas da área, graças ao reconhecimento das emoções dessas aves e das nuances de expressão delas. "Agora, o treinamento é baseado em uma compreensão melhor das sensibilidades e do comportamento do animal e depende do estabelecimento de uma relação de confiança", resume Buhl, "na qual a coruja tem a oportunidade de escolher se vai se envolver e participar da atividade."

A abordagem de Nicholson ao treinar Athena é um bom exemplo disso. "Ela sempre foi reativa diante de ruídos estranhos, como folhas secas sendo amassadas e cascalho se entrechocando", diz a especialista, que percebeu serem esses os barulhos que ela fazia quando entrava no cercado e ia até a coruja para tentar pesá-la em cima de um poleiro. Agora, Nicholson pede a Athena que venha se empoleirar sozinha, subindo voluntariamente na balança. "Em certos dias ela diz 'Não tô a fim', e eu respondo 'Certo, volto mais tarde'. Mas na maioria das vezes ela me dá um sinal positivo claro: 'Sim, tô dentro, tô legal!'", conta Nicholson. O treinamento é uma conversa entre o treinador e a coruja para ajudar a ave a controlar seu próprio ambiente. O importante é fazer as coisas de acordo com a lógica do animal.

Só um número muitíssimo pequeno de corujas entra para a categoria de ave-embaixadora. Buhl e sua colega do Centro de Aves de Rapina, Lori Arent, seguem um conjunto de critérios rigorosos para selecionar corujas que cumprirão esse papel. E são igualmente exigentes quanto aos educadores que tomarão conta de suas aves. "Essas parcerias geralmente são vitalícias", explica Arent. Portanto, há muita coisa envolvida na escolha. Se as aves forem bem cuidadas, podem viver muito além de sua longevidade normal na natureza. "Queremos ter certeza de que, à medida que vão chegando à idade geriátrica, elas receberão cuidados médicos adequados e ficarão com pessoas que conseguem adaptar a maneira como lidam com elas", diz. "Elas podem desenvolver catarata, artrite e outros problemas ligados à idade. Por isso, queremos ter certeza de que vão receber bons cuidados e bom treinamento durante todo esse tempo. Tudo isso faz parte da decisão, levando em conta os dois lados, para chegarmos a uma boa parceria."

E tudo isso também mostra com extrema clareza como é complicado permitir que uma pessoa comum possua uma coruja de estimação.

Quando faço uma pergunta sobre esse tema a Buhl, ela é cautelosa ao dizer que a questão tem um componente cultural e envolve visões divergentes sobre a vida selvagem.

"Não acho que seja uma boa ideia, por todas as razões que estávamos elencando", diz ela. "Não acho que as pessoas entendam a dificuldade em que acabam se metendo. Mas estou falando como alguém nascida e criada em Minnesota. Não quero julgar outras perspectivas."

"Mas, tendo dito isso, é fato que eu tenho problemas sérios com a ideia. Vemos vídeos de uma coruja-das-neves criada junto com uma família humana, aparece uma criança abraçando o bicho e eu fico assistindo e pensando: 'Meu Deus, faltou *isso aqui* pra coruja arrancar o rosto dessa criança'. Consigo perceber isso com base na linguagem corporal da ave. E essa parte me deixa doida. Se você não interpretar os comportamentos do animal corretamente — e a maioria das pessoas não está equipada para isso —, alguém pode ficar seriamente ferido."

Além disso, as corujas também sofrem, "até as que nasceram em cativeiro, passaram por *imprinting* com humanos ou foram criadas por eles", explica. "Já assisti a vídeos dos cafés de corujas no Japão nos quais as pessoas chegam perto das aves e colocam seus celulares do lado delas. Fico vendo o comportamento das corujas e pensando que o coitado do bicho está morrendo por dentro, mas as pessoas não percebem."

Acabamos vendo o que queremos ver. "Nós as enxergamos através dos nossos próprios vieses", resume Buhl. "Não dá para evitar isso. Mas precisamos parar de tratá-las como mini-humanos com penas e começar a vê-las como entidades próprias, intrinsecamente únicas, uma 'nação' independente neste planeta", defende ela — com palavras que ecoam as do grande naturalista Henry Beston, sobre todos os animais selvagens: "Eles não são irmãos, não são lacaios; são outras nações, apanhadas conosco na rede da vida e do tempo".

Eis uma verdade importante. Mas a ânsia humana por ver as corujas como espelhos de nós mesmos, símbolos e reflexos de nossas crenças, é um fenômeno presente e poderoso há muito tempo, talvez desde o princípio de nossa espécie.

Meio ave, meio espírito: as corujas e a imaginação humana

Osso esculpido com formato de coruja por artistas da cultura moche, do norte do Peru (entre os séculos 3 e 6 d.C.)

Em dezembro de 1994, três exploradores de cavernas liderados por Jean-Marie Chauvet, que estavam investigando um vale remoto no sul da França, notaram uma corrente de ar que subia de certas rochas em uma encosta calcária. Quando retiraram os pedaços de pedra, conseguiram se espremer e entrar em uma passagem que atravessava as rochas, descendo até uma imensa caverna. Nas paredes havia pinturas de cavalos, leões, auroques* e rinocerontes-lanosos que pareciam tão imaculadas, com traços tão vívidos, que os exploradores, de início, duvidaram de sua autenticidade.

Os desenhos, na verdade, estavam entre os mais antigos exemplos de arte rupestre já descobertos, com mais que o dobro da idade das pinturas encontradas no complexo de cavernas de Lascaux. Pareciam imaculados porque tinham sido preservados, congelados no tempo,

---

* Bois selvagens.

quando uma avalanche imensa selou a caverna dezenas de milhares de anos atrás. Entre os desenhos havia o de uma coruja, a primeira representação conhecida de uma ave.

Certo dia, há cerca de 36 mil anos, um antigo membro da nossa espécie entrou na caverna de Chauvet, desceu na escuridão até seus recessos mais longínquos, carregando apenas uma tocha ou uma lamparina de gordura para iluminar o caminho, parou diante de uma projeção de rocha e raspou-a até deixá-la limpa. Então, usando um dedo, traçou na superfície macia e amarelada da pedra uma bela imagem de coruja, com cerca de 45 centímetros de altura, colocando até tufos nas orelhas e linhas verticais representando as penas das asas. A julgar pelos tufos, provavelmente era um mocho-orelhudo ou uma coruja-de-orelha, desenhada com a cabeça virada para encarar o espectador: o corpo é mostrado a partir de trás, indicando a capacidade da ave de virar a cabeça cerca de 180 graus.

"É possível ver a coruja quando a pessoa está voltando das mais recônditas profundezas da caverna", diz a descrição oficial do desenho. "Será que ela está olhando para trás, com sua capacidade inumana de enxergar no escuro?"

Os seres humanos nunca viveram dentro da caverna, diz o eminente especialista em pré-história francês Jean Clottes, primeiro estudioso a investigar Chauvet depois da descoberta da arte rupestre. O local era usado apenas para pintar e talvez para rituais e cerimônias religiosas. A coruja, tal como os outros animais, foi desenhada não por interesse casual ou prazer estético, mas para invocar espíritos e pedir sua ajuda, argumenta ele.

Avancemos agora 15 mil ou 20 mil anos. Àquela altura, as pessoas da cultura magdaleniense, na mesma região, usavam corujas-das-neves para propósitos misteriosos. O sul da Europa era diferente na época, assim como as espécies de corujas que o habitavam. O clima frio do fim do Pleistoceno provavelmente favorecia a presença das corujas-das-neves, e os caçadores-coletores magdalenienses traziam os restos do animal para as cavernas e os abrigos rochosos. Em um sítio arqueológico na França, o de Combe-Saunière, os cientistas encontraram os ossos de quase uma centena de asas de corujas-das-

-neves — não os cadáveres inteiros, só as asas. Em outro sítio, Saint--Germain-la-Rivière, no sudoeste do país, descobriram os restos de 22 corujas da espécie, de ambos os sexos, algumas com entalhes decorativos nos ossos. Esses achados sugerem que, há cerca de 20 mil anos, caçadores-coletores estavam usando não apenas a carne das corujas, mas também suas garras, ossos longos e penas. "É plausível que os caçadores-coletores se aproveitassem do início do inverno para capturar grandes quantidades delas", escreve Véronique Laroulandie, que estuda a arqueozoologia da região. A maneira complexa e meticulosa com que eles processavam as corujas abatidas "claramente não tem relação apenas com as necessidades básicas de nutrição", afirma ela. "Até a carne poderia não ser consumida para propósitos estritamente alimentares, mas por razões medicinais ou mesmo mágicas." Cerca de trezentos quilômetros ao sul de Saint-Germain-la-Rivière, na caverna de Trois Frères, na região de Ariège, há uma "galeria de corujas", com uma dupla das aves — provavelmente corujas-das-neves — retratada de perfil e olhando uma para a outra. Entre elas está uma coruja jovem. Laroulandie ficou intrigada com a ambiguidade das imagens. "Será que retratam corujas ou seres humanos com traços corujescos? Somos nós que percebemos isso, olhando para trás através das eras", pergunta ela, "ou era a intenção dos artistas evocar uma relação que os ligava a essas corujas?"

Faz quanto tempo que somos obcecados por corujas?

Desde sempre, ao que parece. Evoluímos na presença delas; vivemos por milhares de anos sendo unha e asa com elas, nas mesmas matas, pradarias, cavernas e abrigos rochosos; alcançamos a autoconsciência cercados por essas aves; e as entrelaçamos com nossas histórias e nossa arte. Conhecemos seu formato assim como conhecemos o de uma serpente. Fazem parte de nossos mitos, nossos sonhos, nosso DNA.

Hoje, as corujas são personagens vibrantes das histórias de culturas de todos os continentes. Uma das missões que David Johnson se impôs é mensurar toda a gama das disposições humanas em relação às corujas no espaço e no tempo — e entender as origens dessa visão. Para seu projeto Corujas nos Mitos e na Cultura, ele reuniu mais de mil relatos e histórias tradicionais sobre as aves no mundo todo e ao longo dos séculos, e a coleção só faz crescer. Se você folhear esses relatos, descobrirá que as corujas, de fato, estão ligadas a todos os tipos de significados — são criadoras, curandeiras, guias e guardiãs, além de ser também presenças temidas e demoníacas, arautos da perdição e da morte.

Entre o povo Ainu, do norte do Japão, elas são consideradas manifestações do "Deus Coruja", ou *kotan-koro-kamui*, protetor e defensor dos seres humanos. A coruja-pesqueira-de-blakiston, de Hokkaido, é venerada como um deus que traz peixes ao rio. De acordo com Ken MacIntyre e Barb Dodson, autores de um estudo sobre os Noongar (também chamados de "Nyungar"), uma etnia da Austrália, "duas aves noturnas, o mopoke (*Wau-oo*) e a coruja-branca (*Beenar*) são vistas como as criadoras de todo o povo Bibbulmun (Nyungar) e as responsáveis por lhes dar sua estrutura social durante o período frio, escuro e sem forma do *Nytting* (o Tempo dos Sonhos)". Já o povo Yahgan, que habita as ilhas ao sul da Terra do Fogo, identifica a suindara com a *sirra*, a avó sábia, que gera novas nascentes e rios para trazer a água doce que garante a sobrevivência da comunidade. Hoje, os Yahgan ainda associam os sons que a coruja produz no voo aos sussurros dos riachos.

Se os deuses emprestaram das corujas as suas asas, o mesmo vale para os demônios. Em muitas culturas, elas são vistas como aliadas de bruxas e espíritos malignos, associadas com a feitiçaria e a morte. "O medo que as pessoas têm das corujas é comum em todas as partes do mundo", diz Johnson. "A forma que ele assume pode variar de cultura para cultura, mas há padrões que se mantêm, crenças e narrativas recorrentes nas várias versões."

De acordo com Heimo Mikkola, especialista em tradições sobre corujas, em vários países africanos é comum a crença de que, "se uma coruja atravessa a estrada quando você está passando, pode ter certeza de que alguma desgraça vai acontecer". Se a ave se empoleira em cima da sua casa na Zâmbia, você vai receber más notícias ou logo vai acontecer um funeral, e, se ela se sentar na sua lavoura, a plantação não vai crescer. E, entre os grupos algonquianos da América do Norte, "as pessoas que estão prestes a morrer escutam uma coruja chamando seu nome". Isso vale também para os Kamba, do Quênia, escrevem os etnobiólogos Mercy Njeri Muiruri e Patrick Maundu, dos Museus Nacionais quenianos. O pio de uma coruja empoleirada em cima de uma casa ou perto dela supostamente indica que "alguém vai ficar doente ou morrer", normalmente em um prazo de quinze dias. "Para combater isso, os Kamba colocam o pedaço de um pote de argila no galho onde a coruja estava empoleirada." Para os Maias Ch'ol de Chiapas, o mocho-carijó (conhecido como *kuj*) é um *sabedor*, ou sábio, escrevem Kerry Hull e Rob Fergus, estudiosos de crenças sobre aves na Mesoamérica. "Quando ele grita *jukuku jukuku*, é um sinal de que alguém vai morrer." Do mesmo modo, os Maias K'iche' consideram que as corujas são arautos da doença e da morte e detestam que elas se aproximem de suas casas.

Por que as corujas são símbolos tão poderosos? Por que são consideradas seres espirituais, deuses e arautos da boa sorte em algumas culturas e portadoras do azar, sinais da perdição e encarnações aladas da malevolência em outras?

"Nossa espécie costuma encontrar significados na presença de certas aves desde que nos tornamos — digamos — humanos", diz Felice Wyndham, etnoecóloga ligada à Universidade de Oxford. "As pessoas, em todos os lugares e ao longo da história, têm visto as aves como mensageiras e sinais. Temos uma mente predisposta a enxergar augúrios. Sempre estamos de olho em indicações sobre o que vai acontecer, em predições e premonições, e costumamos nos voltar para o mundo natural em busca de sinais. Parece ser uma característica universal humana."

Wyndham estuda o tema das aves que "contam coisas às pessoas". Elas transitam entre a terra e o céu, o dia e a noite, então que animal seria melhor para nos trazer pistas? Há até um nome para isso, *avimancia*, que junta o termo em latim que designa "ave" e o grego para "profecia".

Antigo relevo egípcio em pedra calcária
(entre 2030 e 1640 a.C.)

Recentemente, Wyndham e sua colega Karen Park passaram a reunir relatos sobre aves vistas como sinais em diversas culturas mundo afora. "Começamos a fazer isso de brincadeira", contou-me ela. "Na nossa revisão de relatos etnobiológicos, não parávamos de achar referências às aves nesse papel. Então, só de ouvir as pessoas conversando em cafés ou no ônibus, comecei a perceber: *todo mundo* tem essa percepção dos animais e de fato ainda estamos usando isso na nossa vida cotidiana."

Há, por exemplo, a história sobre a visita de um tentilhão ao senador de Vermont Bernie Sanders. Certa sexta-feira à tarde, durante as primárias da eleição de 2016, Sanders estava fazendo um discurso em um comício em Portland, no Oregon, quando um tentilhão pousou em seu pódio e se empoleirou ali, pouco à esquerda do slogan UM FUTURO NO QUAL ACREDITAR. A multidão ficou doida, e a internet também: "Passarinhos votam no Bernie"; "O passarinho sentiu o clima do Bern". Entre os apoiadores do democrata, foi um sinal portentoso. "Os pássaros falaram."

E há ainda a história que contaram a Wyndham quando ela fazia trabalho de campo entre as comunidades dos Ayoreo, no Paraguai. Certo dia, um beija-flor passou voando por um líder da comunidade, o que é considerado "um augúrio de notícias muito boas". No dia seguinte, ele ganhou mil dólares na loteria.

Wyndham e Park identificaram quase quinhentos relatos de 123 grupos etnolinguísticos em seis continentes — dos Ojibwa aos Mbuti, dos Maori aos galeses e bascos. Em todas essas culturas, as pessoas enxergam as aves como augúrios — sinais de sorte ou infortúnio — e como enviados, muitas vezes vindo do mundo dos espíritos ou das divindades. Já que os relatos, na maioria das vezes, eram escritos em inglês, Wyndham e Park sabiam que poderiam estar deixando de lado as nuances e a sutileza presentes nas línguas originais, os diferentes significados dos sinais trazidos pelas aves. Ainda assim, estava claro que as pessoas acham que as aves são especialmente úteis "para conhecer as coisas", como o pesquisador explica.

Toda a diversidade das aves apareceu nos dados etnográficos, de garças a pica-paus, de pombas a pardais. Mas, quando a dupla de especialistas contabilizou a incidência de diferentes subgrupos, uma ordem pulou para o topo da lista: a das corujas. Em 57 dos 123 grupos etnolinguísticos, as corujas eram vistas como sinais cheios de significado.

Quando minha tia de 96 anos estava perto de seu fim, mas ainda lúcida, ela disse às filhas que, depois que morresse, enviaria uma mensagem a elas, um sinal de que tinha chegado ao outro lado. Mais tarde, minha prima me escreveu dizendo que, na noite em que a mãe morrera, uma coruja "não parava de piar ali perto". Talvez fosse só "coincidência", ponderou ela, mas, nos 41 anos em que visitara a mãe ali, nunca tinha ouvido uma coruja piar perto da casa.

Em muitas partes do mundo, as corujas eram (e ainda são) vistas como mensageiras que trazem notícias deste mundo ou de outros, do passado ou do futuro. Entre os Yup'ik do Alasca e do extremo leste da Rússia, afirma-se que os mochos-orelhudos falam a linguagem dessa etnia e deixam cair penas de suas asas quando transmitem suas mensagens às pessoas sobre os dias que virão. Na Grécia Antiga, em Atenas, as corujas eram os emblemas de um *mántis*, palavra que designa adivinhos, profetas ou videntes. Os *mánteis* "colocavam uma estatueta de coruja em cima de sua mesa, uma espécie de 'cartão de visitas' usado para declarar seu papel de profeta", diz Wyndham. "Era como pendurar uma placa de 'Aberto'. Todo mundo sabia que, se você colocasse uma coruja na mesa, era esse o serviço que fornecia."

Às vezes, a presença de uma coruja emitindo chamados por perto pode ser considerada simplesmente um sinal da natureza, um aviso de que o tempo vai ficar ruim ou o anúncio da presença de uma planta ou animal.

Os iroqueses da América do Norte interpretam a vocalização de uma coruja por perto como um indício de que eles devem recolher madeira para se preparar para a chegada iminente do frio e da neve. "Algo parecido também aparece em estudos de campo no sul do Chile", diz Tomás Ibarra, especialista em ecologia humana da Pontifícia Universidade Católica chilena. Um indivíduo que foi entrevistado disse que, quando uma suindara gritava durante a noite na estação quente, "o dia ia nascer com uma névoa intensa, e acontecia isso mesmo, era como se a gente tivesse um barômetro".

Na região de Tenejapa, em Chiapas, sul do México, o mocho-carijó é conhecido como *mutil balam*, "a ave da onça-pintada", ou *mutil coh* (*choj*), "a ave da onça-parda", e sua aparição sugere que esses grandes felinos estão por perto. Para o povo Apurinã, do Brasil, o chamado da caburé-ferrugem indica que porcos-do-mato estão se aproximando. Se a coruja estiver em silêncio, os caçadores ficam em casa.

Essas visões "folclóricas" sobre as corujas, que as retratam como sinais da natureza, podem parecer antiquadas e bonitinhas, mas muitas vezes sua origem está em observações reais de história natural. Em muitos casos, a "leitura" das corujas está relacionada a uma compreensão sofisticada das relações ecológicas, e as aves podem muito bem estar trazendo informações essenciais sobre o ambiente.

A ubiquidade das corujas nesse papel pode ter algo a ver com sua presença em quase todos os continentes, diz Wyndham. Mas ela remonta a algo ainda mais profundo que esse fato. "São as feições com ar humano que fazem das corujas símbolos tão potentes", diz ela, "junto com uma série de outras características": a natureza noturna, o estranho pescoço giratório que algumas pessoas acham profundamente enervante, as vozes peculiares que emanam da noite e os poderes sensoriais que estão além das capacidades humanas.

Fico pensando na descrição de uma coruja-do-mato-europeia feita pelo escritor J. A. Baker: "O rosto coberto por um capacete era de um branco pálido, ascético, semi-humano, amargo e retraído. Os olhos eram escuros, intensos e agressivos. Esse efeito que lembrava um capacete era grotesco, como se um cavaleiro perdido tivesse encolhido e secado até se transformar numa coruja".

"Para mim, do ponto de vista pessoal, a capacidade de assustar delas tem muito a ver com o voo silencioso", explica Wyndham, "com a maneira como elas simplesmente aparecem, saídas do escuro, sem nenhum aviso prévio. Existe toda uma literatura na psicologia evolucionista que fala da compreensão das pessoas sobre como o mundo deveria funcionar. Coisas vivas não deveriam ser capazes de atravessar paredes ou aparecer e desaparecer sem um movimento completo. As corujas parecem quebrar essas barreiras e desafiar as expectativas. Isso é parte das razões para colocarmos esses bichos numa categoria sobrenatural."

Todas essas características das aves produzem uma sensação "inquietante", diz Tomás Ibarra, que estuda o papel das corujas nas sociedades humanas. As corujas são semelhantes a nós, mas, ao mesmo tempo, nada semelhantes. "Elas têm essas características humanas, como a cabeça arredondada, a face reta, os olhos grandes, que levaram algumas sociedades a chamar as corujas de 'as aves com cabeça humana'", conta ele. E, no entanto, a maioria das espécies vive em um mundo no qual não nos sentimos à vontade — a noite. Ademais, seus gritos e pios cheios de estranheza não se parecem com os cantos musicais da maioria das aves. E elas também são criaturas selvagens que aparecem em espaços domésticos, o que é incômodo. "As pessoas sentem uma conexão com as corujas, mas, ao mesmo tempo, não gostam de vê-las perto de casa", explica Ibarra. "Têm aquela sensação de 'seu lugar não é aqui'." É o não familiar em um contexto familiar e também o contrário, o familiar em um contexto não familiar. "Quando vemos isso", diz ele, "experimentamos o que se costuma chamar de 'pele de galinha' em espanhol", ou seja, ficar arrepiado.

Ibarra adora corujas desde criança. Tal como David Johnson, ele teve um encontro transformador com uma coruja quando tinha apenas seis anos de idade. Estava morando no que então era a zona rural de Santiago — hoje uma região densamente povoada, mas naquela época uma área bucólica, com campos, riachos e pomares com grandes nogueiras. Em certa noite escura, o pai o levou para uma caminhada nos pomares até um conjunto de árvores com as nogueiras de maior porte. "Meu pai iluminou o alto de uma nogueira gigantesca", recorda ele. "Uma grande suindara que estava lá abriu as asas e saiu voando. Nunca me esqueci disso." Alguns anos mais tarde, a família se mudou para uma área mais isolada nos Andes. Em certa noite, enquanto estava acampando, Ibarra, já adolescente, ouviu o chamado profundo e ressonante de um *tucúquere*, um corujão-chileno. E foi o que bastou, diz ele. "Fui para o sul do Chile estudar corujas, para o meu mestrado, e encontrei a coruja-chilena, minha espécie favorita. Sou doido pelo gênero *Strix*; é como se elas fossem bruxas."

De início, ele se concentrou em aspectos ecológicos, mais especificamente se as corujas são bons indicadores de diversidade florestal. Por causa de seu papel como predadores do topo da cadeia alimentar, as corujas têm uma correlação especial com altos níveis de biodiversidade, e sabe-se que são sensíveis à poluição ambiental, diz ele. "Mas sempre tive interesse pelos aspectos culturais também, então agora estou tentando fazer uma ponte entre a ecologia e a antropologia." O trabalho de Ibarra tem como foco o conceito de memória biocultural, a ideia de que as práticas culturais e crenças humanas se desenvolvem a partir de observações do mundo natural, e de que nossas memórias são o resultado dessas interações entre traços culturais e nosso ambiente.

"As corujas têm muito a dizer sobre a memória biocultural", argumenta ele. No Chile, por exemplo, elas não só têm uma presença profunda no folclore como também costumam aparecer em ditos e provérbios tradicionais que as pessoas usam no cotidiano. *Búho que come, no muere* (o mocho que come não morre) — ou seja, a pessoa doente que está se alimentando não vai morrer. Ou *Lechuza vieja no entra en cueva de zorro* (suindara velha não entra em toca de raposa). Isto é, a idade avançada e a sabedoria levam a decisões bem fundamentadas. *Mata el chuncho* (mate o chuncho — nome popular que designa o caburé-austral — e você vai evitar a má sorte). O fato de que as corujas estão tão presentes nos provérbios e expressões chilenas sugere que estão muito integradas no cotidiano e na imaginação, afirma Ibarra. E, no entanto, elas têm esse aspecto estranho e misterioso. É essa mistura do familiar e do não familiar que dá às corujas seu traço inquietante, diz ele. "São semelhantes a nós na aparência, mas tão pouco semelhantes a nós em todos os outros aspectos. E é isso que achamos tão perturbador e emocionante nelas."

Para explorar o que as pessoas acreditam a respeito das corujas em uma ampla gama de culturas diferentes, David Johnson e a equipe de seu projeto conduziram mais de 6 mil entrevistas em 26 países, da Argentina à Turquia, de Belize à Tanzânia, da China à Ucrânia, do Paquistão à Gâmbia, da Etiópia ao México e à Mongólia. Os entrevistadores falaram com cerca de duzentas pessoas de cada região e fizeram diversas perguntas. Você considera que as corujas são espíritos ou aves reais? O que sabe a respeito delas, sobre sua ecologia, seus habitats, seus ninhos e sua dieta? Quantas espécies consegue identificar? Quais histórias sobre corujas você já ouviu? Quais as crenças da sua cultura sobre elas? Onde era possível, Johnson convocou falantes nativos dos idiomas locais para tentar capturar as sutilezas de pensamento e crença. "Queríamos examinar essas questões de uma maneira não enviesada e com foco científico", explica.

As respostas à pergunta "Quais são suas crenças sobre as corujas?" eram um saco de gatos. As pessoas enxergavam as corujas como espíritos poderosos, sábias, seres criadores, assustadoras, perigosas, úteis para curas, maus agouros e portadoras de má sorte — esta última é uma crença especialmente forte em Belize. A maioria dos argentinos disse que as corujas são apenas aves. Os iranianos as consideravam sábias, mas também maus agouros e portadoras de infortúnios. No noroeste da China, a maioria das pessoas afirmou acreditar que as corujas são úteis ou trazem boa sorte. "Mas, quando chegamos à parte da pesquisa que perguntava 'Você ou alguém que você conhece já matou uma coruja?', 120 dos duzentos participantes responderam que sim", conta Johnson.

Dos 26 países pesquisados, doze tinham uma visão positiva das corujas, oito eram neutros e nove tinham uma visão negativa. Em seis países, as pessoas indicaram que as crenças culturais sobre o tema estavam mudando em uma direção positiva, mas em outros não tinha havido nenhuma alteração nessas crenças em um período entre 150 e duzentos anos.

Um dos indicadores da mudança de visão dentro de uma sociedade, percebeu Johnson, é a quantidade de mercadorias relacionadas a corujas disponíveis para venda. "Se artigos desse tipo são fáceis de achar, trata-se de um bom indicador de uma aceitação mais ampla dessas espécies na sociedade", diz ele. No Brasil, na Turquia e em outros países com alguma tendência positiva, havia mochilas, roupas, joias, relógios, bonecos e até cerveja com temática ligada às corujas. Mas, depois de dois anos de buscas nos mercados de Belize, onde ainda se considera que as corujas dão azar, a equipe encontrou apenas dois itens: uma mochila infantil e uma escultura em ardósia.

"Se uma coruja aparecer na sua casa e começar a piar, significa que alguém vai ficar doente ou morrer." Essa visão sobre as aves, ou pequenas variações dela, mostrou-se uma das perspectivas mais prevalentes mundo afora, segundo Johnson. "Não é que as corujas causem a morte; elas são apenas as portadoras das más novas." De qualquer modo, a presença delas não é nada auspiciosa.

Em muitas culturas, as corujas são consideradas parceiras de bruxaria, ou elas mesmas seriam bruxas que assumiram a forma de ave. Na região de Olancho, em Honduras, a *lechuza*, ou suindara, é "sem dúvida a mais odiada e temida das aves", conforme me contou o etno-ornitólogo Mark Bonta. Algumas pessoas afirmam que um desses tipos de coruja, a *lechuza de sangre*, chupa o sangue dos bebês. "Ela seria um espírito maligno", diz ele, "uma bruxa em forma de ave." A ideia de que as corujas são "aves-bruxas" é comum em certas partes da África também, no Malaui e entre os Iorubá da Nigéria, do Benin e do Togo. Quando pesquisadores na Zâmbia pediram a crianças que escrevessem o que sabiam sobre corujas a partir de histórias transmitidas em suas famílias, a bruxaria se mostrou um tema comum nos relatos, especialmente os que falam dessas aves como meios de transporte para pessoas que fazem sortilégios. "As bruxas, segundo essas histórias, usam corujas para ir de um lugar para o outro durante a noite", escreveu uma das crianças. "Então é por isso que as pessoas têm medo delas... porque acham que podem ser enfeitiçadas pela bruxaria incorporada pela coruja."

O papel das corujas como seres que ajudam no controle social é outro tema comum. Pais que usam as corujas para controlar ou disciplinar seus filhos é algo que aparece em diversas culturas, afirma Johnson. "É aquela coisa do tipo 'a coruja branca vai te pegar', e isso está mais presente do que você possa imaginar."

Não é difícil entender por que uma suindara que foi vislumbrada parcialmente, com sua cor branca fantasmagórica, seus estranhos gritos funéreos noturnos e seu hábito de rondar prédios vazios, poderia ter dado origem à ideia de que ela era uma encarnação aviária de um demônio ou ser espiritual.

E também não é surpreendente que as corujas fossem associadas a algum tipo de ameaça. "Aves noturnas, de modo geral, muitas vezes são associadas a situações mais perigosas", diz Felice Wyndham. "Afinal de contas, tal como outros primatas, ficamos mais vulneráveis a ataques quando estamos no escuro." Além do mais, de vez em quando, sabe-se que as corujas atacam pessoas quando se sentem ameaçadas ou estão tentando proteger seus ninhos. Em 2015, uma coruja-barrada que estava defendendo seu território em Salem, no Oregon, atacou corredores com tanta frequência que ganhou o apelido de Owlcapone. Enquanto escrevo este capítulo, um membro da mesma espécie anda assustando o bairro de Brookwood Hills, em Atlanta, dando rasantes nas pessoas no alvorecer ou no crepúsculo. O Departamento de Recursos Naturais da Geórgia já registrou oitenta ataques do bicho, incluindo algumas vítimas que ela acertou várias vezes. Mas isso é algo extremamente raro, e, no caso da ave de Atlanta, um porta-voz do DRN sugeriu que a coruja talvez tenha passado por um *imprinting* humano e esteja tentando chamar a atenção das pessoas para conseguir comida. Outra coruja-barrada chegou até a ser envolvida no assassinato de uma mulher em 2001 (mas depois a maioria dos especialistas concordou que os ferimentos não se pareciam com os que uma ave dessas poderia causar, e o marido da vítima acabou sendo condenado pelo crime).

Jonathan Haw, que comanda um projeto educacional sobre corujas na África do Sul, especula que elas podem ter sido associadas a mortes iminentes por causa do ritmo circadiano dos próprios seres humanos. Problemas cardiovasculares, como derrames, infartos e morte súbita cardíaca, ocorrem com maior frequência nas horas finais da noite. Ele cita pesquisas sugerindo que o horário entre as três e as quatro da madrugada é o momento em que temos mais dificuldade para manter nossa temperatura corporal, e quando a adrenalina e os hormônios anti-inflamatórios estão no nível mais baixo, o que faz com que as vias aéreas fiquem mais estreitas. "Em áreas rurais, sem hospitais e onde muita gente morre em casa, esse normalmente é o horário em que as pessoas falecem, pouco antes da aurora", diz Haw. "E, nessas horas, é mais provável que os moradores topem com uma coruja sentada no telhado ou ouçam uma delas emitindo chamados no escuro. Pode ser que a ave estivesse sentada naquele telhado durante um tempão, procurando ratos, mas de repente as pessoas meio que encaixam tudo aquilo e o resultado é essa crença."

Marco Mastrorilli, um especialista em corujas italiano, tem outra teoria sobre por que algumas pessoas podem ligar essas aves à morte. Entre alguns católicos da Itália, a tradição é deitar o defunto na frente da casa e cercar o corpo com velas. "As velas atraem mariposas, e as mariposas atraem corujas", afirma ele.

Em algumas regiões da Índia, elas são conhecidas como *Madhe Pakhru*, termo que significa "ave-cadáver". Pesquisadores da Fundação Ela, uma organização indiana dedicada à conservação das corujas, investigou um aspecto desse elo entre os animais e a morte em Maharashtra, um estado populoso no oeste do país. A equipe visitou 57 cemitérios e descobriu que as corujas estavam presentes em 53 deles, em um total de sete espécies diferentes, dos mochos-de-brama ao bufo-de-bengala. Elas se sentem atraídas por cemitérios por causa da presença de árvores grandes e da ausência da perturbação causada

El sueño de la razón produce monstruos, 1799, gravura nº 43 da série *Los caprichos*, de Francisco Goya, 21,3 × 14,9 cm

por seres humanos, concluíram os pesquisadores. "Em alguns casos, oferendas de comida ficam nos cemitérios durante a realização dos ritos fúnebres, e isso atrai roedores", o que, por sua vez, atrai corujas. As pessoas percebem a presença das aves porque os horários de enterros são na aurora ou no crepúsculo, quando as corujas estão emitindo seus chamados — daí a associação "agourenta" entre elas e a morte.

Muitas dessas nuances, tanto as luminosas quanto as sombrias, aparecem não apenas em mitos e histórias, mas também em imagens de corujas produzidas ao longo dos séculos, desde aquelas antigas pinturas rupestres. No mundo da arte, as corujas também representam sabedoria e sorte, infortúnio e malevolência.

Várias das gravuras e impressões de Picasso têm imagens dessas aves, inspiradas pelo mocho-galego de estimação do artista. "Em geral, elas são para maiores de 18 anos", explica Robyn Fleming, bibliotecária-pesquisadora do Museu Metropolitano de Arte de Nova York, "cenas de orgias em que a coruja fica sentada por perto, em meio à diversão": *Bacanal com uma coruja*; *Dança noturna com uma coruja*; *Prostituta, feiticeira e viandante usando tamancos*, com uma coruja no centro, fitando quem vê a imagem de maneira irreverente.

As aves das gravuras libertinas de Picasso são só algumas das imagens desses animais que pululam nas coleções do museu. Fleming está tentando achar todas elas, incluindo as esculpidas em marfim e pedra, cinzeladas em ouro, urdidas em tapeçarias, pintadas em telas e objetos de cerâmica, bem como as desenhadas e pintadas nas páginas de manuscritos.

Algumas das imagens que ela encontrou são realistas e trazem evidências de uma observação precisa da história natural das aves — como os ataques feitos por passarinhos contra as corujas, por exemplo. Outras são simbólicas, carregadas de superstição ou espiritualidade e revelando disposições que vão da profunda admiração ao ridículo, do bom humor ao medo.

Fleming começou sua busca em 2017, por causa de um leve interesse pelo que ela chama de "gatidade" das corujas. Quando era filhote, o gato da bibliotecária se parecia com um mocho-orelhudo. "Não sabia qual era o meu sentimento em relação àquilo", diz ela. "Eu achava que as corujas eram bichos de dar medo. Mas, desde então, na verdade, acabei abraçando-as." Depois de um rápido giro pelas galerias egípcias, onde as corujas apareciam com frequência porque correspondem ao hieróglifo da consoante M, ela se deu conta de que elas estavam em toda parte na coleção do museu. "Então, a maneira pela qual eu comecei a mexer com corujas é meio esquisita, mas encontrar e pesquisar as imagens da coleção está sendo superdivertido." Ela até fez uma tatuagem de coruja.

Nas noites de sexta, quando o Met fica aberto até tarde e é muito silencioso, ela vagava pelas galerias caçando corujas, criando, por fim, um "mapa corujesco" do museu inteiro. Algumas das aves eram óbvias e fáceis de achar, como o broche de ouro do século 19 com formato de cabeça de coruja, ou a placa ptolomaica em alto-relevo, com a face de um dos bichos, datando do período entre 400 e 30 a.C. Outras exigiram talento detetivesco e olhos aguçados. Fleming descobriu uma coruja com ar cômico escondida na parte de trás de um jarro de boticário italiano do século 15, feito de faiança. Ela vasculhou a coleção on-line do Met atrás de referências a corujas que não estavam sendo exibidas no museu e, com a ajuda da equipe da curadoria, rastreou os objetos em salas de armazenamento e estudo. Um de seus maiores orgulhos é a descoberta de uma xilogravura russa de um mocho-orelhudo, que a deixou embasbacada, e uma corujinha realmente minúscula e "ridiculamente adorável" aninhada em um galho, no pano de fundo de uma pintura holandesa do século 16, feita por Joachim Patinir e com o nome de *A penitência de São Jerônimo*. Começou a postar imagens no Instagram na mesma época em que outros funcionários do Met estavam lançando um zoológico de contas na plataforma — "Gatos no Met", "Cães no Met" e até "Bumbuns no Met".

Agora Fleming é conhecida no museu como a "moça das corujas". As 550 imagens que encontrou até agora revelam os aspectos loucamente esquisitos, maravilhosos, idiossincráticos — e de longuíssima duração — do fascínio humano por essas aves. As representações mais antigas da coleção são aqueles hieróglifos do Antigo Império do Egito, que remontam a 2575 a.C. Entre as mais recentes está uma colagem impressionante de 2019, feita por um aluno do primeiro ano em uma competição de arte que o museu sempre realiza, envolvendo escolas públicas de Nova York. "Os vencedores têm a chance de expor sua arte no museu durante alguns meses", explica Fleming. "Nas obras vencedoras muitas vezes aparece alguma coruja."

"Acho que a esta altura já estou bem afiada na hora de saber quais gêneros artísticos *podem* conter uma imagem delas", afirma. A arte (tal como os objetos vendidos no mercado) podem refletir a aceitação ou rejeição cultural das corujas. "Sei que vale a pena procurá-las nas bordas de gravuras ou em formas de arte decorativa, e também em certas cenas mitológicas e bíblicas, e que em alguns lugares não vale o trabalho de ficar procurando — na maior parte da arte contemporânea e nas expressões artísticas subsaarianas ou da Oceania. Mas nunca se sabe!"

A reverência dos antigos gregos às corujas aparece em moedas de prata, espessas e pesadas, que mostram a deusa Atena de perfil, usan-

Uma tetradracma, antiga moeda de prata grega, cunhada em Atenas entre 480 e 449 a.C.

do capacete, de um dos lados, e um mocho-galego do outro, como símbolo da sabedoria. Essas "corujas", como eram conhecidas, foram cunhadas em Atenas a partir de mais ou menos 510 a.C. e continuaram em circulação durante mais de quatrocentos anos.

A arte do povo Moche, que viveu seu auge na costa norte do Peru entre 200 e 850 d.C., séculos antes da ascensão dos Incas, tem uma iconografia repleta de corujas. Os Moche admiravam as corujas por serem caçadoras noturnas, capazes de encontrar sua presa na mais completa escuridão. Consideravam-nas criaturas guerreiras, e as aves aparecem em detalhes proeminentes de seus capacetes e armas. Um impressionante entalhe feito em osso, mostrando uma coruja com tufos de penugem nas orelhas e penas formando um círculo largo em volta dos olhos, provavelmente servia como apoio para o polegar no cabo de uma arma mortífera, um *atlatl*, ou lançador de dardos. Os Moche também viam as corujas como mensageiras que carregavam guerreiros derrotados para o mundo dos mortos, assim como levavam presas para seus ninhos. Um belíssimo ornamento nasal de ouro, com o formato de uma cabeça da ave, feito no século 6, foi encontrado no túmulo de um jovem nobre, enfiado em sua boca.

Por outro lado, em pinturas e gravuras do norte da Europa feitas a partir da Idade Média, as corujas aparecem como parceiras dos pecados humanos da cobiça, da gula e da depravação. Em *A tentação de Santo Antão*, atribuída ao pintor do século 16 Pieter Huys, uma coruja de olhos arregalados parece ter testemunhado algo verdadeiramente assustador. De acordo com as anotações museológicas do Met, quem segura a ave é "uma mulher tentadora, nua, que representa o demônio disfarçado de rainha". Nos séculos seguintes, as corujas muitas vezes foram retratadas como aves noturnas malevolentes, empoleiradas no ombro de um bêbado (ecoando o velho ditado holandês "bêbado feito uma coruja") e observando outras cenas de insensatez, lascívia e comportamentos vulgares. Hieronymus Bosch, artista famoso pelas representações macabras e assustadoras do inferno e pelas imagens fantásticas, quase sempre inseria pelo menos uma coruja realista em suas pinturas, muitas vezes observando a cena de cima. E, é claro, há a série de corujas de Picasso, sempre em situações comprometedoras.

Entre as obras favoritas de Fleming estão elegantes contas turquesa em formato de coruja, esculpidas pelo povo Zuni, que vive no estado natal dela, o Novo México, e um escudo de torneio alemão, datado de cerca de 1500 e feito com madeira e estopa, mostrando uma coruja realista cercada por um lema que diz: "Embora eu seja odiada por todas as aves, me regozijo bastante com isso". Se esse não for um estado de espírito corujesco, não sei o que é.

Mas foram as imagens naturalistas do Japão que roubaram o coração de Fleming e passaram a adornar seu corpo. "Com pouquíssimos traços, os artistas japoneses, de alguma forma, capturaram toda a essência dessas aves", diz ela. "Eles são grandes observadores da natureza e parecem ter um apreço particular por elas."

Três imagens de corujas em pinturas japonesas entraram na competição para se transformar em tatuagem — um presente para si própria por atravessar as águas turbulentas dos últimos anos, segundo ela. "Assim que me estabilizei no meu emprego, Trump foi embora, as vacinas estavam chegando e tudo parecia positivo, resolvi me recompensar com isso." Três horas depois, no antebraço esquerdo (em uma posição de destaque, fácil de ver), ela tinha uma tatuagem de doze centímetros de uma coruja solitária em um ramo de pinheiro. Requintadamente detalhada, delineada inteiramente em tinta preta, com

Owl Mocked by Small Birds [Coruja ridicularizada por passarinhos], c. 1887, folha de álbum em seda de Kawanabe Kyōsai, 36,2 × 27,3 cm

"pinceladas" em diferentes camadas de tons para transmitir a textura das penas, a coruja tem exatamente a mesma aparência vista em uma pintura em rolo do começo do século 17, alerta, olhos bem abertos, com a cabeça virada ligeiramente de modo a encarar o observador com ar desafiador, como se dissesse: "Estou aqui. Preste atenção".

Folheando as imagens de Robyn Fleming e os relatos de David Johnson, fico tentada a dividir as reações dos seres humanos diante das corujas em categorias bem claras: superstição versus as reações embasadas em crenças empíricas; retratos realistas versus os imaginativos; a percepção das corujas como portentos malignos e notícias ruins, de um lado, e como bons agouros e reverenciadas aves da sabedoria, de outro.

Mas a coisa não é tão simples assim.

Classificar as crenças humanas sobre as corujas de maneira unidimensional traz o risco de simplificá-las demais, segundo Felice Wyndham. "O que me fascina é que, para muitas pessoas, a divisão não é clara. Está tudo misturado. Você encontra imaginação *e* observação empírica, significado poético *e* aplicação prática, reverência *e* medo. No caso das corujas, não é fácil separar as coisas."

Em muitas partes do mundo, as corujas estão atreladas à feitiçaria e às doenças, mas também ganham crédito por seu papel no controle de roedores. Nas culturas mesoamericanas, muitas vezes são vistas como maus presságios e arautos da morte, mas também fazem parte de nomes pessoais e, para os caçadores, são um sinal auspicioso, sinalizando a proximidade de uma boa caça. Embora sejam tradicionalmente reverenciadas como seres criadores na cultura Noongar, as corujas e os pássaros noturnos parecidos com elas ganham coletivamente o nome de *mopok warra*, termo que significa maligno ou perigoso. Em algumas histórias orais dos Mapuche, simbolizam o medo do desconhecido e do indomável, mas em outras são benéficas e sábias.

A questão é que poucos animais têm uma relação tão imensamente ambivalente e complexa com a humanidade. Do folclore à arte, elas já foram reverenciadas e difamadas, vistas como sábias e imbecis, associadas à bruxaria destrutiva e à arte de curar. Às vezes, simbolizam duas coisas opostas ao mesmo tempo. E, às vezes, são simplesmente... aves.

"As corujas são poderosas para muita gente", resume Wyndham. "Canalizam nossos sentimentos mais profundos. A verdadeira imagem que devemos ter é a de uma ordem de aves que abrange toda a nossa complexidade moral, de ser espiritual a presságio maldito e símbolo precioso de sabedoria."

É importante entender tudo isso, em parte para captar a rica tapeçaria das disposições humanas em relação às corujas, e em parte porque essas ideias têm consequências. As visões humanas não são simples. E o mesmo vale para as implicações delas no que diz respeito à conservação dessas aves.

A sabedoria das corujas: elas são mesmo sábias?

Coruja-barrada

É fim de verão nos Apalaches. Uma trilha estreita serpenteia entre carvalhos e nogueiras tingidos de amarelo e, nos lugares mais altos, entre píceas, pinheiros e abetos. Não se vê nenhuma coruja, mas sei que elas estão aqui. Essas matas estão cheias delas. Corujas-barradas, mochos-orelhudos, corujinhas-do-leste, e agora — já me dei conta — corujas-serra-afiada.

As aves mudaram a maneira como vejo esta paisagem, fazendo com que as árvores mortas e derrubadas não sejam mais entulho, mas berçários e rampas para filhotes que estão aprendendo a subir em galhos, transformando os barrancos de vegetação rasteira, das terras de ninguém ecológicas que pareciam ser, em esconderijos para corujas que estão chocando. Parece que achei uma corujinha-do-leste acomodada em uma árvore morta, mas é só um galho curto, quebrado, que está fazendo uma boa imitação de coruja. Rá! Sem problema, hora de dar meia-volta.

Fico de pé e continuo escutando. É de dia. As corujas estão quietas. Elas me veem, mas continuam sem ser vistas, tão bem escondidas que escapam aos meus olhos, mesmo que estejam a poucos metros de distância.

Escrever este livro aumentou o meu assombro em relação a essas aves. As corujas veem o que nós não enxergamos. Escutam o que nós não ouvimos. Elas nos convidam a notar imagens e sons que, do contrário, não seriam notados. Com sua presença silenciosa e sutil e sua coloração críptica, elas reforçam o valor de não se destacar no mundo, mas se encaixar nele. Para as corujas, a invisibilidade é uma defesa ou um disfarce; para nós, é um privilégio que — se tivermos sorte — pode nos render o avistamento de uma delas.

As corujas ensinam que podemos aprender com um animal simplesmente ao escutá-lo. Elas mostram como são diferentes entre si enquanto indivíduos, idiossincráticas, com tanta personalidade quanto a que nós temos, e com uma gama completa de sentimentos e emoções, muitas vezes expressos de maneiras profundamente delicadas. Elas nos contam que, para chegar às suas verdades, precisamos entendê-las ao longo do tempo. Não é suficiente buscar vislumbres rápidos. Achamos que sabemos algo sobre elas e, de repente — *puff!* —, destroem as nossas teorias, substituindo-as por regras alteradas ou quebradas e qualidades inesperadas.

Eis outro exemplo das recém-descobertas capacidades enigmáticas dessas aves. Em 2021, cientistas do Instituto de Tecnologia de Israel descobriram que as suindaras montam mapas mentais de suas cercanias em uma parte do cérebro conhecida como "hipocampo" — enquanto estão voando.

O hipocampo é uma estrutura cerebral que ajuda os animais a se orientarem em seu ambiente. Ele está na base do nosso senso de direção humano, da percepção dos lugares e da nossa capacidade de organizar as memórias que temos de nossas experiências de vida. Essa estrutura contém "células localizadoras" — neurônios que disparam de forma seletiva em pontos específicos ao longo de uma rota. Se você andar da cozinha até a sala de estar, os diferentes neurônios individuais, ou células localizadoras, vão disparar, montando um mapa da rota no seu hipocampo. Quando você fizer essa rota de novo, as mesmas células localizadoras vão disparar na mesma ordem. Dessa maneira, uma espécie de memória estrutural de um lugar vai sendo construída dentro do cérebro. Os cientistas estudam esse mapa cognitivo gravando a atividade de neurônios individuais nos animais que estão explorando determinado espaço.

Costumávamos achar que as células localizadoras e os mapas mentais eram exclusivos dos mamíferos, entre eles seres humanos, roedores e morcegos. As aves, segundo essa visão, não os tinham. Mas então os cientistas detectaram os disparos dessas células no cérebro de um pássaro canoro, o chapim-de-penacho-cinzento, conforme ele andava pelo chão. E agora as mesmas células foram detectadas em uma coruja, durante o voo. Isso faz bastante sentido quando se considera a necessidade que a ave tem de se familiarizar com seu território. A suindara "depende profundamente da memória para se orientar entre os postes e chegar a seu poleiro durante a noite", escrevem os pesquisadores. "Especulamos que a capacidade de caçar e se orientar numa escuridão quase completa se torna possível, em parte, graças a uma memória espacial excepcional, dependente do hipocampo."

Portanto, Milan Ružić estava certo no que diz respeito àquelas corujas-de-orelha em Kikinda, que pareciam saber exatamente aonde estavam indo. É provável que tivessem mesmo um mapa mental na cabeça — eis mais um superpoder corujesco.

As descobertas feitas pelos especialistas em corujas aprofundam nossa compreensão e nosso espanto, mas ainda há muito que não sabemos. Penso no pouco que sabemos sobre as populações e os movimentos de tantas espécies do grupo. Ou sobre as maneiras complexas pelas quais elas se comunicam, alimentam-se e dormem. Ou sobre como uma coruja escuta o seu próprio voo e o ajusta enquanto está caçando, ou sobre a maneira pela qual as corujas-das-neves encontram as grandes populações de lemingues que as sustentam de uma estação reprodutiva a outra. Ou sobre a altitude em que voam as corujas-serra-afiada quando estão migrando, ou sobre como os mochos-pigmeus conseguem sair zunindo da cavidade do ninho sem ter praticado o voo antes. Ou, por falar nisso, sobre o nível de inteligência das corujas.

Coruja-cinzenta

Uma coruja-cinzenta tem toda a cara de ser a quintessência da "velha coruja sábia", a cabeça enorme e os olhos brilhantes, o corpo inclinado para a frente no poleiro, num ângulo de 45 graus, como se estivesse repleta de curiosidade ou interesse. Será que a expressão tem algum pé na realidade?

O adjetivo "velha" ainda é uma das dúvidas. Embora as corujas possam viver até os 25 anos na natureza, a maioria tem um tempo de vida muito mais curto. Espécies de grande porte vivem mais do que as pequenas. Mas ainda não conhecemos os detalhes. E o problema mais difícil é o adjetivo "sábia". O que as corujas já nos ensinaram sobre sua inteligência? Será que elas *são* sábias mesmo? A sabedoria delas estaria apenas na nossa imaginação? Ou será que sua inteligência é uma área rica e inexplorada para pesquisas futuras?

Costumávamos achar que todas as aves eram autômatos voadores simplórios, impulsionados apenas pelo instinto, e que seus cérebros eram tão pequenos e primitivos que eram capazes apenas dos processos mentais mais simples.

O cérebro de uma coruja, tal como os da maioria das outras aves, poderia caber facilmente dentro de uma noz — um fato que deu origem ao termo pejorativo *cérebro de passarinho*. Mas já faz algum tempo que sabemos que o tamanho do cérebro não é o único — nem mesmo o principal — indicador de inteligência. E a verdade é que a maioria das corujas tem cérebros relativamente grandes em relação ao tamanho do corpo, tal como nós. Recentemente, os cientistas propuseram fatores por trás da origem desses cérebros maiores: o provisionamento parental, com a presença dos pais alimentando os filhotes durante um período crítico de seu desenvolvimento. Quando um grupo de animais chamados de "principais aves terrestres" (pássaros canoros, papagaios e corujas) surgiu uns 65 milhões de anos atrás, reza a teoria, eles trouxeram consigo algo extraordinário: a prole altricial, ou seja, filhotes que saem do ovo em um estado pouco desenvolvido, exigindo cuidado parental. Essa característica estava acompanhada do provisionamento parental extensivo daquela prole imatura, o qual desembocou nos cérebros notavelmente grandes de algumas linhagens de aves, incluindo as dos papagaios, dos corvídeos (corvos, gralhas e gaios) e das corujas.

Deixando o tamanho de lado, os cérebros de aves também ficaram com má reputação por causa de uma diferença detectada em sua arquitetura — uma aparente falta de um córtex cerebral com camadas, como o nosso —, reforçando aquela visão desdenhosa de outrora. Os neurônios da parte semelhante ao córtex no cérebro das aves (chamada de "pálio") têm um arranjo em pequenos aglomerados semelhantes a bulbos, feito uma cabeça de alho, enquanto os nossos neurônios integram um arranjo em camadas, feito uma lasanha. Achávamos que um animal precisava de um córtex em camadas para ser inteligente. Mas as novas pesquisas mostram que o pálio das aves, na verdade, está organizado de um jeito mais semelhante ao do córtex mamífero do que imaginávamos antes.

Além do mais, os cientistas descobriram que o que realmente importa para o cérebro inteligente — seja lá como ele esteja organizado — é a densidade das células nervosas, ou neurônios. E, ainda que os cérebros das aves sejam pequenos em termos absolutos, acontece que, em muitas espécies, eles estão lotados de neurônios, neurônios *pequenos*. Isso proporciona aos cérebros de algumas aves, como os papagaios e os corvídeos, mais unidades de processamento do que as da maioria dos cérebros de mamíferos e as mesmas capacidades cognitivas que as dos macacos, e até mesmo que as dos grandes símios.

Quanto mais neurônios existem no pálio de uma ave, independentemente do tamanho do cérebro ou do corpo, mais ela é capaz de comportamento e cognição complexos.

Outra coisa essencial para a inteligência é o nível de conexões entre os neurônios — como eles formam uma rede e se conectam. E, nesse aspecto, os cérebros das aves não são diferentes dos nossos, com alguns circuitos neurais muito parecidos. Para aprender seus cantos, por exemplo, os pássaros canoros empregam trilhas neurais que são parecidas com as que usamos para aprender a falar. Os corvos usam os mesmos circuitos de neurônios que empregamos para reconhecer o rosto das pessoas.

Cada vez mais, os pilares da diferença entre os nossos cérebros e os das aves estão desmoronando. O último a desabar é a capacidade de consciência. Um estudo de 2020, feito com gralhas-pretas, sugere que os cérebros das aves possuem os fundamentos neurais da consciência. "As bases para isso estão presentes sempre que o animal tem um pálio", afirma a neurocientista brasileira Suzana Herculano-Houzel.

Tudo isso é um estímulo à nossa humildade e sugere que ainda temos muito a aprender sobre a inteligência desses animais.

Mas e as corujas? O detalhe, no caso delas, é que a maior parte da região de seus cérebros semelhante ao córtex se dedica à visão e à audição — cerca de 75% dessa área, na verdade, o que supostamente deixa livre apenas um quarto dela para outros propósitos.

Não faz muito tempo, os cientistas conduziram um teste clássico de inteligência com corujas-cinzentas. O chamado "paradigma da puxada na corda" é amplamente usado para testar as habilidades de resolução de problemas em mamíferos e aves. A tarefa exige que os bichos entendam que puxar uma corda faz com que uma recompensa, na forma de comida, fique ao alcance deles. Gralhas e corvos passam no teste com louvor. Por outro lado, o experimento mostrou que corujas-cinzentas que ficaram diante de uma única corda com petiscos na ponta não conseguiram compreender a física por trás da relação entre os objetos — isto é, não captaram que puxar a corda traria a comida na direção delas.

Mas, sério mesmo, será que esse é um jeito justo de testar a inteligência de uma coruja? Como observa Gail Buhl, "é meio como dizer a um coelho, um peixe ou um antílope que, para passar num teste de inteligência, eles precisam subir numa árvore".

As corujas não são inteligentes do mesmo jeito que os corvos ou do mesmo jeito que *nós*, inventando soluções técnicas para problemas físicos ou compreendendo a física subjacente às relações entre objetos. Mas isso pode indicar apenas as limitações dos nossos próprios conceitos e medidas do que é a inteligência.

Os mochos-galegos são um símbolo de sabedoria, sendo companheiros de Atena, a deusa da sabedoria na Grécia Antiga. Pavel Linhart, o ecólogo comportamental da Universidade da Boêmia do Sul, na República Tcheca, aponta que pode existir alguma verdade nessa ideia. Os mochos que ele estuda reconhecem as pessoas, fazendo distinções entre os fazendeiros que estão acostumados a ver várias vezes por dia e os pesquisadores que às vezes colocam anilhas neles, checam suas caixas com ninhos ou os observam com binóculos — e os bichos se comportam de forma diferente perto dos dois tipos de pessoas. Com os fazendeiros, eles ficam relaxados e não saem voando tão rápido quanto diante dos ornitólogos. "São corujas muito curiosas e investigam seu ambiente", diz ele, o que pode fazer com que se tornem vulneráveis a certas armadilhas em volta dos assentamentos humanos — canos verticais, tubos de ventilação, aspiradores de feno, chaminés etc. — nas quais conseguem entrar, mas não sair. (Portanto, a curiosidade também pode matar a coruja.)

Se você perguntar ao ornitólogo Rob Bierregaard se as corujas são inteligentes, ele costuma contar uma história sobre corujas-barradas selvagens. Ele treina os bichos na natureza para chegarem perto quando ele assobia, para que consiga marcá-los com um rastreador de GPS ou recolher o aparelho. "Primeiro eu coloco um camundongo no gramado e, quando elas descem para pegá-lo, eu assobio", explica. "Depois coloco outro camundongo e faço de novo, e aí faço isso mais uma vez. Depois de três camundongos, elas descem quando eu assobio." As corujas aprenderam isso em um só dia, e nunca demora mais do que três sessões para fazer com que uma ave fique completamente treinada. "Já aconteceu de aparecerem aves que estavam esperando por mim um dia depois que eu as treinei", conta. "Então, minha avaliação de QI se baseia na rapidez com que elas aprendem que um assobio significa camundongos de graça."

Bierregaard se lembra de uma coruja com uma memória impressionante na hora de ser treinada. "A gente o chamava de Houdini, porque saía de todas as armadilhas que montávamos", recorda ele. "Três ou quatro anos depois que eu atraí o Houdini pela primeira vez com camundongos, voltei à mata para procurar por ele. Eu assobiei e ele apareceu. Fazia *anos* desde que eu tinha visitado aquela mata, e ele se lembrava do assobio! Então, juntando tudo isso, acho que você consegue avaliar por si mesma quão inteligentes são as corujas."

Além disso, diz Bierregaard, as corujas são brincalhonas, especialmente quando novinhas. Os cientistas suspeitam que o ato de brincar depende da cognição, e que espécies com cérebros relativamente maiores tendem a brincar mais. Essa capacidade não é fácil de reconhecer ou definir no mundo animal, mas os psicólogos evolutivos formularam uma série de critérios para identificá-la. As brincadeiras são atividades exageradas, desajeitadas, inapropriadas, não funcionais e repetitivas. Geralmente são espontâneas, intencionais, agradáveis e recompensadoras. São iniciadas apenas quando um animal está relaxado. "Temos vídeos de corujas no ninho dando botes em penas e pulando lá dentro", conta Bierregaard. "Sem nenhum propósito aparente. Só espírito brincalhão."

Ele acha que o espírito brincalhão das corujas-barradas também pode explicar alguns de seus ataques a corredores e ciclistas que estão vagando em cidades e subúrbios. É algo que em geral acontece no fim do verão e começo do outono, segundo o pesquisador. "A gente acaba recebendo várias pessoas relatando que foram atingidas por corujas. E eu acho que são só os indivíduos jovens sendo brincalhões. Conversei com um reabilitador que tinha um casal de corujas novinhas órfãs, e ele as criou livres, voando pela casa. Contou que no fim do verão e começo do outono elas ficavam voando pra lá e pra cá e simplesmente trombando em gente que passava de bicicleta ou correndo, tipo brincando de pega-pega com elas. É claro que, se você está brincando de pega-pega com uma coruja que tem garras muito afiadas, não é muito divertido quando você 'tá pego'."

Gail Buhl lembra que os adultos em cativeiro costumam mexer com objetos de enriquecimento ambiental deixados em seus aviários ou recintos. Podem "enfiar o pé" em tubos de papel higiênico ou caixas de ovos, arrastá-los para todo lado e rasgá-los — tendo ou não comida escondida dentro deles. "Muitas das corujas pequenas costumam ficar carregando insetos de brinquedo, feitos de plástico, de um lado para o outro à noite", diz ela. "Nunca tentam consumir os insetos, mas, de manhã, achamos os brinquedos em tudo quanto é lugar — às vezes guardados junto com sobras de comida, guardados sozinhos ou simplesmente largados em outro poleiro."

Karla Bloem afirma que a suindara em cativeiro que vive no Centro Internacional das Corujas também brinca bastante à noite. "Ela tem bichinhos de pelúcia, e à noite fica voando e os ataca em vários lugares", conta.

Você poderia argumentar que atacar, pular e carregar insetos de plástico de um lado para o outro é só prática de caça. Mas Bierregaard lembra de um vídeo no YouTube que mostra uma suindara, na Espanha, brincando com um gato preto, os dois animais sentados lado a lado e, de repente, indo para cima, dando mergulhos e botes um no outro, até que, de modo igualmente súbito, voltam a fazer carinhos mútuos. "Isso me deixou de queixo caído", conta ele, "porque, de todas as corujas, eu achava que as suindaras seriam as menos brincalhonas. Mas esses animais claramente estão brincando."

Jim Duncan às vezes brinca com Rusty, sua coruja-de-orelha, e Oska, sua coruja-cinzenta, quando as alimenta. Ele arruma suportes de ovos de Páscoa, prende uma cordinha neles e esconde a comida dos dois bichos — um camundongo morto — embaixo de um dos objetos. Rusty não parece entender a brincadeira, "e, se o camundongo estiver invisível debaixo do suporte, ele parece pensar que o camundongo foi embora". Mas, mesmo se o roedor estiver totalmente escondido, Oska voa até o local e dá um jeito de levantar o suporte correto.

Duncan já observou outros comportamentos aparentemente inteligentes de corujas-cinzentas que estavam nidificando na natureza. Depois que os filhotes começam a se termorregular sozinhos ou a voar, a fêmea pode deixar o grupo familiar e sair para caçar sozinha, para se alimentar e repor a grande quantidade de peso que perdeu durante o processo reprodutivo. (A maior parte da comida que o macho traz é usada para ajudar os filhotes a crescerem o mais rápido possível, maximizando suas chances de sobrevivência.) Mas a fêmea caça apenas em áreas fora do território do macho, para não tirar comida de seus filhotes. Em um dos ninhos, pouco antes de os bebês começarem a voar, o macho foi morto por um carro. Em vez de ir embora, a fêmea ficou com seu filhote e o alimentou. "Depois disso, o que ela fez foi fascinante", diz Duncan. "Devagarzinho, ela foi se aproximando de outro grupo familiar no qual um macho estava alimentando os filhotes e a fêmea já tinha saído, e fez com que seu filhote parcialmente órfão virasse parte dessa outra família vizinha. Assim, o bebê dela passou a ser alimentado com os outros dois do macho, para que ela pudesse sair e caçar para seu sustento."

Quando perguntei a Gail Buhl e Lori Arent sobre a inteligência das corujas, Buhl me contou que a sua visão sobre o tema tinha mudado radicalmente na última década.

"Costumávamos dizer que as corujas não eram inteligentes", diz ela. "Elas tinham todas essas adaptações incríveis para a sobrevivência e não precisavam de muita esperteza. Estavam agindo quase sempre com base no instinto, e não no aprendizado. Mas eu dei uma virada de 180 graus nisso, mudei totalmente de ideia. As corujas certamente nascem com boa parte das ferramentas de que precisam, mas aprendem ao longo da vida inteira. A sobrevivência delas depende disso."

"Há uma variação contínua no que chamamos de inteligência no mundo animal", explica ela, "e, entre as espécies de coruja, também existe essa variação contínua — ou simplesmente diferenças." Arent destaca que os mochos-orelhudos passam seis meses com seus pais, aprendendo habilidades de sobrevivência, "e, se em algum momento dessa fase eles são tirados dali, morrem de fome", conta. "Ao mesmo tempo você tem outra espécie, como as corujas-barradas, cujos filhotes ficam talvez seis semanas com os pais, se tanto, aprendendo os mesmos tipos de habilidades, só que parecem 'pegá-las' mais rápido."

"Mas, no geral, as corujas são altamente inteligentes", afirma Arent. "Eu acho que nós temos uma ideia pré-concebida do que é a inteligência. E só conseguimos nos comparar com os animais usando essa compreensão pré-concebida. As corujas têm uma cabeça diferente. Têm um estilo de aprendizado diferente, digamos assim. E isso simplesmente é algo que os seres humanos ainda não dominaram."

As corujas, portanto, estão nos convidando a encontrar novas definições de inteligência entre os animais. Fico pensando na maneira como uma corujinha-flamejante retira o ferrão de um escorpião. Ou em como uma jovem coruja-de-orelha em Kikinda aprende com seus pares que as pessoas que ficam fazendo hora na praça central não são uma ameaça. Ou como os mochos-pigmeus-do-norte "sacaram" que a eclosão sincronizada é o melhor jeito de se reproduzir com sucesso. Ou como, se as árvores mortas estão em falta, uma coruja-cinzenta mostra que é flexível e procura o ninho de um búteo-de-cauda-vermelha a trinta metros de altura, no alto de um pinheiro.

É verdade que grande parte do cérebro das corujas se dedica a examinar e sentir seu ambiente escuro. Mas será que isso não lhes dá sua própria cota de genialidade, uma capacidade assombrosa de se orientar naquele mundo noturno, com uma habilidade e destreza que mal podemos imaginar?

Penso também em um novo e fascinante estudo sobre corujas-buraqueiras, mostrando o que acontece quando elas colonizam áreas urbanas. Embora a urbanização esteja roubando bons habitats de muitas espécies do grupo, algumas delas, como as corujas-barradas, as corujinhas e as corujas-buraqueiras, estão se instalando com sucesso em cidades. Os estudos mostram que as corujas que se alimentam de insetos são atraídas pelas luzes dos postes e costumam nidificar ali perto para se aproveitar dessas refeições fáceis de conseguir. Em 2020, um grupo de pesquisadores do Instituto Max Planck de Ornitologia fez uma descoberta muito interessante: eles compararam os genomas de corujas-buraqueiras urbanas e rurais na América do Sul, verificando que as aves urbanas, que tinham começado a colonizar cidades fazia só poucas décadas, tinham evoluído variantes em 98 genes diferentes que são importantes para funções cognitivas — genes que podem muito bem estar desempenhando algum papel na adaptação aos ambientes citadinos.

Esse estudo indica a presença de algo que traz esperança nas corujas, o que os biólogos chamam de "plasticidade" na cognição e no comportamento dos animais. As populações de corujas têm dentro delas variações, adaptabilidade e versatilidade que permitem que ao menos alguns indivíduos reajam de forma flexível à mudança ambiental.

Considere as corujas-de-orelha que se juntam naqueles enormes ninhais urbanos na Sérvia. "As aves que estão mais adaptadas às atividades humanas são as que vão passar adiante seus genes", afirma Milan Ružić. "Dessa forma, esses ninhais podem estar moldando a espécie. Por causa das pressões urbanas sobre o mundo natural, das alterações de habitats e da mudança climática, a evolução está acontecendo muito mais rápido do que o normal. É uma época em que as espécies precisam se adaptar ou vão morrer. Talvez o que estejamos presenciando agora, com esses imensos ninhais urbanos, não seja muito bom no longo prazo. Talvez as corujas sobrevivessem melhor se nunca tivessem tido contato conosco. Mas não sabemos, porque estamos no meio do processo."

Penso também nas corujas-das-neves andejas que acabam indo parar em lugares surpreendentemente meridionais. Pode ser algo acidental, causado por inexperiência ou por uma falha de orientação. Mas, para algumas aves migratórias, "sair da rota" pode acabar sendo uma saída diante de um plantel de presas desfalcado, da mudança climática causada pelos seres humanos ou da destruição de habitats. Em vez de ficar onde não dá mais para viver e enfrentar um potencial desastre, alguns poucos pioneiros conseguem achar novos lugares. Isso pode ser verdade para as corujas também. A capacidade de tomar decisões flexíveis ao longo da vida, de aprender, de alterar estratégias, explorar e se adaptar — no caso das corujas-buraqueiras urbanas, em um intervalo surpreendentemente curto de tempo — decerto pode ser classificada como um tipo de inteligência. E pode ser razão para algum otimismo diante das mudanças catastróficas que estão ocorrendo no mundo.

Parece-me que as corujas estão nos mostrando como as aves são capazes de *incorporar* a inteligência, em olhos e ouvidos, coloração e voo crípticos, memória e talento para a caçada, flexibilidade, nuances, criatividade e discernimento.

Também estão nos mostrando como os animais podem oferecer serviços — econômicos, ecológicos, culturais — de maneiras que nunca imaginamos.

Fazendeiros e viticultores de locais que vão da Califórnia à Sérvia, da Holanda à Índia, beneficiam-se da presença das suindaras, que controlam as populações de ratos e camundongos. No Chile, na Argentina e em outros países, diversas espécies do grupo — a coruja-chilena, o corujão-chileno, o caburé-austral e as suindaras — impedem o crescimento populacional de roedores silvestres que transmitem os hantavírus, protegendo a saúde humana.

Como predadoras do topo da cadeia alimentar, equivalentes a lobos do céu, as corujas desempenham um importante papel ecológico, impedindo que roedores e outras presas ocupem em demasia o espaço de outras espécies, mantendo o equilíbrio e preservando a integridade dos ecossistemas. Elas nos revelam a interconexão que une os seres vivos. O que seria das corujas sem os pica-paus que lhes abrem buracos, e sem os gaviões e pegas que lhes constroem ninhos? E o que seria da nidificação dos gansos-de-peito-ruivo se não houvesse corujas-das-neves para protegê-los?

O quê? Corujas protegendo uma espécie que é presa? Eu sei, parece um contrassenso. Mas, por causa da defesa agressiva de seus ninhos, algumas corujas acabam contendo os predadores de outras espécies que nidificam por perto. As corujas-das-neves não toleram skuas nem raposas-do-ártico perto de seus ninhos, e os estudos mostram que os gansos-de-peito-ruivo se reproduzem com mais sucesso quando nidificam nas cercanias dos ninhos dessa espécie agressiva e de grande porte. Os pássaros canoros que nidificam sob a "proteção predatória" das corujas-dos-urais na Finlândia gozam dos mesmos benefícios. As corujas espantam predadores de ninhos enquanto defendem suas próprias famílias, além de comer outros predadores em seu território, tais como gralhas e doninhas. O efeito protetor se irradia por centenas de metros em volta do ninho. Que reviravolta adorável na visão tradicional sobre as relações predador-presa.

As corujas também podem funcionar como embaixadoras da conservação de seus habitats. "As pessoas de fato são tocadas por elas", diz Denver Holt, pelo menos em algumas partes do mundo. "Se estamos trabalhando em favor da conservação de pradarias, tundras, desertos ou florestas e existe uma espécie de coruja que vive nesses lugares, dependendo daquele ambiente, ela é totalmente capaz de fazer com que a mensagem de conservação atinja o alvo."

As corujas trazem ainda vislumbres surpreendentes do passado ecológico. É uma ideia que aparece em *Cidade nas nuvens*, belo romance de Anthony Doerr. No mundo virtual asséptico que ele foi contratado para criar, o personagem principal do livro sabota discretamente o sistema ao deixar a verdade entrar na forma de pequenas corujas, "pichações de corujas, uma máquina de bebidas com forma de coruja, um ciclista de smoking usando uma máscara da ave", escreve Doerr. "Basta encontrar uma delas e tocá-la, e você faz descascar a imagem asséptica e polida e revela a verdade debaixo dela" — as calamidades, a seca, a fome e o sofrimento do passado real.

Há uma intuição profunda nessa ideia. As corujas podem ser espelhos das nossas almas, mas também são janelas que permitem ver como era a vida muito tempo atrás.

Quando o ecólogo australiano Rohan Bilney tropeçou em conjuntos de pelotas de coruja da altura do joelho nas cavernas e plataformas de pedra de Gippsland, em seu país natal, ele sabia que tinha achado uma mina de ouro de informações. As pelotas haviam sido produzidas pela coruja-sombria — uma espécie particularmente enigmática que é ótima para guardar segredos — e remontavam a centenas ou mesmo milhares de anos atrás. O conteúdo delas revelou um cenário de rápida mudança ambiental na Austrália, o qual nunca tinha sido compreendido totalmente. Como era a comunidade de mamíferos da região antes da colonização europeia, antes das mudanças operadas pelo desmatamento, por incêndios, pastagens, herbívoros exóticos, exploração madeireira e introdução de carnívoros invasores?

"Tínhamos uma compreensão muito ruim de tudo isso", explica Bilney. "A escassez de informação histórica fez com que fosse difícil estimar a magnitude das mudanças ambientais, e muitas vezes entendemos tudo errado." Isso é especialmente verdadeiro quando o assunto é como as mudanças afetaram os mamíferos florestais da Austrália, muitos dos quais são pequenos e noturnos, e essa falta de conhecimento distorceu a percepção sobre o estado atual dos ecossistemas e atrapalhou as ações corretas de proteção a eles.

Nas pelotas de corujas, Bilney identificou os ossos e outros restos de mais de 7,5 mil mamíferos, muitos dos quais hoje extintos na região, revelando mudanças enormes na composição das populações das espécies de pequeno porte. Pouco antes da chegada dos europeus, as corujas-sombrias de Gippsland predavam com regularidade pelo menos 28 espécies de mamíferos. Agora, a dieta delas nessa área consiste em apenas dez espécies. Os cientistas sabiam que a Austrália sofreu a maior extinção de mamíferos de qualquer país mundo afora, porém a extensão dos declínios e da devastação trazida pela colonização europeia tinha sido significativamente subestimada. Devemos agradecer às corujas-sombrias por esse novo insight.

E essas aves oferecem outro tipo de serviço também.

Quando Priscilla Esclarski estava entrevistando moradores para o projeto Corujas nos Mitos e na Cultura, de David Johnson, ela perguntou a uma mulher do sul do Brasil sobre o motivo pelo qual algumas pessoas de sua comunidade enxergavam as corujas daquela maneira. A mulher respondeu: "Porque elas encantam o ambiente".

As corujas não são tão onipresentes para nós quanto os pássaros canoros, aquelas lindas flores que gorjeiam. Mas a presença delas persiste de algum modo ou em algum lugar mais profundo, onde a noite vive dentro de nós, e também lá fora, no escuro, como encarnações do desconhecido e do que não se pode conhecer.

Ao provocar reações poderosas dentro de nós, as corujas trazem um benefício cultural. "Elas meio que remexem o caldeirão interno das pessoas, de maneira que adquirimos uma ampla paleta de experiências e sensações, ficando assustados, sentindo espanto e maravilhamento", diz Felice Wyndham. "Isso também é um serviço que elas prestam. E é ainda um lembrete de como é vital que os conservacionistas consultem líderes indígenas e tentem integrar ao seu trabalho aquilo que é culturalmente relevante para as pessoas no que diz respeito às corujas", afirma ela. "Os conservacionistas cuja base vem apenas das ciências naturais e que só dão ênfase aos serviços ecossistêmicos podem acabar ficando presos para sempre em um paradigma raso, que não funciona bem no mundo real, se não conhecerem, e respeitarem, as perspectivas e relações das comunidades locais com as corujas."

Em certa tarde de agosto, perto do pôr do sol, observei a soltura de uma coruja-barrada que tinha recebido cuidados no Centro da Vida Selvagem da Virgínia. A operação aconteceu no alto de uma montanha perto de Charlottesville, uma área de 243 hectares de excelente habitat para corujas — floresta mista apinhada de pequenos mamíferos. A jovem ave tinha sido trazida até o centro alguns meses antes, no fim de abril. A história oficial era que ela havia caído de um ninho, mas na verdade o pessoal da construção civil cortara a árvore, e a corujinha bebê despencara até o chão. Ela tinha só umas duas semanas de vida, e os voluntários do centro tentaram reaninhá-la, colocando-a em uma cesta de Páscoa de vime, presa a uma árvore. Mas não havia nem sinal da mamãe ou do papai, e, no dia seguinte, ela estava no chão novamente. Então, a equipe a levou para o centro e a colocou junto com outros cinco bebês da espécie e três adultos.

Agora ela estava pronta para voltar à natureza. A veterinária do centro, Karra Pierce, levou-a para o monte Piney em uma caixa de transporte para cães. A instituição tenta soltar os animais adultos no lugar onde foram encontrados. "Desse jeito, eles já sabem onde caçar, dormir, conseguir água", diz Pierce. "Esta aqui a gente vai soltar num bom habitat e torcer para que dê certo." A coruja está em ótima forma e bem alimentada, mas vai levar tempo até que ela ache bons locais de caça e lugares seguros para se empoleirar e dormir.

Pierce coloca a caixa no chão, em um lugar aberto. Está um pouco nervosa com a soltura. "Outras, no passado, não aconteceram conforme o planejado", diz ela. "Uma águia que soltamos com grande estardalhaço, com gente da imprensa esperando e uma comemoração aérea planejada, simplesmente se enfiou nuns arbustos espinhentos e não queria voar."

Barry, a coruja-barrada

O nosso pequeno grupo se reúne em um semicírculo, a alguma distância da caixa. A vista do alto da montanha é espetacular, com a cidade abaixo de nós, a floresta se espalhando pelas encostas, o sol poente. Uma pessoa pergunta se pode cantar uma canção ou algo do tipo. "Não", responde Pierce. Na verdade, é melhor fazer o máximo de silêncio possível. Quanto mais quietos ficarmos, maior a probabilidade de que a coruja faça o que quer fazer e o que Pierce quer que ela faça — sair voando e voltar para a vida dela na natureza. Assim, ficamos parados o máximo possível, tentando parecer invisíveis.

Pierce abre a caixa e a coruja decola imediatamente, batendo forte as asas, rumo à mata. Ela se ajeita em uma árvore alta a alguma distância de onde estamos reunidos, mas ainda à vista. "Ela é tão esperta", diz Pierce. "Está observando a região. Adora esse tipo de floresta densa. Pode ser que ache que este é um bom habitat, um bom lar, mas também pode ser que vá procurar outro lugar. Com alguma sorte, nunca mais vou ver essa coruja", completa ela.

Naquela mesma tarde, centenas de pessoas se reuniram no Central Park para fazer uma vigília por Barry, a querida coruja-barrada que tinha cativado os nova-iorquinos antes de sua morte. As pessoas traziam flores e escreviam mensagens com giz debaixo da árvore de cicuta no Ramble do Central Park onde ela costumava se empoleirar. Estavam em silêncio para reconhecer sua ausência, mas sentiam sua presença em todo lugar. Um artista desenhou um retrato dela na calçada com a citação: "Nada numa floresta chega a morrer... as coisas apenas mudam de forma".

Estando ou não ali, Barry encantaria aquela paisagem. E, como todas as corujas, ela nos faz recordar que estamos sempre empoleirados à beira do mistério.

POSFÁCIO

Como salvar as corujas: protegendo aquilo que amamos

As aves têm existido neste planeta, de uma forma ou de outra, há mais de 100 milhões de anos, diversificando-se, ao longo do tempo, em uma gama de espécies de tirar o fôlego, de marrecos-colhereiros a bocas--de-sapo, de pinguins a bacuraus, de beija-flores a calaus, de anambés a emus. Mas hoje quase metade das espécies de aves do mundo está em declínio.

E quanto às corujas? Quais espécies estão prosperando? Quais estão com problemas e por quê? O que podemos fazer para salvá-las?

As generalistas de distribuição ampla do grupo — as corujas-barradas, as corujas-dos-urais e as corujinhas-do-leste — parecem estar se dando bem, com uma expansão de suas populações. De hábitos e dietas flexíveis, essas aves são capazes de tentar quase qualquer coisa para sobreviver e podem prosperar até mesmo em ambientes urbanos densos e caóticos. Sua adaptabilidade e sua engenhosidade ao fazer uso de um mundo moldado por seres humanos podem ser vistas como um sinal positivo.

Outras espécies, como algumas corujinhas, as corujas-serra-afiada e os mochos-orelhudos, estão conseguindo se virar em meio às mudanças. Mas muitas outras correm risco de desaparecer por causa da perda das grandes árvores em florestas virgens que outrora abrigavam os buracos de seus ninhos e das vastas campinas e pradarias que funcionavam como seus territórios de caça, e também por causa da ameaça das espécies invasoras e dos rodenticidas e dos extensivos efeitos da mudança climática. As perdedoras no drama da evolução e da extinção provavelmente vão ser as especialistas limitadas a nichos ecológicos estreitos e a pequenas distribuições geográficas, as espécies insulares, as dependentes de florestas e aquelas que perderam a maior parte de seus habitats.

As corujas que vivem em ilhas talvez sejam as mais vulneráveis do mundo. A maioria das espécies que estão no limiar da extinção são hoje as insulares, entre elas a corujinha-de-siau, um bicho minúsculo, castanho e com tufos nas orelhas, confinado a vestígios de mata na grande ilha de Siau, na Indonésia, e a ameaçada coruja-de-máscara-da-tasmânia, que se abriga em grandes ocos dos eucaliptos centenários da ilha — um recurso que vai sumindo com rapidez.

A perda de habitats nativos é a maior ameaça isolada às populações de corujas. Nos séculos passados, a urbanização, o desmatamento e o desenvolvimento agrícola privaram muitas corujas de seus habitats florestais e de campo aberto. O que resta desses ambientes muitas vezes acaba ficando degradado por causa das mudanças na composição de espécies vegetais — de nativas para invasoras —, o que, por sua vez, faz declinar o número de pequenos mamíferos que se alimentam das sementes das gramíneas nativas e, junto com eles, o número de corujas que os predam.

A atividade humana mundo afora está retalhando quase todos os habitats de corujas em fragmentos isolados semelhantes a ilhas — das florestas tropicais úmidas da Mata Atlântica do Brasil às pradarias de Montana —, colocando em risco populações locais como a corujinha-da-floresta da Índia, a corujinha-de-dorso-castanho do Sri Lanka e a corujinha-de-bigode dos Andes peruanos. Ambas as novas espécies descobertas no Brasil, a corujinha-de-alagoas e a corujinha-do-xingu, já correm risco de extinção. Apesar de imensos esforços de conservação, populações da coruja-pintada-do-norte, também ameaçada, estão no menor nível de todos os tempos. O Serviço Florestal dos Estados Unidos acabou de categorizar a caburé-ferrugem como ameaçada. A coruja-buraqueira já foi listada como uma espécie que inspira preocupação em nível nacional no território estadunidense, com declínios marcantes nas Grandes Planícies, e está ameaçada no Canadá. Até

Coruja-das-neves

a coruja-de-orelha, considerada de situação "pouco preocupante" na Lista Vermelha de Espécies Ameaçadas oficial da IUCN (International Union for Conservation of Nature), está, segundo alguns relatos, próxima de uma situação muito crítica em certos locais.

Há uma profunda preocupação quanto à coruja-das-neves, com sua beleza etérea. Uma década atrás, a população global delas era estimada em 200 mil indivíduos, incluindo populações separadas que faziam ninhos na Rússia e nos territórios do noroeste da América do Norte. Mas, por meio de rastreamento de satélite e dados genéticos, os cientistas passaram a notar que o número real provavelmente era muito mais baixo. As populações da espécie, pelo que se descobriu, não são separadas, mas formam uma única população, que se movimenta por todo o Ártico. O mesmo casal pode, por exemplo, fazer seu ninho na Rússia em um ano, nos territórios do noroeste em outro e na ilha de Baffin no ano seguinte. Agora, a estimativa populacional para as corujas-das-neves é de apenas 30 mil adultos, e a ave é classificada como vulnerável.

A ideia de que essa espécie, com criaturas tão incrustadas na nossa psique, pode desaparecer — o fato de termos por perto essa magia e então perdê-la — é impensável e ressalta a urgência de fazermos tudo o que pudermos para salvar essas aves.

Enquanto escrevo isto, Denver Holt está no Ártico, procurando corujas-das-neves perto de Utqiaġvik, no Alasca. Essa área, a noroeste da baía de Prudhoe, entre os mares de Chukchi e Beaufort, é considerada há décadas o local de procriação mais confiável para a espécie nos Estados Unidos. Holt tem ido até lá todo mês de junho, há mais de trinta anos, para tentar compreender o que está acontecendo com as tendências de reprodução das corujas e para monitorar as populações de lemingues. Em alguns verões, ele chegou a encontrar até cinquenta ninhos. Em 2021 e 2022, achou apenas um. Ultimamente, quase todas as pequenas elevações na tundra que as aves tradicionalmente usavam como locais de nidificação têm ficado vazias.

Procurar os ninhos da espécie é trabalho pesado. O Ártico é um lugar que desafia as pessoas o tempo todo, mesmo no verão, quando suas paisagens totalmente abertas são lavadas pela luz o dia inteiro, com uma beleza sutil que você precisa se inclinar para enxergar, trechos bonitos de flores agarradas ao chão salpicando a tundra, como botões-de-ouro-da-neve ou as rosadas flores-de-abelha. Farley Mowat escreveu sobre a atração das vastas paisagens árticas como uma espécie de doença, "uma febre [que] não tem nenhum efeito sobre o corpo, mas continua viva apenas na mente, enchendo sua vítima com um anseio devorador de voltar a sair vagando [...] através daqueles magnos espaços". Mas, para Holt, vagar em busca de ninhos é exaustivo, longas jornadas em meio ao permafrost encharcado que fica puxando as suas botas.

É difícil saber por que as corujas não estão se reproduzindo em Utqiaġvik nos níveis costumeiros do passado, diz ele. "A tendência é de diminuição para as corujas-das-neves e aponta ligeiramente para baixo no caso dos lemingues também." A população de lemingues ainda flutua, mas os pontos altos não são tão altos quanto costumavam ser, e os anos ruins têm se sucedido, um depois do outro. As oscilações "normais" estão sendo afetadas por uma mudança de maior escala. O gelo está afinando, o permafrost derrete, a neve está mudando — e tudo isso afeta os lemingues. "Se as populações da espécie enfrentam problemas, as implicações para a teia alimentar são radicais", alerta ele. "Os mamíferos pequenos — e as corujas grandes alimentadas por eles — são um barômetro da pressão trazida pela mudança climática e pelas calamidades ambientais. Mas simplesmente não conhecemos os detalhes." Ele não consegue deixar de se preocupar com a confusão a respeito dos números e a possibilidade de uma mudança profunda e ameaçadora.

Os cientistas ainda estão começando a entender como as corujas são afetadas pela mudança climática induzida pelo ser humano. Alterações de temperatura podem fazer com que a disponibilidade de presas seja desassociada das épocas de acasalamento e das necessidades de ninhos. As corujas migratórias talvez fiquem particularmente vulneráveis, porque a época de suas migrações é calibrada para coincidir com o aparecimento de insetos e outros eventos em ecossistemas que são influenciados pela temperatura. O aquecimento pode esvaziar as despensas ou "freezers" que certas aves, como as corujinhas-eurasiáticas, usam para estocar comida perecível a fim de consumi-la no inverno. A seca prolongada talvez cause perigosos atrasos na nidificação de algumas espécies, como as corujas-buraqueiras. Um clima em transformação é capaz de alterar radicalmente os habitats e mudar a distribuição dos bichos e de suas presas. Espécies que dependem de florestas de altitude, como as corujinhas-flamejantes, podem ver seu território encolher. Os cientistas predizem que, neste século, as florestas de álamo-trêmulo talvez desapareçam quase por completo em muitas regiões da América do Norte e, junto com elas, os buracos dos quais tantas corujas dependem para nidificar.

"A coruja de Minerva estica suas asas apenas com a chegada do crepúsculo." De acordo com algumas interpretações, a famosa (e talvez única) menção feita por Hegel a essas aves sugere que a compreensão humana chega apenas quando é tarde demais.

Não é tarde demais, diz David Johnson. Mas, com tantas espécies de corujas declinando velozmente, não há tempo a perder. "O tique-taque do relógio da extinção está ficando mais forte no caso delas", alerta ele. Essas aves desaparecem todos os dias, e as mudanças em florestas, pradarias e tundras quase certamente estão acontecendo rápido demais para que elas consigam se adaptar.

O que devemos fazer?

Tudo o que estiver a nosso alcance.

Pessoas no mundo todo estão fazendo esforços para mitigar os desastres — para reduzir a velocidade do desmatamento e da conversão de ambientes, eliminar ou reduzir o uso de rodenticidas e outros venenos, erradicar espécies invasoras, construir caixas para ninhos em lugares onde as árvores que antigamente ofereciam espaços de nidificação e troncos ocos para corujas desapareceram. Pesquisadores e cientistas-cidadãos têm fabricado essas caixas com lindas madeiras nativas no Japão, barris de óleo de soja na Rússia, tábuas de forro feitas com pinho na África do Sul e impressoras 3D na Austrália.

Um passo muito importante é ter uma noção melhor das populações de corujas, diz Holt. "A verdade é que, para muitas espécies, não conhecemos bem os números." Não é fácil monitorar essas populações. Algumas espécies se mudam de lugar com as estações e ano após ano, à procura de bolsões confiáveis de presas, e seus movimentos ainda não são bem compreendidos, o que as torna difíceis de rastrear. A maioria dos estudos coleta dados durante no máximo algumas estações, "e estudos de curto prazo não têm como fornecer dados robustos", destaca ele. "O que há são muitas flutuações. Para obter um retrato verdadeiro das populações, você precisa monitorá-las durante seu tempo de vida."

Não são muitos os pesquisadores que fazem isso. Alguns dos estudos mais duradouros do mundo foram conduzidos por Pertti Saurola, que tem monitorado as populações de corujas da Finlândia por bem mais do que meio século. Os seres humanos estão alterando o ambiente com tanta rapidez que o monitoramento anual sistemático de populações é essencial, segundo Saurola. Na Finlândia, ele organizou um pequeno exército de marcadores voluntários altamente treinados para realizar essa tarefa. No caso da maioria das espécies, incluindo bufos-reais, corujas-cinzentas e mochos-fúneres, as tendências são de queda. A boa notícia? As populações de corujas-dos-urais e corujas-do-mato-europeias ficaram estáveis ou estão aumentando devagar, graças à fabricação de caixas de ninho, tocada por voluntários, para compensar a perda de árvores antigas com cavidades grandes.

Os métodos usados para contar aves em muitos lugares, como as pesquisas de reprodução aviária e as contagens de aves de Natal — um censo de aves realizado todo mês de dezembro por observadores voluntários —, não são talhados para detectar corujas. Seu objetivo é estimar o número de aves canoras diurnas. "Precisamos padronizar os métodos de monitoramento e adaptá-los especificamente para trabalhar com corujas", avalia Holt. "Só assim vamos conseguir as informações confiáveis de que precisamos sobre status populacional, habitat e tendências de longo prazo que nos permitam criar programas de conservação que sejam sólidos."

Cidadãos comuns podem colaborar com esse esforço. Desde 1991, Jim Duncan e sua esposa e colega zoóloga, Patricia Duncan, têm liderado levantamentos noturnos da população de corujas em Manitoba durante a época de reprodução, na primavera. Lançaram esse programa porque queriam não apenas preencher a lacuna que existia nos programas de monitoramento que já existiam, os quais não contavam com métodos adequados no caso das corujas, mas também dar aos voluntários uma experiência pessoal de trabalho com corujas. O programa começou modesto, mas depois ficou conhecido pelo boca a boca e foi crescendo cada vez mais, diz Duncan. "As corujas, vistas como um grupo de aves, simplesmente parecem exercer uma ressonância ou um impacto desproporcional nas pessoas." Ao longo de 25 anos, o programa atraiu novecentos voluntários, que detectaram mais de 6,3 mil corujas de onze espécies diferentes. Os Duncans coordenavam tudo isso da cozinha de casa numa fazenda no Canadá. Os voluntários tinham todas as profissões imagináveis. "Entre os que se saíam melhor, o pessoal que voltava para os levantamentos ano após ano, incluíam-se um químico nuclear, um poeta, um biólogo que trabalhava num parque, duas fazendeiras, um jovem estudante e alguns aposentados", diz Duncan. "Era um grupo muito eclético." A dedicação deles o impressionava. Um dos voluntários se meteu em uma encrenca ao fazer um levantamento na estrada número 13, parte da área de estudo de Duncan sobre corujas-cinzentas em ninhos.

"O relatório dele dizia: 'Fui até a parada 7 e vi luzes acesas numa van à frente, e depois as luzes se apagaram. Quando estava procurando as corujas, ouvi um tiro e uma bala passou zunindo perto da minha cabeça. Então, desculpa mesmo, mas pulei a parada seguinte e continuei até a parada 9. Desculpa ter pulado aquele ponto'. Aí eu disse: 'Opa, rapaz, por que você ficou lá? Provavelmente eram caçadores ilegais defendendo o território de caça deles. Você devia ter dado o fora!'. Que dedicação e que loucura esse cara tinha pelo levantamento — simplesmente continuou o trabalho!"

Os dados que os voluntários coletaram sobre a distribuição e a abundância das corujas em diferentes habitats, e sobre suas tendências populacionais, têm sido usados amplamente em artigos científicos e projetos de conservação. "É um jeito de monitorar as corujas em distribuições geográficas amplas ao longo de muitas décadas", explica Duncan. "E é algo que conecta as pessoas à natureza e às corujas, o que torna mais provável que elas apoiem e exijam ações de conservação para preservar habitats. No Canadá, as chamadas saidinhas de coruja proliferaram em todos os cantos do país. Talvez algum dia elas 'peguem' em outros lugares."

Para salvar as corujas, precisamos ampliar e aprofundar nosso conhecimento a respeito de suas populações e dos habitats onde elas vivem, e isso significa estudar as aves de todas as maneiras descritas neste livro. Significa rastreá-las a longo prazo e pesquisar a demografia, o comportamento, a biologia e a ecologia delas, estação após estação, ano após ano. Significa proteger os lugares onde elas fazem ninhos e se empoleiram. E, talvez o mais importante, significa educar as pessoas sobre a natureza dessas aves e a necessidade de protegê-las.

"Os seres humanos são, no fundo, o maior problema que as corujas enfrentam mundo afora", diz Karla Bloem. A pressão de uso da terra — para agricultura, construção de moradias, indústria — está destruindo os poucos refúgios que lhes restam. E, em algumas partes do planeta, as corujas ainda são perseguidas ativamente, caçadas ou capturadas e mortas por causa do simbolismo em torno delas.

Em algumas culturas, as corujas são literalmente amadas até a morte (delas). Na Índia, na noite do Diwali, o Festival das Luzes, dizem que Lakshmi, divindade da riqueza e da prosperidade, viaja pela Terra visitando casas iluminadas por lamparinas. Na mitologia hindu, as corujas são consideradas o *vahana* (ou veículo) de Lakshmi. Algumas pessoas acreditam que matar uma coruja — embora seja ilegal fazê-lo — vai aprisionar Lakshmi na casa delas, trazendo-lhes boa sorte e riqueza o ano todo. A consequência disso é que o Festival das Luzes vitima milhares de corujas.

Esforços para modificar tendências culturais podem ajudar muito na proteção de espécies nesses lugares.

Raju Acharya trabalha há décadas para mudar a mentalidade das pessoas no Nepal, onde nasceu. Em seu país, conta ele, acredita-se que as corujas são burras e trazem azar. São caçadas como alimento e por esporte. "O governo protege muito menos as corujas do que os leopardos-das-neves, os rinocerontes e outras espécies ameaçadas." Por isso, Acharya promove festivais que levam danças, jogos e outras atividades culturais para a zona rural de seu país, a fim de atrair as pessoas, e então associa essas atividades a esforços educacionais sobre as 23 espécies de corujas que vivem no Nepal. Ele já conduziu centenas de acampamentos de conservação em escolas, especialmente perto das fronteiras entre a China e o Nepal, realizou workshops para líderes políticos e publicou materiais sobre conservação e newsletters a respeito das corujas, alcançando um público de milhões de pessoas.

Em regiões do mundo em que as corujas são mortas assim que aparecem, por serem consideradas de mau agouro, ou caçadas para uso em medicamentos ou curas tradicionais, os conservacionistas estão dando ênfase à educação, especialmente a das crianças.

Nos anos 1990, a Sociedade Ornitológica Zambiana decidiu fazer uma pesquisa com crianças sobre as visões que tinham a respeito das corujas, isso em um país onde essas aves muitas vezes são mortas por fazendeiros e aldeões. O grupo pediu às crianças que escrevessem as histórias que tinham ouvido sobre corujas, fizessem desenhos, levassem perguntas para os anciões dos vilarejos e escrevessem sobre as respostas dadas por eles. A enxurrada de trabalhos que surgiu disso era tão interessante que a sociedade os transformou em um pequeno livro, *Owls Want Loving* [É preciso amar as corujas]. O livro costura o conhecimento tradicional e as informações de história natural sobre os papéis que as aves desempenham, fornecendo serviços ecológicos e econômicos valiosos. "É uma das melhores ferramentas educacionais que conheço, e agora está sendo usado em escolas de ensino fundamental em todo o país", diz David Johnson.

Na África do Sul, um projeto lançado por Jonathan Haw para enfrentar o aumento da população de ratos em Johannesburgo também tem funcionado como um eficaz programa educacional sobre corujas. O site owlproject.org começou vinte anos atrás, com o propósito de distribuir caixas de nidificação em bairros pobres para enfrentar o problema com os ratos e, ao mesmo tempo, mudar a visão das pessoas sobre as corujas. A equipe do projeto trabalhou com escolas para apresentar às crianças negras sul-africanas em idade escolar as maravilhas naturais das corujas e o potencial das aves como parceiras para controlar ratos nas comunidades empobrecidas onde as crianças vivem.

"As pessoas se sentem intimidadas diante de coisas que não conhecem", pondera Kefiloe Motaung, um dos gerentes do projeto. "A melhor maneira de enfrentar isso é educar as pessoas sobre o valor das corujas." Desde que o projeto começou, cerca de 260 mil crianças participaram, dissecando pelotas, assistindo a palestras educacionais sobre as aves, vendo corujinhas bebês nascerem nas caixas de nidificação, ajudando a reabilitar e soltar corujas e aprendendo mais sobre o papel que elas desempenham para resolver o problema com os ratos. "Depois que terminam o programa, elas recebem um certificado e se tornam nossas embaixadoras", diz Haw. "A beleza disso é que essas crianças vão para casa e ajudam a educar seus pais, então é um tipo de programa educacional de baixo para cima. Os pais, muitas vezes, aparecem também e participam eles mesmos de um curso de dissecação de pelotas de coruja."

O projeto faz um acompanhamento dos participantes com questionários voltados tanto para as crianças quanto para seus pais. Você acha que as corujas dão medo? Acha que elas podem ser usadas para fazer remédios? Acha que fazem bem para a natureza? "Submetemos esses questionários a cerca de 2 mil crianças", conta Haw. "Comparamos as que participaram do projeto um ano antes — porque assim

Crianças em um orfanato da África do Sul com suindaras trazidas por Jonathan Haw e a equipe do owlproject.org

tiveram chance de absorver ou digerir as informações — com as que nunca tinham participado. Os resultados foram fascinantes. As que participaram do programa disseram que as corujas não podiam ser usadas para fazer remédios. Que elas não davam medo. Que eram boas para o ambiente. E as que não participaram, bem... as respostas não foram as mesmas. A discrepância foi enorme."

O programa também colaborou com uma organização norte-americana chamada RATS (sigla de Raptors Are the Solution, ou "aves de rapina são a solução"), que trabalha para reduzir o uso de rodenticidas, criando um pôster lindo e colorido com mensagens pró-corujas em zulu e dez outras línguas da África do Sul. "Colocamos o pôster em comunidades pobres de todos os lugares, para que as crianças o lessem, dessem uma olhada e percebessem que essa era a mensagem", diz Haw. O projeto também convocou mais de duzentos taxistas sul-africanos, que colaram adesivos em seus carros com esta mensagem simples: Corujas Comem Ratos.

Em locais onde as corujas são vistas de maneira negativa, os conservacionistas também estão trabalhando para aumentar a conscientização das pessoas sobre seu valor econômico. Um dos argumentos favoritos de Milan Ružić ao falar com fazendeiros sérvios sobre deixar corujas-de-orelha ficarem em seus campos é mais ou menos este: os roedores comem milhares de quilos de grãos nas fazendas todo ano. Uma família de corujas com três filhotes come cerca de 8 mil roedores por ano. Com um só casal reprodutor da espécie na propriedade, o fazendeiro pode salvar 16 mil quilos de cereais, o que lhe rende cerca de setecentos euros por mês.

Qual júri seria capaz de condenar uma coruja depois desse testemunho?

Na Itália, onde as corujinhas ainda costumam ser associadas à morte, sendo temidas e perseguidas, o naturalista e escritor Marco Mastrorilli criou passeios em trilhas pró-coruja, workshops sobre as aves e um enorme festival a respeito delas. Mastrorilli já escreveu dezenas de livros sobre corujas de todos os tipos, muitos deles para crianças. Em 2016, ele montou dois Sentieri dei Gufi (Trilhas das corujas), no noroeste do país. O caminho baixo, que atravessa alamedas de castanheiros e contorna o vilarejo de Venaus, "o Reino da Coruja-do-mato", é povoado por impressionantes esculturas de corujas, criadas durante uma competição. O outro caminho, uma trilha em áreas mais elevadas que passa por bosques de lariços nos sopés dos Alpes, perto da fronteira com a França, é um excelente habitat para os mochos-fúnéreos. Ambos os caminhos estão repletos de placas informativas e sinalização sobre corujas. Na trilha elevada, encontramos um grupo de trinta crianças perambulando de um poste para o outro. Quando Mastrorilli se apresentou, elas pararam e escutaram, fascinadas com sua descrição das corujas-boreais e dos pica-paus-pretos que abrem os buracos usados como ninhos por elas.

A missão de Mastrorilli ao ensinar as pessoas sobre as corujas se estende a quem tem deficiências visuais. Em 2009, num encontro da Unione Italiana dei Ciechi (a União Italiana dos Cegos e das Pessoas com Baixa Visão), em Milão, ele conduziu um workshop para vinte pessoas com deficiência visual e seus acompanhantes, explicando a história natural das corujas e oferecendo aos participantes a oportunidade de explorar o tema tocando penas, pelotas, alimentadores e caixas para ninhos. Naquela noite, levou-os para a área arborizada do Jardim Indro Montanelli, no centro milanês, para que escutassem as corujas-do-mato. "Foi um momento muito emocionante para mim", lembra ele. "Depois de tantos anos visitando corujas à noite, experimentar o contato com essas aves ao lado de pessoas para quem a noite é uma constante e que tinham capacidades auditivas mais aguçadas que as minhas... bem, foi uma realidade muito diferente. Essas pessoas não tiveram dificuldade de entender como as corujas voam bem à noite." Depois disso, ele criou a Notte da Ascoltare [Noite para Ouvir], levando pessoas com deficiência visual para o campo, com o objetivo de escutar corujas selvagens e aprender sobre elas.

Mas o maior esforço de Mastrorilli para semear o amor pelas corujas entre o público em geral foi criar o Festival dei Gufi com sua companheira, Stefania Montanino. O comparecimento ao festival começou com algumas centenas de pessoas, quando foi lançado, até 25 mil participantes em seu auge, em 2015. Naquele ano, a fila para entrar chegava a 1,5 quilômetro de comprimento. Único com esse tamanho no mundo, o Festival dei Gufi tem como objetivo educar as pessoas, dando ênfase à história natural das corujas e aos motivos para reverenciá-las, e não temê-las. Especialistas em reabilitação trazem corujas-embaixadoras para, a uma distância segura, mostrar às pessoas suas impressionantes adaptações. Workshops ensinam os benefícios ecológicos e econômicos trazidos por elas. Acima de tudo, o festival é uma celebração de todas as coisas corujescas, com comida temática; uma competição internacional de entalhes em madeira e pintura corporal sobre corujas (com resultados realmente espetaculares); vinho, cerveja e bolos inspirados no tema; um balé da coruja-das-neves; e até banheiros portáteis decorados com desenhos de corujas, junto com outros tipos de artesanato feitos por mais de uma centena de artistas, incluindo canecas com o slogan *"I gufi non portano sfiga"* (As corujas não dão azar).

Às vezes, as corujas são tão amadas em determinado lugar que as pessoas acabam fazendo esforços extraordinários para tê-las por perto.

Penso no trabalho de toda a vida realizado por Sumio Yamamoto para manter viva a coruja-pescadora-de-blakiston no Japão, sua terra natal. Conheci Yamamoto faz vinte anos, na ilha de Hokkaido. Naquela época, ele já estudava a coruja-pescadora e trabalhava em favor de sua conservação havia três décadas. Ele me explicou que outrora a ave tivera uma distribuição ampla, mas que em 1970 a população havia sido reduzida a menos de cem indivíduos por causa do corte de florestas virgens para extração de madeira e expansão urbana e da construção de barragens e canais fluviais, a qual destruíra os locais onde os peixes nativos subiam o rio. Desde então, Yamamoto passou a supervisionar a fabricação de centenas de caixas para ninhos, para substituir locais perdidos de nidificação, o plantio de árvores ao longo da margem dos rios, para criar corredores florestais, e a construção de açudes para peixes, com o objetivo de aumentar o habitat disponível para a espécie. Ele foi pioneiro em técnicas de criação em cativeiro para essa coruja ameaçada, além de cuidar de filhotes abandonados. Juntas, essas medidas mais do que dobraram a população da ave, salvando-a da extinção no Japão.

Nos últimos doze anos, uma das almas gêmeas de Yamamoto foi Jonathan Slaght, que criou parcerias com seus colegas russos Sergei Surmach e Sergei Avdeyuk para manter viva a população russa da coruja-pescadora-de-blakiston. Os pesquisadores trabalharam para influenciar as atividades de uma empresa madeireira que constrói estradas vicinais no habitat de floresta virgem predileto da espécie na região de Primorye, no leste da Rússia. A principal ameaça ao habitat das corujas por lá é a presença de pessoas que usam aquelas áreas para pescar, perturbando as corujas ou até mesmo matando-as. A principal solução é reduzir o acesso humano. Assim, usando dados de GPS, Slaght e Surmach criaram um mapa da região para identificar que partes do território eram mais importantes para a espécie. Esse mapa dos *hotspots* das corujas-pescadoras foi então entregue à empresa madeireira, que ao abrir uma nova estrada no vale de um rio pode checar as informações. "Vão conseguir ver que, o.k., esse lado do vale tem um trecho de habitat bom para a coruja-pescadora. Vamos colocar a nossa estrada mais para cá. E há espaço suficiente nesses vales para que isso funcione", diz Slaght. Em estradas que já estavam construídas, Slaght e Surmach persuadiram a empresa a reduzir o acesso a trechos-chave do traçado, colocando grandes barreiras de terra para bloquear a passagem ou derrubando uma ponte.

Na minúscula ilha de Norfolk, a 1,2 mil quilômetros da costa leste da Austrália, pesquisadores e cidadãos têm realizado esforços heroicos para salvar a morepork-de-norfolk, uma linda corujinha marrom-chocolate, do tamanho de uma mão humana. "Essa é uma das histórias mais impressionantes de conservação de uma espécie, porque tudo acabou dependendo de uma só ave", conta Rohan Clarke, chefe do Grupo de Ornitologia e Pesquisa de Gerenciamento da Conservação na Universidade Monash, na Austrália. "Sabíamos que era preciso salvá-la."

As moreporks ainda são extremamente raras, somando no máximo uns 35 indivíduos. A história de seu dramático resgate ainda está se desenrolando e envolve os esforços de uma porção de gente — pesquisadores, guardas-florestais, membros da comunidade — que faz a sua parte para salvar as amadas corujas.

A ilha de Norfolk é um lugar de águas azuladas e cintilantes, encostas escarpadas e lindas florestas úmidas. Mas o desmatamento ao longo de séculos, assim como a remoção das árvores antigas e de grande porte que ofereciam às moreporks poleiros e buracos para ninhos, devastou a população das corujinhas. Quando alguns ornitólogos foram até a ilha em 1980 com o objetivo de procurar a espécie, conseguiram achar apenas uma única fêmea, batizada de Miamiti pelos ilhéus. A equipe se reuniu com a comunidade para conseguir seu apoio e depois trouxe à ilha dois machos de moreporks-da-nova-zelândia, os parentes mais próximos da espécie de Norfolk que conseguiram encontrar. Um dos machos desapareceu misteriosamente, mas Miamiti se acasalou com o outro, chamado Tintola. Os filhotes também tiveram sua própria prole, e, embora a recuperação tenha sido lenta — essas corujas se reproduzem só uma vez por ano, botando dois ovos —, em 1996, quando Miamiti morreu, ela e Tintola haviam gerado umas cinquenta corujas, cada uma delas encantando a paisagem tal como suas avós ou bisavós tinham feito, desde os tempos da matriarca.

Morepork-de-norfolk

O resgate funcionou, mas não por muito tempo. Com apenas dois ancestrais fundadores, a população tinha altíssimos níveis de consanguinidade. "A população inteira de corujas na ilha de Norfolk, até onde sabemos, deriva daquele único casal", explica Clarke, com vários "retrocruzamentos", nos quais Tintola se acasalou com as filhas, e outras aves com parentesco próximo cruzaram umas com as outras. "Com uma população tão pequena, não há muitas oportunidades de achar parceiros, então o nível de consanguinidade que acaba aparecendo deve estar perto do máximo."

É aí que entra Flossy Sperring, aluna de pós-graduação orientada por Clarke. Sua missão na ilha de Norfolk era entender o mais rápido possível a genética, a ecologia e o comportamento reprodutivo das corujas, bem como suas interações com espécies invasoras e nativas, quais eram os problemas e como lidar com eles. Hoje, Sperring conhece cada uma das corujas que vivem na ilha, sabe qual é a idade, o sexo, a linhagem, o parceiro (se ela tiver um, pois há apenas sete casais), onde se empoleira, faz ninhos e caça, qual é sua dieta e qual é seu nome (Owlbert, Owlfonzo, Owlfreda, Owlex etc.). No primeiro ano de trabalho, aconteceu um pequeno milagre: dois filhotes de coruja deixaram o ninho. Foi a primeira tentativa bem-sucedida de reprodução na ilha em quase uma década. Infelizmente, as aves parecem não estar mais gerando filhotes, o que levou à criação de um novo plano de resgate, cujo objetivo é trazer mais moreporks-da-nova-zelândia.

Por que gastar toda essa energia com uma população sofredora de corujinhas em uma ilha remota? Pelas mesmas razões que nos levariam a proteger corujas em qualquer lugar do mundo. Para preservar a biodiversidade e o tecido ecológico da ilha, e porque a coruja é amada pela comunidade humana da região — tão amada que as pessoas despendem centenas de horas fazendo trabalho voluntário para monitorá-las e ajudar a tomar decisões sobre o futuro da ave. "Toda espécie merece ser protegida", diz Sperring. Toda espécie importa para os nossos conceitos de beleza, integridade ecológica, sacralidade da vida. "E essa em especial é muito carismática e bonitinha", acrescenta ela.

Assim como somos todos parte do problema, também somos parte da solução.

O que um só indivíduo pode fazer?

Fiz essa pergunta a uma gama de especialistas em corujas: "Faça o que você puder", disseram eles. Defenda a preservação de habitats essenciais e lute contra as forças que o destroem — exploração madeireira, urbanização, expansão agrícola. Crie você mesmo habitats para corujas, lugares seguros para que elas possam descansar e fazer ninhos. Cheque se árvores vivas têm ocos antes de derrubá-las ou podá-las e deixe troncos secos e outras árvores mortas de pé quando não representarem um risco. Instale caixas para ninhos. Em vez de veneno, use ratoeiras para controlar camundongos e ratos. Aprenda o que puder a respeito das corujas à sua volta. Qual delas vive ali? E onde mora? Quais são as ameaças que enfrenta? Saia para tentar achar as corujas locais, mas esteja ciente do impacto que está causando. Usar playbacks para atrair corujas pode estressar aves que já sofrem de estresse. Seja cortês e respeitoso. Atue como voluntário em programas de reabilitação de aves de rapina, em estações de anilhamento e no campo, com pesquisadores. Em 2019, um grupo internacional de cientistas que avaliou a pesquisa e os esforços de conservação de aves de rapina mundo afora concluiu que as corujas eram o grupo menos estudado de todos e, portanto, o mais prioritário para futuras pesquisas. Dave Oleyar, que participou do estudo, encoraja as pessoas a se juntar a esse esforço. "Trabalhar num projeto sobre corujas vai mudar para sempre o jeito que você pensa sobre árvores, florestas e as coisas incríveis que acontecem ali à noite", defende ele. Jim Duncan concorda. Tente saber mais sobre corujas da maneira que conseguir, exorta o cientista. "Explorar a vida dessas criaturas é sempre uma atividade enriquecedora e recompensadora, e pode ser algo repleto de surpresas. Para os jovens interessados em seguir carreira nisso, quero dizer que as corujas são muito mais complexas do que achamos, muito mais legais do que podemos imaginar. E ainda há tanta coisa a explorar, a descobrir. É um jeito empolgante de viver."

No verão passado, a bióloga de conservação e fotógrafa Day Scott fez o que achava que podia fazer pelas corujas. Ela se juntou a um grupo de colegas biólogos e cientistas-cidadãos para tentar entender os efeitos de longo prazo da mudança climática sobre pequenas corujas florestais das montanhas Chiricahua, no sudeste do Arizona.

Essas montanhas fazem parte das "Ilhas do céu", serras isoladas que têm uma beleza de tirar o fôlego e são um dos *hotspots* do planeta no que diz respeito à riqueza de espécies de coruja. Ali se encontram quatro regiões geográficas diferentes, criando um *hotspot* de biodiversidade não só para corujas, mas para todos os tipos de vida selvagem. "É a meca dos animais", afirma Scott — e o mesmo vale para as pessoas que os estudam. "Nós éramos o pessoal das corujas, mas tinha o pessoal das formigas, vindo da Alemanha, tinha o pessoal dos beija-flores, o pessoal dos morcegos e dos lagartos."

O projeto sobre corujas do qual Scott participou era uma ideia de Dave Oleyar e um esforço colaborativo entre o HawkWatch International e o Earthwatch Institute que atrai voluntários de todas as idades e todos os estilos de vida para ajudar na pesquisa. O objetivo do projeto é entender melhor as seis espécies de corujas que, pequenas e cheias de segredos, habitam a região. Como elas são afetadas pela mudança climática, pelo tipo de floresta e pelo manejo da mata e o que fazer para que suas populações continuem viáveis? Algumas dessas corujinhas são particularmente suscetíveis a transições climáticas: é o caso das corujinhas-flamejantes, migratórias e principalmente insetívoras, e das corujinhas-rítmicas, que têm o extremo norte de sua distribuição geográfica nessas montanhas. Mas as outras espécies também podem estar correndo riscos — os mochos-duendes, as corujas-serra-afiada, os mochos-pigmeus-do-norte e as corujas-das-torres-do-oeste. O projeto também dá ênfase à avaliação de ocos de árvore — quantos existem nos diferentes tipos de floresta, quanto tempo eles duram e como esses fatores afetam as aves.

Scott e vários outros biólogos e voluntários, sob a liderança de Oleyar, procuravam corujas e as cavidades naturais com seus ninhos durante o dia. À noite, capturavam as aves com redes de neblina para lhes colocar anilhas. Andar pelo terreno — uma mistura de cânions e florestas de coníferas em áreas elevadas, cheia de rochas, íngreme em alguns pontos, com vegetação espessa e riachos a atravessar — já era difícil durante o dia. À noite, na escuridão profunda, era traiçoeiro.

Dois anos antes, quando Scott estava trabalhando como educadora ambiental no Wyoming, ela se feriu em um acidente de carro envolvendo um rebanho de antilocapras. O acidente a deixou com uma lesão cerebral traumática. Como as deficiências impõem limites às suas atividades diárias, ela sabia que se juntar à equipe de campo poderia ser um desafio. "Mas também uma fonte de alegria", diz ela, e coletar aqueles dados a ajudaria com sua própria pesquisa sobre corujas florestais e contribuiria para o projeto mais amplo sobre mudanças climáticas. Scott também levou em conta sua influência como uma mulher negra com deficiência, e a importância de grupos discriminados estarem representados na comunidade da ciência da conservação. "Os seres humanos desempenham um papel enorme na conservação", afirma ela. "Precisamos trabalhar juntos para salvar todas as coisas vivas."

Durante seis semanas naquele verão, Scott acordou às sete horas todas as manhãs e se juntou à equipe científica comunitária para atravessar a paisagem montanhosa, em busca de corujas e de suas cavidades de nidificação. Os membros da equipe anotavam as características dos ocos de árvores, a altura, a direção para a qual estavam voltados, se eram naturais ou escavados, a espécie da árvore e se a planta estava viva ou morta. Coletavam dados sobre a vegetação no habitat em volta dos troncos, o diâmetro das árvores, sua densidade e a cobertura do dossel. Para seu próprio projeto independente de pesquisa, Scott explorou a relação entre a altitude, de um lado, e a diversidade e o número de corujas ouvidas durante os levantamentos noturnos, de outro. Todas as noites, das oito à meia-noite, ela participava da montagem das redes de neblina para capturar as corujas e depois ajudava a analisá-las, fazendo medições e tirando fotos, jogando luz negra nas asas dos bichos e colocando anilhas neles antes de devolvê-los à natureza.

Certa noite, a equipe capturou um mocho-duende, a menor coruja do mundo. Scott segurou a ave durante a análise. "Foi incrível", conta ela. "Quando você pensa numa coruja, o que vem à cabeça é uma ave grande, como um mocho-orelhudo." O bicho não era maior do que um pardal e cabia facilmente na palma da mão dela. Os mochos-duendes eram os mais difíceis de pegar. "Mal dava para vê-los voando", diz ela. "Estava um breu, e eles pesam menos de quarenta gramas. Passavam por cima da rede, debaixo dela, davam a volta. São muito espertos." A equipe conseguiu capturar só quatro das corujinhas durante a estadia inteira ali.

"Com essa coisinha viva tão minúscula na minha mão, comecei a pensar em tudo o que eu sabia sobre as corujas", diz Scott. "As penas delas, por exemplo. A ave que estava comigo era pura penugem, ainda mais minúscula do que parecia. Quando eu soprei na barriga dela para ver se havia uma dobra de pele para chocar ovos, dava para ver como ela era mínima. Imagine se a gente tivesse esse monte de penas, como íamos parecer maiores! Pensei em como aquelas penas a ajudam a voar de maneira silenciosa. É o contrário da narceja-americana, que faz tanto barulho quando levanta voo. E as patas dela... tão minúsculas, mas também assassinas. Patinhas assassinas."

"Todos esses pensamentos passavam pela minha cabeça enquanto eu estava com essa ave na mão, e o que eu queria saber era: o que *você* está pensando? Senti que eu sabia, em parte. Ela era tão minúscula e frágil, e nós somos tão grandes (mas também frágeis, pelo menos emocionalmente)", diz Scott, dando uma risada. "Eu olhava para ela e sentia que tínhamos algum tipo de conexão, porque eu estava tentando cuidar dela da melhor maneira possível. E, qualquer que fosse a importância que a vida tem, naquele momento ela correspondia a essa única coruja que eu segurava na mão."

Mocho-duende

Agradecimentos

Em 2020, no auge da pandemia, decidi começar a trabalhar em um novo livro, sobre corujas. Naquele ano difícil, quando estávamos todos abandonados em casa, comecei a assistir a uma série de excelentes palestras on-line oferecidas pelo Centro Internacional das Corujas em Houston, Minnesota, com curadoria da diretora da instituição, Karla Bloem. Entre os palestrantes estava David Johnson, diretor do Projeto Global sobre Corujas, que falou sobre a presença dessas aves nos mitos e na cultura. Após a palestra, enviei um e-mail para David perguntando se ele estaria disposto a oferecer alguma orientação sobre o livro. Ele respondeu imediatamente e, durante os dois anos seguintes, com extraordinária generosidade, compartilhou seu tempo e sua experiência única. David me convidou para observar seu trabalho com as corujas-buraqueiras no depósito em Oregon e no Brasil e nos encontramos diversas vezes aqui na Virgínia para entrevistas e consultas. Forneceu inúmeros livros e referências e leu todo o manuscrito em vários estágios do trabalho, fazendo comentários e sugestões inestimáveis. Durante todo esse tempo, ele foi uma grande inspiração, alguém apaixonado por corujas, profundo conhecedor do tema, generoso — sou muito grata a ele.

Ao mesmo tempo, quero agradecer imensamente a Denver Holt, que reservou um tempo na agenda lotada para me mostrar sua pesquisa sobre corujas em Montana e compartilhar seu vasto conhecimento e sua experiência. Como descobri, há um bom motivo para ele ser conhecido como *o cara* quando o assunto é coruja. Denver e sua equipe do Instituto de Pesquisa sobre Corujas — Beth Mendelsohn, Steve Hiro, Chloe Hernandez, Solai Le Fay, Lauren Smith e Jon Barlow — levaram-me a campo na região de Charlo e Missoula por uma semana inteira e me mostraram o que fazem e como fazem, respondendo a perguntas intermináveis com muita paciência.

No Brasil, Priscilla Esclarski e Gabriela Mendes foram guias experientes das corujas-buraqueiras de Maringá e ofereceram bons acréscimos à história que eu estava contando. Muito obrigada a elas e a Thaís Rafaelli e Vinícius Bonassoli, membros da equipe.

Quero também agradecer a Raphael Sobania por me levar para ver aquelas corujas neotropicais e a família das corujas-orelhudas em Curitiba.

Karla Bloem, diretora do Centro Internacional das Corujas, foi um farol para este projeto, indicando-me especialistas em corujas de todo o mundo, participando de inúmeras entrevistas e dando sugestões úteis em todas as fases do trabalho.

Karla, David Johnson, Denver Holt e Dave Oleyar fizeram uma leitura completa do manuscrito e me ajudaram a evitar gafes. Seus astutos comentários e correções foram tremendamente úteis. Quaisquer erros remanescentes no texto são meus, e somente meus.

Sou profundamente agradecida a Julie Kacmarcik, por me ajudar a passar algum tempo na estação de anilhamento de Powhatan, por muitas conversas úteis e por aquela viagem maravilhosa para ver a família de corujas-das-torres em Linville, na Virgínia. Devo gratidão também a Kim Cook e Diane Girgente, por me mostrarem como funciona o anilhamento das corujas-serra-afiada.

Sou extremamente grata a Amanda Nicholson e Karra Pierce pelo tempo que me dedicaram no Centro da Vida Selvagem da Virgínia e por responderem a inúmeras perguntas complementares. Um agradecimento especial vai também para o célebre pai adotivo do centro, Papa G'Ho, que infelizmente morreu em novembro de 2022. Também agradeço a Brie Hashem e Sarah Cooper, do Santuário da Vida Selvagem Rockfish, que me ofereceram um passeio maravilhoso pelos recintos das corujas e de outros animais resgatados e discutiram suas estratégias de treinamento.

Marco Mastrorilli e Stefania Montanino me receberam durante três dias adoráveis de conversa corujesca na região de Turim, na Itália. Eles me apresentaram às corujas que vivem na floresta perto de sua casa e me mostraram os dois maravilhosos Sentieri dei Gufi, as "Trilhas das corujas", que Mastrorilli criou para apresentar às pessoas, especialmente às crianças, as maravilhas desses animais. E, em uma viagem paralela, me levaram aos Alpes franceses, onde — graças aos olhos penetrantes de Stefania — avistamos grifos-eurasiáticos. *Grazie di cuore a entrambi*.

Falei e me correspondi com um parlamento de ornitólogos, cientistas especializados em corujas, pesquisadores, educadores, naturalistas e especialistas em reabilitação, que forneceram ajuda generosa para este projeto. Agradecimentos especiais a Lori Arent, Rob Bierregaard, Rohan Bilney, Mark Bonta, Reed Bowman, Gail Buhl, Joyce Caldwell, Nicholas Carter, Christopher Clark, Rohan Clarke, Jonathan Clarkson, Raylene Cooke, Sergio Córdoba Córdoba, Steve Debus, Jim Duncan, Laura Erickson, John Fitzpatrick, Robyn Fleming, Nicole Gill, Yoram Gutfreund, Jennifer Hartman, Jonathan Haw, Rob Heinsohn, Tomás Ibarra, Rod Kavanagh, Christine Köppl, Sean Larkan, Véronique Laroulandie, David Lindo, Pavel Linhart, Craig Morley, Beth Mott, José Carlos Motta-Junior, José Luis Peña, Niels Rattenborg, Bob Reilly, Nicole Richardson, Alexandre Roulin, Milan Ružić, Pertti Saurola, Marjon Savelsberg, Day Scott, Andrew Skeoch, Jonathan Slaght, Roar Solheim, Chris Soucy, Flossy Sperring, Rada Surmach, Jean-François Therrien, Carlos Mario Wagner-Wagner, Mark Walters, Scott Weidensaul, John White, Felice Wyndham, Connor Wood e William Young. Muitas dessas pessoas me indicaram outros especialistas em corujas, deram-me dicas de pesquisa e leram partes do manuscrito, fazendo excelentes sugestões. Minha profunda gratidão a todos eles.

Minha querida amiga Miriam Nelson leu vários capítulos do livro e, como de costume, ofereceu seus sábios conselhos.

Vários fotógrafos, pesquisadores e artistas talentosos contribuíram com imagens para este livro gratuitamente, com propósitos educacionais, entre eles Ambika Angela Bone, Nick Bradsworth, Lynn Bystrom,

Jonathan Haw e owlproject.org, David H. Johnson, José Carlos Motta-Junior, Julie Kacmarcik, Nathalie Morales, Amanda Nicholson, Marjon Savelsberg, Flossy Sperring e Čeda Vučković. Muito obrigada a todos por fornecerem suas lindas imagens. Robyn Fleming compartilhou generosamente sua experiência e me ajudou a rastrear imagens de corujas feitas por diferentes culturas e hoje em domínio público no Met. Outros fotógrafos e artistas profissionais ofereceram seus trabalhos a um custo muito reduzido. Sou extremamente grata a Nick Athanas, Nathan Clark, Dan Cox, da Natural Exposures, Melissa Groo, Jeff Grotte, David Lei, Matt Poole, Day Scott, Jonathan Slaght, Roar Solheim e Brad Wilson. Um agradecimento especial a Dan Cox por concordar em compartilhar sua extraordinária imagem dos mochos-pigmeus-do-norte dentro de uma cavidade de nidificação, e a Terresa White por me permitir mostrar sua impressionante escultura *Dependent Arising: Owl and Lemming* [Dependência e ascensão: coruja e lemingue]. Minha calorosa gratidão a Pete Myers, que me ajudou a selecionar as fotos para o livro; a Donna Lucey, que compartilhou seu conhecimento em fotografia e diagramação; e à minha querida madrasta, Gail Gorham, pelo generoso apoio às imagens.

À minha editora na Penguin Press, Ann Godoff, devo profundos agradecimentos por acreditar neste livro e pela maneira como o tratou em cada etapa — com inteligência, perspicácia e graça características dela. Obrigada, Ann, por me incentivar com seu jeito gentil e por me ajudar a trazer as corujas à luz. Muito obrigada a Casey Denis por conduzir o livro desde a concepção até a conclusão com a extrema competência de sempre, incluindo orientação especializada sobre as fotografias e outras obras de arte; a Darren Haggar pelo lindo design da sobrecapa; e a Victoria Lopez pela competente assistência durante todo o processo de produção.

Muito obrigada a Guilherme Weinhardt Minetto pelo excelente apoio nas fases iniciais do livro, pela transcrição e edição das gravações das entrevistas e por me dar bons conselhos.

À minha agente, Melanie Jackson, devo mais do que posso dizer. Ao longo das três últimas décadas, Melanie me ajudou a aprimorar ideias para os meus livros e guiou a evolução deles com perspicácia e habilidade verdadeiramente extraordinárias. Minha gratidão é infinita por toda a excelência que ela trouxe ao nosso trabalho conjunto e por todo o bem que fez pela minha vida e pela minha carreira. Eu me considero realmente uma pessoa de sorte por chamá-la de minha agente e amiga.

Agradeço profundamente à minha família por seu amor e apoio, especialmente à minha madrasta, Gail, pela generosidade e pelo entusiasmado incentivo, e às minhas irmãs, Kim, Sarah e Nancy. Durante anos, Nancy e seu marido, Steve, têm sido o vento que impulsiona minhas velas, em todos os sentidos. Sou grata, de uma maneira que não consigo expressar em palavras, pela presença deles na minha vida.

Por fim, meu profundo amor e gratidão, sempre, às minhas filhas, Zoë e Nelle, que acima de tudo me ensinaram como estar no mundo, mostraram o caminho com sua sabedoria e sua luz. Elas podem ter sido corujinhas outrora, mas bateram asas e agora estão em pleno e lindo voo.

Para saber mais

GERAL

CIÉSLAK, M. *Feathers of European Owls: Insights into Species Ecology and Identification*. Uppsala: Oriolus, 2017.

DUNCAN, J. *Owls of the World*. Baltimore: Johns Hopkins University Press, 2016.

ELA FOUNDATION. "Proceedings of the 6th World Conference, Pune, Índia, 2019". *Ela Journal of Forestry and Wildlife*, v. 11, jan.-mar. 2022.

ENRÍQUEZ, P. L. (Org.). *Neotropical Owls: Diversity and Conservation*. Cham: Springer, 2017.

INTERNATIONAL OWL CENTER. Disponível em: <internationalowlcenter.org>. Acesso em: 20 dez. 2024.

MIKKOLA, H. *Owls of the World: A Photographic Guide*. 2 ed. Richmond Hill: Firefly Books, 2013.

MORRIS, D. *Owl*. Londres: Reaktion Books, 2009.

NERO, R. W. *The Great Phantom of the Northern Forest*. Washington: Smithsonian Institution Press, 1980.

OWL RESEARCH INSTITUTE. *The Roost*, newsletter anual. Disponível em: <owlresearch institute.org/roost>. Acesso em: 20 dez. 2024.

SLAGHT, J. C. *Owls of the Eastern Ice: A Quest to Find and Save the World's Largest Owl*. Nova York: Farrar, Straus and Giroux, 2020.

UNWIN, M.; TIPLING, D. *The Enigma of the Owl: An Illustrated Natural History*. New Haven: Yale University Press, 2017.

COMO ENTENDER AS CORUJAS: DESVENDANDO OS MISTÉRIOS [PP. 17-27]

CHOINIERE, J. N. et al. "Evolution of Vision and Hearing Modalities in Theropod Dinosaurs". *Science*, v. 372, n. 6542, maio 2021, pp. 610-3. Disponível em: <doi.org/10.1126/science.abe7941>. Acesso em: 20 dez. 2024.

DUHAMEL, A. et al. "Cranial Evolution in the Extinct Rodrigues Island Owl *Otus murivorus* (Strigidae), Associated with Unexpected Ecological Adaptations". *Scientific Reports*, v. 10, n. 14019, 2020. Disponível em: <doi.org/10.1038/s41598-020-69868-1>. Acesso em: 20 dez. 2024.

HANSON, M. et al. "The Early Origin of a Birdlike Inner Ear and the Evolution of Dinosaurian Movement and Vocalization". *Science*, v. 372, n. 6542, maio 2021, pp. 601-9. Disponível em: <doi.org/10.1126/science.abb4305>. Acesso em: 20 dez. 2024.

LANE, D. F.; ANGULO, F. "The Distribution, Natural History, and Status of the Longwhiskered Owlet (Xenoglaux loweryi)". *Wilson Journal of Ornithology*, v. 130, n. 3, set. 2018, pp. 650-7.

LOUCHART, A. "Integrating the Fossil Record in the Study of Insular Body Size Evolution: Example of Owls (Aves, Strigiformes)". In: ALCOVER, J. A.; BOVER, P. (Orgs.). "Proceedings of the International Symposium 'Insular Vertebrate Evolution: the Palaeontological Approach'". *Monografies de la Societat d'Història Natural de les Balears*, n. 12, 2005, pp. 155-74.

MAYR, G. "Strigiformes". In: *Paleogene Fossil Birds*. Heidelberg: Springer, 2009. pp. 163-8.

_____; GINGERICH P. D.; SMITH, T. "Skeleton of a New Owl from the Early Eocene of North America (Aves, Strigiformes) with an Accipitridae-like Foot Morphology". *Journal of Vertebrate Paleontology*, v. 40, n. 2, 2020. Disponível em: <doi.org/10.1080/02724634.2020.1769116>. Acesso em: 20 dez. 2024.

_____; KITCHENER, A. C. "Early Eocene Fossil Illuminates the Ancestral (Diurnal) Ecomorphology of Owls and Documents a Mosaic Evolution Strigiform Body Plan". *Ibis*, 7 ago. 2022. Disponível em: <doi.org/10.1111/ibi.13125>. Acesso em: 20 dez. 2024.

MCGRATH, C. "Highlight: Adaptations that Rule the Night". *Biology and Evolution*, v. 12, n. 10, out. 2020, pp. 1909-10.

PATEL, A. M.; STEADMAN, D. W. "The Pleistocene Burrowing Owl (*Athene cunicularia*) from The Bahamas". *Journal of Caribbean Ornithology*, v. 33, 2020, pp. 86-94.

WINK, M.; SAUER-GÜRTH, H. "Molecular Taxonomy and Systematics of Owls (*Strigiformes*) — An Update". In: "World Owl Conference 2017". Inês Roque (Org.). *Airo*, edição especial, v. 29, 2021, pp. 487-500.

COMO É SER UMA CORUJA: ADAPTAÇÕES ENGENHOSAS [PP. 28-61]

ALLEN, M. L. et al. "Scavenging by Owls: A Global Review and New Observations from Europe and North America". *Journal of Raptor Research*, v. 53, n. 4, dez. 2019, pp. 410-8.

BACHMANN, T.; WAGNER, H.; TROPEA, C. "Inner Vane Fringes of Barn Owl Feathers Reconsidered: Morphometric Data and Functional Aspects". *Journal of Anatomy*, v. 221, n. 1, jul. 2012, pp. 1-8.

BALA, A. D. S. "Auditory Spatial Acuity Approximates the Resolving Power of Spacespecific Neurons". *PLoS ONE*, v. 2, n. 8, ago. 2007, e675. Disponível em: <doi.org/10.1371/journal.pone.0000675>. Acesso em: 20 dez. 2024.

_____; TAKAHASHI, T. T. "Pupillary Dilation Response as an Indicator of Auditory Discrimination in the Barn Owl". *A Journal of Comparative Physiology*, v. 186, n. 5, maio 2000, pp. 425-34. Disponível em: <doi.org/10.1007/s003590050442>. Acesso em: 20 dez. 2024.

BOONMAN, A. et al. "The Sounds of Silence: Barn Owl Noise in Landing and Taking Off". *Behavioural Processes*, v. 157, dez. 2018, pp. 484-8.

BRUNTON, D. F.; PITTAWAY, R. "Observations of the Great Gray Owl on Winter Range". *Canadian Field-Naturalist*, v. 85, n. 1, jan.-mar. 1971, pp. 315-22.

CARR, C. E.; CHRISTENSEN-DALSGAARD, J. "Sound Localization Strategies in Three Predators". *Brain, Behavior and Evolution*, v. 86, n. 1, set. 2015, pp. 17-27. Disponível em: <doi.org/10.1159/000435946>. Acesso em: 20 dez. 2024.

_____; PEÑA, J. L. "Cracking an Improbable Sensory Map". *Journal of Experimental Biology*, v. 219, n. 24, dez. 2016, pp. 3829-1. Disponível em: <doi.org/10.1242/jeb.129635>. Acesso em: 20 dez. 2024.

CLARK, C. J. "Ways that Animal Wings Produce Sound". *Integrated and Comparative Biology*, v. 61, n. 2, ago. 2021, pp. 696-709. Disponível em: <doi.org/10.1093/icb/icab008>. Acesso em: 20 dez. 2024.

_____; DUNCAN, J.; DOUGHERTY, R. "Great Gray Owls Hunting Voles Under Snow Hover to Defeat an Acoustic Mirage". *Proceedings of the Royal Society B*, v. 289, n. 1987, 2022. Disponível em: <doi.org/10.1098/rspb.2022.1164>. Acesso em: 20 dez. 2024.

_____; LE PIANE, K.; LIU, L. "Evolution and Ecology of Silent Flight in Owls and Other Flying Vertebrates". *Integrative Organismal Biology*, v. 2, n. 1, 20 jan. 2020. Disponível em: <doi.org/10.1093/iob/obaa001>. Acesso em: 20 dez. 2024.

_____. "Evolutionary and Ecological Correlates of Quiet Flight in Nightbirds, Hawks, Falcons, and Owls". *Integrative and Comparative Biology*, v. 60, n. 5, nov. 2020, pp. 1123-34.

DEVINE, A.; SMITH, D. G. "Caching Behavior in Northern Saw-Whet Owls, *Aegolius acadicus*". *Canadian Field-Naturalist*, v. 119, n. 4, out.-dez. 2005, pp. 578-9.

EINODER, L.; RICHARDSON, A. "The Digital Tendon Locking Mechanism of Owls: Variation in the Structure and Arrangement of the Mechanism and Functional Implications". *Emu*, v. 107, n. 3, 2007, pp. 223-30.

ESPÍNDOLA-HERNÁNDEZ, P. et al. "Genomic Evidence for Sensorial Adaptations to a Nocturnal Predatory Lifestyle in Owls". *Genome Biology and Evolution*, v. 12, n. 10, out. 2020, pp. 1895-908.

_____; MUELLER, J. C.; KEMPENAERS, B. "Genomic Signatures of the Evolution of a Diurnal Lifestyle in OkkStrigiformes". *G3 Genes|Genomes|Genetics*, v. 12, n. 8, ago. 2022. Disponível em: <doi.org/10.1093/g3journal/jkac135>. Acesso em: 20 dez. 2024.

GUTIÉRREZ-IBÁÑEZ, C. et al. "Comparative Study of Visual Pathways in Owls (Aves: Strigiformes)". *Brain, Behavior and Evolution*, v. 81, n. 1, jan. 2013, pp. 27-39. Disponível em: <doi.org/10.1159/000343810>. Acesso em: 20 dez. 2024.

HARMENING, W. M.; WAGNER, H. "From Optics to Attention: Visual Perception in Barn Owls". *A Journal of Comparative Physiology*, v. 197, 7 jul. 2011, p. 1031.

HAZAN, Y. et al. "Visual-auditory Integration for Visual Search: A Behavioral Study in Barn Owls". *Frontiers in Integrative Neuroscience*, v. 9, jan. 2015, pp. 1-12. Disponível em: <doi.org/10.3389/fnint.2015.00011>. Acesso em: 20 dez. 2024.

JAWORSKI, J. W.; PEAKE, N. "Aeroacoustics of Silent Owl Flight". *Annual Review of Fluid Mechanics*, v. 52, jan. 2020, pp. 395-420.

JHÖGLUND, J. et al. "Owls Lack UV-sensitive Cone Opsin and Red Oil Droplets but See UV Light at Night: Retinal Transcriptomes and Ocular Media Transmittance". *Vision Research*, v. 158, maio 2019, pp. 109-19.

KNUDSEN, E. I.; KONISHI, M. "A Neural Map of Auditory Space in the Owl". *Science*, v. 200, n. 4343, maio 1978, pp. 795-7.

_____; KONISHI, M.; PETTIGREW, J. D. "Receptive Fields of Auditory Neurons in the Owl". *Science*, v. 198, n. 4323, dez. 1977, pp. 1278-80.

_____ et al. "Turbulent Wake-flow Characteristics in the Near Wake of Freely Flying Raptors: A Comparative Analysis Between an Owl and a Hawk". *Integrative and Comparative Biology*, v. 60, n. 5, nov. 2020, pp. 1109-22. Disponível em: <doi. org/10.1093/icb/icaa106>. Acesso em: 20 dez. 2024.

KRUMM, B. et al. "Barn Owls Have Ageless Ears". *Proceedings of the Royal Society B*, v. 284, n. 1863, set. 2017.

_____ et al. "The Barn Owls' Minimum Audible Angle". *PLoS ONE*, v. 14, n. 8, 23 ago. 2019, e0220652. Disponível em: <doi.org/10.1371/journal.pone.0220652>. Acesso em: 20 dez. 2024.

LE PIANE, K.; CLARK, C. J. "Evidence that the Dorsal Velvet of Barn Owl Wing Feathers Decreases Rubbing Sounds During Flapping Flight". *Integrative and Comparative Biology*, v. 60, n. 5, nov. 2020, pp. 1068-79. Disponível em: <doi.org/10.1093/icb/icaa045>. Acesso em: 20 dez. 2024.

_____. "Quiet flight, the Leading-Edge Comb, and Their Ecological Correlates in Owls (*Strigiformes*)". *Biological Journal of the Linnean Society*, v. 135, n. 1, jan. 2022, pp. 84-97.

MARTIN, G. R. "Sensory Capacities and the Nocturnal Habit of Owls (*Strigiformes*)". *Ibis*, v. 128, n. 2, abr. 1986, pp. 266-77.

_____. "What is Binocular Vision For? 'A Birds' Eye View". *Journal of Vision*, v. 9, n. 11, out. 2009, p. 14. Disponível em: <doi.org/10.1167/9.11.14>. Acesso em: 20 dez. 2024.

MCALLAN, I. A. W.; LARKINS, D. "A Feeding Technique of the Powerful Owl *Ninox strenua*". *Australian Field Ornithology*, v. 22, n. 1, jan. 2005, pp. 38-41.

MO, M. et al. "Observations of Hunting Attacks by the Powerful Owl *Ninox strenua* and an Examination of Search and Attack Techniques". *Australian Zoologist*, v. 38, n. 1, jan. 2016, pp. 52-8.

ORLOWSKI, J. et al. "Visual Pop-out in Barn Owls: Human-behavior in the Avian Brain". *Journal of Vision*, v. 15, n. 14, out. 2015, p. 4. Disponível em: <doi.org/10.1167/15.14.4>. Acesso em: 20 dez. 2024.

_____; HARMENING, W.; WAGNER, H. "Night Vision in Barn Owls: Visual Acuity and Contrast Sensitivity Under Dark Adaptation". *Journal of Vision*, v. 12, n. 13, dez. 2002, p. 4.

PAYNE, R. "Acoustic Location of Prey by Barn Owls (*Tyto alba*)". *Journal of Experimental Biology*, v. 54, n. 3, jun. 1971, pp. 535-73.

PEÑA, J. L.; KONISHI, M. "Auditory Spatial Receptive Fields Created by Multiplication". *Science*, v. 292, n. 5515, 13 abr. 2001, pp. 249-52.

ROCHA DE VASCONCELOS, F. T. G. "LWS Visual Pigment in Owls: Spectral Tuning Inferred by Genetics". *Research*, v. 165, dez. 2019, pp. 90-7. Disponível em: <doi.org/10.1016/j.visres.2019.10.001>. Acesso em: 20 dez. 2024.

SAZIMA, I. "Lightning predator: The Ferruginous Pygmy Owl Snatches Flower-visiting Hummingbirds Southwestern Brazil". *Revista Brasileira de Ornitologia*, v. 23, 2015, pp. 12-4. Disponível em: <doi.org/10.1007/BF03544283>. Acesso em: 20 dez. 2024.

SOLHEIM, R. "Caching Behaviour, Prey Choice and Surplus Killing by Pygmy Owls *Glaucidium passerinum* During Winter, a Functional Response of a Generalist Predator". *Annales of Zoologici Fennici*, v. 21, n. 3, 1984, pp. 301-8.

TAKAHASHI, T. T. "How the Owl Tracks its Prey — II". *Journal of Experimental Biology*, v. 213, n. 20, out. 2010, pp. 3399-408.

USHERWOOD, J. R.; SPARKES, E. L.; WELLER, R. "Leap and Strike Kinetics of an Acoustically 'Hunting' Barn Owl (*Tyto alba*)". *Journal of Experimental Biology*, v. 217, n. 17, set. 2014, pp. 3002-5.

VAN DEN BURG, A.; KOENRAADS, K. "Owls in the Realm of Avian Anatomy". In: "World Owl Conference 2017". *Book of Abstracts*, v. 51.

WAGNER, H. et al. "Features of Owl Wings That Promote Silent Flight". *Interface Focus*, v. 7, n. 1, 6 jan. 2017, 20160078. Disponível em: <doi.org/10.1098/rsfs.2016.0078>. Acesso em: 20 dez. 2024.

_____; TAKAHASHI, T. T.; KONISHI, M. "Representation of Interaural Time Difference in the Central Nucleus of the Barn Owl's Inferior Colliculus". *Journal of Neuroscience*, v. 7, n. 10, out. 1987, pp. 3105-16.

WANG, J. et al. "Aeroacoustic Characteristics of Owl-inspired Blade Designs in a Mixed Flow Fan: Effects of Leading-and Trailing-edge Serrations". *Bioinspiration & Biomimetics*, v. 16, n. 6, 17 set. 2021, 066003.

WU, Y. et al. "Retinal Transcriptome Sequencing Sheds Light on the Adaptation to Nocturnal and Diurnal Lifestyles in Raptors". *Scientific Reports*, v. 6, 20 set. 2016, 33578. Disponível em: <doi.org/10.1038/srep33578>. Acesso em: 20 dez. 2024.

_____; JOHNSON, D. H. "Evolution in Gene Sequences Responsible for Hearing, Sight, And Digestion in 99 Species of Owls, Raptors, And Passerines". In: "Proceedings of the 6th World Owl Conference, Pune, Índia, 2019". *Ela Journal of Forestry and Wildlife*, v. 11, n. 1, jan.-mar. 2022, p. 1215. Disponível em: <elafoundation.org/ela/wp-content/uploads/2022/08/EJFW-11-1.pdf>. Acesso em: 20 dez. 2024.

ZHAO, M. et al. "Optimal Design of Aeroacoustic Airfoils with Owl-Inspired Trailing Edge Serrations". *Bioinspiration & Biomimetics*, v. 16, n. 5, set. 2021, 056004.

ZHOU, C. et al. "Comparative Genomics Sheds Light on The Predatory Lifestyle of Accipitrids and Owls". *Scientific Reports*, v. 9, 19 jan. 2019, p. 2249. Disponível em: <doi.org/10.1038/s41598-019-38680-x>. Acesso em: 20 dez. 2024.

CORUJANDO: O ESTUDO DAS AVES MAIS ENIGMÁTICAS DO MUNDO [PP. 62-91]

DUGGER, K. M. et al. "The Effects of Habitat, Climate, And Barred Owls on Long-Term Demography of Northern Spotted Owls". *The Condor*, v. 118, n. 1, jan. 2016, pp. 57-116. Disponível em: <doi.org/10.1650/condor-15-24.1>. Acesso em: 20 dez. 2024.

GRIMM-SEYFARTH, A.; HARMS, W.; BERGER, A. "Detection Dogs in Nature Conservation: A Database on Their World-Wide Deployment with A Review on Breeds Used and Their Performance Compared to Other Methods". *Methods in Ecology and Evolution*, v. 12, n. 4, abr. 2021, pp. 568-79. Disponível em: <doi.org/10.1111/2041-210X.13560>. Acesso em: 20 dez. 2024.

GUTIÉRREZ, R. J. et al. "The Invasion of Barred Owls and Its Potential Effect on the Spotted Owl: A Conservation Conundrum". *Biological Invasions*, v. 9, n. 2, mar. 2007, pp. 181-96. Disponível em: <doi.org/10.1007/s10530-006-9025-5>. Acesso em: 20 dez. 2024.

SHONFIELD, J.; BAYNE, E. M. "Using Bioacoustics to Study Vocal Behavior and Habitat Use of Barred Owls, Boreal Owls and Great Horned Owls". In: "World Owl Conference 2017". Inês Roque (Org.). *Airo*, edição especial, v. 29, 2021, pp. 416-31.

SURMACH, R.; MAMETIEV, P. G. "Contemporary Technologies in Blakiston's Fish Owl Research". In: "2nd International Conference on Northeast Asia Biodiversity". Baishan, ago. 2019.

WASSER, S. K. et al. "Using Detection Dogs To Conduct Simultaneous Surveys of Northern Spotted (*Strix occidentalis caurina*) and Barred Owls (*Strix varia*)". *PLoS ONE*, v. 7, n. 8, ago. 2012, e42892. Disponível em: <doi.org/10.1371/journal. pone.0042892>. Acesso em: 20 dez. 2024.

WOOD, C. M. et al. "Early Detection of Rapid Barred Owl Population Growth Within the Range of The California Spotted Owl Advises the Precautionary Principle". *The Condor*, v. 122, n. 1, jan. 2020, duz058. Disponível em: <doi.org/10.1093/condor/duz058>. Acesso em: 20 dez. 2024.

_____ et al. "Illuminating the Nocturnal Habits of Owls with Emerging Tagging Technologies". *Wildlife Society Bulletin*, v. 45, n. 1, 12 jan. 2021, pp. 138-43. Disponível em: <doi.org/10.1002/wsb.1156>. Acesso em: 20 dez. 2024.

_____ et al. "Using the Ecological Significance of Animal Vocalizations to Improve Inference in Acoustic Monitoring Programs". *Conservation Biology*, v. 35, n. 1, 24 jan. 2021, pp. 336-45. Disponível em: <doi.org/10.1111/cobi.13516>. Acesso em: 20 dez. 2024.

_____; GUTIÉRREZ, R. J.; PEERY, M. Z. "Acoustic Monitoring Reveals a Diverse Forest Owl Community, Illustrating Its Potential for Basic and Applied Ecology". *Ecology*, v. 100, n. 9, set. 2019, e02764. Disponível em: <doi.org/10.1002/ecy.2764>. Acesso em: 20 dez. 2024.

_____; SCHMIDT, S. M.; PEERY, M. Z. "Spatiotemporal Patterns of the California Spotted Owl's Territorial Vocalizations". *Western Birds*, v. 50, n. 4, dez. 2019, pp. 232-42. Disponível em: <doi.org/10.21199/WB50.4.2>. Acesso em: 20 dez. 2024.

QUEM DEU UM PIO: CONVERSA CORUJESCA [PP. 92-123]

DELGADO, M. M.; PENTERIANI, V. "Vocal Behaviour and Neighbour Spatial Arrangement During Vocal Displays in Eagle Owls (*Bubo bubo*)". *Journal of Zoology*, v. 271, n. 1, jan. 2007, pp. 3-10. Disponível em: <doi.org/10.1111/j.1469-7998.2006.00205.x>. Acesso em: 20 dez. 2024.

DUCHAC, L. S. et al. "Passive Acoustic Monitoring Effectively Detects Northern Spotted Owls and Barred Owls Over a Range of Forest Conditions". *The Condor*, v. 122, n. 3, ago. 2020, pp. 1-22. Disponível em: <doi.org/10.1093/condor/duaa017>. Acesso em: 20 dez. 2024.

GRAVA, T. et al. "Individual Acoustic Monitoring of the European Eagle Owl *Bubo bubo*". *Ibis*, v. 150, n. 2, abr. 2008, pp. 279-87.

HARDOUIN, L. A.; TABEL, P.; BRETAGNOLLE, V. "Neighbour-stranger discrimination in the Little Owl, *Athene noctua*". *Animal Behaviour*, v. 72, n. 1, jul. 2006, pp. 105-12. Disponível em: <doi.org/10.1016/j.anbehav.2005.09.020>. Acesso em: 20 dez. 2024.

KINSTLER, K. A. "Great Horned Owl *Bubo virginianus* Vocalizations and Associated Behaviours". In: JOHNSON, D. H.; VAN NIEUWENHUYSE, D.; DUNCAN, J. R. (Orgs.). "Proceedings of the Fourth World Owl Conference, out.-nov. 2007, Groningen, Holanda". *Ardea*, v. 97, n. 4, dez. 2009, pp. 413-20.

LINHART, P. et al. "Measuring Individual Identity Information in Animal Signals: Overview and Performance of Available Identity Metrics". *Methods in Ecology and Evolution*, n. 9, set. 2019, pp. 1558-70. Disponível em: <doi.org/10.1111/2041-210X.13238>. Acesso em: 20 dez. 2024.

_____; ŠÁLEK, M. "Acoustic Methods for Long-Term Monitoring of Birds: Individuality and Stability in Territorial Calls of The Little Owl (*Athene noctua*)". In: "Proceedings of the 6th World Owl Conference, Pune, Índia, 2019". *Ela Journal of Forestry and Wildlife*, v. 11, n. 1, jan.-mar. 2022, p. 1231. Disponível em: <elafoundation.org/ela/wp-content/uploads/2022/08/EJFW-11-1.pdf>. Acesso em: 20 dez. 2024.

PENTERIANI, V. et al. "Brightness Variability in The White Badge of The Eagle Owl *Bubo bubo*". *Journal of Avian Biology*, v. 37, n. 1, jan. 2006, pp. 110-6.

_____ et al. "The Importance of Visual Cues for Nocturnal Species: Eagle Owls Signal by Badge Brightness". *Behavioral Ecology*, v. 18, n. 1, jan. 2007, pp. 143-7. Disponível em: <doi.org/10.1093/beheco/arl060>. Acesso em: 20 dez. 2024.

_____ et al. "Owl Dusk Chorus Is Related to The Quality of Individuals and Nest Sites". *Ibis*, v. 156, n. 4, out. 2014, pp. 892-95. Disponível em: <doi.org/10.1111/ibi.12178>. Acesso em: 20 dez. 2024.

_____; DEL MAR DELGADO, M. "The Dusk Chorus from An Owl Perspective: Eagle Owls Vocalize When Their White Throat Badge Contrasts Most". *PLoS ONE*, v. 4, n. 4, 8 abr. 2009, e4960. Disponível em: <doi.org/10.1371/journal.pone.0004960>. Acesso em: 20 dez. 2024.

STOWELL, D. et al. "Automatic Acoustic Identification of Individuals in Multiple Species: Improving Identification Across Recording Conditions". *Journal of the Royal Society Interface*, v. 16, n. 153, abr. 2019, 20180940201809040. Disponível em: <doi. org/10.1098/rsif.2018.0940>. Acesso em: 20 dez. 2024.

YAMAMOTO, S. "Unusual Behaviors by Male Blakiston's Fish Owls: Rearing of Unrelated Offspring and Simultaneous Courtship Feeding". *Journal of Raptor Research*, v. 56, n. 2, jun. 2022, pp. 253-5. Disponível em: <doi.org/10.3356/JRR-21-11>. Acesso em: 20 dez. 2024.

COMO PRODUZIR CORUJINHAS: NAMORO E CRIAÇÃO DOS FILHOTES [PP. 124-73]

ADEJUMO, I. O. "Strategies of Owl Reproduction". In: MIKKOLA, H. (Org.). *Owls*. Londres: IntechOpen, 2019. Disponível em: <doi.org/10.5772/intechopen.82425>. Acesso em: 20 dez. 2024.

BAUMGARTNER, F. M. "Courtship and Nesting of the Great Horned Owls". *Wilson Bulletin*, v. 50, n. 4, dez. 1938, pp. 274-85.

DEPPE, C. et al. "Effect of Northern Pygmy-Owl (*Glaucidium gnoma*) Eyespots on Avian Mobbing". *The Auk*, v. 120, n. 3, jul. 2003, pp. 765-71. Disponível em: <academic.oup. com/auk/article/120/3/765/5561805>. Acesso em: 20 dez. 2024.

DUCOURET, P. et al. "Elder Barn Owl Nestlings Flexibly Redistribute Parental Food According to Siblings' Need or In Return for Allopreening". *American Naturalist*, v. 196, n. 2, ago. 2020, pp. 257-69. Disponível em: <doi.org/10.1086/709106>. Acesso em: 20 dez. 2024.

GEHLBACH, F. R.; BALDRIDGE, R. S. "Live Blind Snakes (*Leptotyphlops dulcis*) in Eastern Screech Owl (*Otus asio*) Nests: Novel Commensalism". *Oecologia*, v. 71, n. 4, mar. 1987, pp. 560-3. Disponível em: <link.springer.com/article/10.1007/BF00379297>. Acesso em: 20 dez. 2024.

HOLLINGSWORTH, J.; BILNEY, R. J. "A Possible Case of Infanticide and Cannibalism in the Powerful Owl *Ninox strenua*". *Australian Field Ornithology*, v. 34, pp. 129-30, 2017. Disponível em: <dx.doi.org/10.20938/afo34129130>. Acesso em: 20 dez. 2024.

HOLT, D. W. "Why are Snowy Owls White and Why Have They Evolved Distinct Sexual Color Dimorphism? Review of Questions and Hypotheses". *Journal of Raptor Research*, v. 56, n. 4, dez. 2022, pp. 1-15.

_____ et al. "Characteristics of Nest Mounds Used by Snowy Owls in Barrow, Alaska, With Conservation and Management Implications". *Ardea*, v. 97, n. 4, dez. 2009, pp. 555-61.

_____; LARSON, M. "Natural Nest-Site Characteristics of Two Small Forest Owls with Implications for Conservation and Management". In: "Abstracts from the 2014 annual meeting of the Society for Northwestern Vertebrate Biology, in cooperation with the Washington Chapter of the Wildlife Society, Northwest Partners in Amphibian and Reptile Conservation, Researchers Implementing Conservation Action, and the Global Owl Project, Held at the Red Lion Hotel, Pasco, Washington, 3-7 jan. 2014". *Northwestern Naturalist*, v. 95, n. 2, outono 2014, pp. 148-9. Disponível em: <doi. org/10.1898/NWNAbstracts_95-2.1>. Acesso em: 20 dez. 2024.

_____; NORTON, W. D. "Observations of Nesting Northern Pygmy-Owls". *Raptor Research*, v. 20, n. 1, primavera 1986, pp. 39-41.

LARSON, M. D.; HOLT, D. W. "Rope Dragging Technique for Locating Short-eared Owl Nests". *North American Bird Bander*, v. 43, n. 2-3, abr.-set. 2018, pp. 62-4.

MO, M.; WATERHOUSE, D. R. "Development of Independence in Powerful Owl *Ninox strenua* Fledglings in Suburban Sydney". *Australian Field Ornithology*, v. 32, n. 3, set. 2015, pp. 143-53.

O'CONNELL, C.; KEPPEL, G. "Deep Tree Hollows: Important Refuges from Extreme Temperatures". *Wildlife Biology*, v. 22, n. 6, nov. 2016, pp. 305-10.

OLSEN, J. et al. "Behaviour and Family Association During the Post-Fledging Period in Southern Boobooks *Ninox boobook*". *Corella*, v. 44, 2020, pp. 61-70.

SCRIBA, M. F. et al. "Linking Melanism to Brain Development: Expression of A Melanism--Related Gene in Barn Owl Feather Follicles Covaries with Sleep Ontogeny". *Frontiers in Zoology*, v. 10, 26 jul. 2013, p. 42. Disponível em: <doi.org/10.1186/1742-9994-10-42>. Acesso em: 20 dez. 2024.

WEBSTER A. et al. "Diet, Roosts and Breeding of Powerful Owls *Ninox strenua* in a Disturbed, Urban Environment: A Case for Cannibalism? Or a Case of Infanticide?". *Emu-Austral Ornithology*, v. 99, n. 1, 1999, pp. 80-3. Disponível em: <doi.org/10.1071/MU99009D>. Acesso em: 20 dez. 2024.

ZEEUW, C. I. de; CANTO, C. B. "Interpreting Thoughts During Sleep". *Science*, v. 377, n. 6609, 25 ago. 2022, pp. 919-20. Disponível em: <doi.org/10.1126/science.add8592>. Acesso em: 20 dez. 2024.

FICAR OU PARTIR?: CONSTRUÇÃO DE NINHOS E MIGRAÇÃO [PP. 174-211]

BECKETT, S. R.; PROUDFOOT, G. A. "Large-scale Movement and Migration of Northern Saw-whet Owls in Eastern North America". *Wilson Journal of Ornithology*, v. 123, n. 3, set. 2011, pp. 521-35.

_____. "Sex-specific Migration Trends of Northern Saw-whet Owls in Eastern North America". *Journal of Raptor Research*, v. 46, n. 1, mar. 2012, pp. 98-108.

BOWMAN, J.; BADZINSKI, D.; BROOKS, R. J. "The Numerical Response of Breeding Northern Saw-whet Owls *Aegolius acadicus* Suggests Nomadism". *Journal of Ornithology*, v. 151, n. 2, abr. 2010, pp. 499-506.

CHEVEAU, M. et al. "Owl Winter Irruptions as An Indicator of Small Mammal Population Cycles in The Boreal Forest of Eastern North America". *Oikos*, v. 107, n. 1, out. 2004, pp. 190-8.

CURK, T. et al. "Winter Irruptive Snowy Owls (*Bubo scandiacus*) in North America are not Starving". *Canadian Journal of Zoology*, v. 96, n. 6, jun. 2018, pp. 553-8.

DOYLE, F. I. et al. "Seasonal Movements of Female Snowy Owls Breeding in the Western North American Arctic". *Journal of Raptor Research*, v. 51, n. 4, dez. 2017, pp. 428-38.

DUCOURET, P. et al. "Elder Barn Owl Nestlings Flexibly Redistribute Parental Food According to Siblings' Need or In Return for Allopreening". *American Naturalist*, v. 196, n. 2, ago. 2020, pp. 257-69.

HOLT, D. W. et al. "Snowy Owl (*Bubo scandiacus*)", version 1.0. In: BILLERMAN, S. M. (Org.) *Birds of the World*. Ithaca: Cornell Lab of Ornithology, 2020. Disponível em: <doi. org/10.2173/bow.snoowl1.01>. Acesso em: 20 dez. 2024.

MENYUSHINA, I. E. "Snowy Owl (*Nyctea scandiaca*) Reproduction in Relation to Lemming Population Cycles on Wrangel Island". In: DUNCAN, J. R.; JOHNSON, D. H.; NICHOLLS, T. H. (Orgs.). "Biology and Conservation of Owls of the Northern Hemisphere: 2nd International Symposium". *General Technical Report NC-190*. St. Paul: US Department of Agriculture, Forest Service, North Central Forest Experiment Station, 1997. pp. 572-82.

MUELLER, H. C.; BERGER, D. D. "Observations on Migrating Saw-whet Owls". *Bird-Banding*, v. 38, n. 2, abr. 1967, pp. 120-5.

NERI, C. M.; MACKENTLEY, N. "Different Audio-Lures Lead to Different Sex-Biases in Capture of Northern Saw-whet Owls (*Aegolius acadicus*)". *Journal of Raptor Research*, v. 52, n. 2, jun. 2018, pp. 245-9. Disponível em: <doi.org/10.3356/JRR-17-28.1>. Acesso em: 20 dez. 2024.

PROJECT OWLNET. Disponível em: <projectowlnet.org>. Acesso em: 20 dez. 2024.

PRUITT, M. L.; SMITH, K. G. "History of Northern Saw-whet Owls (*Aegolius acadicus*) in North America: Discovery to Present Day". In: "World Owl Conference 2017". Inês Roque (Org.). *Airo*, edição especial, v. 29, 2021, pp. 326-48.

SAUNDERS, W. "A Migration Disaster in Western Ontario". *The Auk*, v. 24, n. 1, 1907, pp. 108-10.

SOLHEIM, R. et al. "Snowy Owl (*Bubo scandiacus*) Males Select the Highest Vantage Points Around Nests". In: "World Owl Conference 2017". Inês Roque (Org.). *Airo*, edição especial, v. 29, 2021, pp. 451-9.

TAVERNER, P. A.; SWALES, B. H. "Notes on the Migration of the Saw-whet Owl". *The Auk*, v. 28, n. 3, jul. 1911, pp. 329-34.

THERRIEN, J.-F. et al. "Irruptive Movements and Breeding Dispersal of Snowy Owls: A Specialized Predator Exploiting a Pulsed Resource". *Journal of Avian Biology*, v. 45, n. 6, nov. 2014, pp. 536-44.

_____. "The Irruptive Nature of Snowy Owls: An Overview of Some of The Recent Empirical Evidence". In: "World Owl Conference 2017". Inês Roque (Org.). *Airo*, edição especial, v. 29, 2021, pp. 527-34.

THERRIEN, J.-F.; GAUTHIER, G.; BÊTY, J. "An Avian Terrestrial Predator of The Arctic Relies on The Marine Ecosystem During Winter". *Journal of Avian Biology*, v. 42, n. 4, jul. 2011, pp. 363-9.

_____. "Survival and Reproduction of adult Snowy Owls Tracked by Satellite". *Journal of Wildlife Management*, v. 76, n. 8, nov. 2012, pp. 1562-67.

WALL, J. et al. "Twenty-five Year Population Trends in Northern Saw-whet Owl (*Aegolius acadicus*) in Eastern North America". *Wilson Journal of Ornithology*, v. 132, n. 3, set. 2020, pp. 739-45.

WEIDENSAUL, C. S. et al. "Use of Ultraviolet Light as An Aid in Age Classification of Owls". *Wilson Journal of Ornithology*, v. 123, n. 2, jun. 2011, pp. 373-7.

MAIS VALE UMA CORUJA NA MÃO: APRENDENDO COM AVES EM CATIVEIRO [PP. 212-42]

INTERNATIONAL ASSOCIATION OF AVIAN TRAINERS AND EDUCATORS. "Position Statement: Welfare of Human-Reared vs. Parent-Reared Owls in Ambassador Animal Programs", mar. 2018. Disponível em: <iaate.org/images/article-pdfs/Position_Statement_-_Welfare_of_Humanreared_vs_Parentreared_Owls_in_Ambassador_Animal_Programs.pdf>. Acesso em: 20 dez. 2024.

LEE, S. et al. "The Function of the Alula in Avian Flight". *Scientific Reports*, v. 5, 7 maio 2015, p. 9914. Disponível em: <doi.org/10.1038/srep09914>. Acesso em: 20 dez. 2024.

NIJMAN, V.; NEKARIS, K. A.-I. "The Harry Potter Effect: The Rise in Trade of Owls as Pets in Java and Bali, Indonesia". *Global Ecology and Conservation*, v. 11, jul. 2017, pp. 84-94. Disponível em: <doi.org/10.1016/j.gecco.2017.04.004>. Acesso em: 20 dez. 2024.

RAPTOR CENTER, College of Veterinary Medicine, University of Minnesota. Disponível em: <raptor.umn.edu>. Acesso em: 20 dez. 2024.

WILDLIFE CENTER OF VIRGINIA. Disponível em: <wildlifecenter.org>. Acesso em: 20 dez. 2024.

MEIO AVE, MEIO ESPÍRITO: AS CORUJAS E A IMAGINAÇÃO HUMANA [PP. 243-63]

ASHLEY, N.; SICHILONGO, M. *Owls Want Loving: A Reader*. Lusaka: Zambian Ornithological Society, 1999.

BENAVIDES, P.; IBARRA, J. T. "Uncanny Creatures of The Dark: Exploring the Role of Owls Across Human Societies". *Anthropos*, v. 116, n. 1, 2021, pp. 179-92.

BONTA, M. *Seven Names for the Bellbird: Conservation Geography in Honduras*. College Station: Texas A&M University Press, 2003.

BRAUN, I. M. "Representations of Birds in the Eurasian Upper Palaeolithic Ice Age Art". *Boletim do Centro Português de Geo-História e Pré-História*, v. 1, n. 2, nov. 2018, pp. 13-21.

COCKER, M.; MIKKOLA, H. "Owls and Traditional Culture in Africa". *Tyto*, v. 5, n. 4, 2000, pp. 174-86.

_____. "Magic, Myth and Misunderstanding: Cultural Responses to Owls in Africa and Their Implications for Conservation". *Bulletin of the African Bird Club*, v. 8, n. 1, mar. 2001, pp. 30-5.

FORSYTHE, J. A. "Owls & Owl Feathers in Native American Culture". *Whispering Wind*, v. 48, n. 2, 2019, pp. 16-24.

HAW, J. et al. "Owl Education and Conservation in South Africa — Successes of 20 years (owlproject.org)". In: "Proceedings of the 6th World Owl Conference, Pune, Índia, 2019". *Ela Journal of Forestry and Wildlife*, v. 11, n. 1, jan.-mar. 2022, p. 1209. Disponível em: <elafoundation.org/ela/wp-content/uploads/2022/08/EJFW-11-1. pdf>. Acesso em: 20 dez. 2024.

HULL, K.; FERGUS, R. "Birds as Seers: An Ethno-Ornithological Approach to Omens and Prognostication Among the Ch'Orti'maioa of Guatemala". *Journal of Ethnobiology*, v. 37, n. 4, dez. 2017, pp. 604-20.

HUNN, E. S.; THORNTON, T. F. "Tlingit Birds: An Annotated List with a Statistical Comparative Analysis". In: TIDEMANN, S. C.; GOSLER, A. (Orgs). *Ethno-ornithology: Birds, Indigenous Peoples, Culture and Society*. Londres: Routledge, 2010. p. 181.

HUSSAIN, S. T. "Gazing at Owls? Human-strigiform Interfaces and Their Role in the Construction of Gravettian Lifeworlds in East-Central Europe". In: KOST, C; HUSSAIN, S. T. (Orgs.). "Archaeo-Ornithology: Emerging Perspectives on Past Human-Bird Relations". *Environmental Archaeology*, v. 24, n. 4, 2019, pp. 359-76.

_____. "The Hooting Past: Re-evaluating the Role of Owls in Shaping Human Place Relations Throughout the Pleistocene". *Anthropozoologica*, v. 56, n. 3, jan. 2021, pp. 39-56. Disponível em: <doi.org/10.5252/anthropozoologica2021v56a3>. Acesso em: 20 dez. 2024.

IBARRA, J. T. et al. "Winged Voices: Mapuche Ornithology from South American Temperate Forests". *Journal of Ethnobiology*, v. 40, n. 1, 2020, pp. 89-100.

ISKANDAR, J.; ISKANDER, B. S.; PARTASASMITA, R. "The Local Knowledge of The Rural People on Species, Role and Hunting of Birds: Case Study in Karangwangi Village, Cidaun, West Java, Indonesia". *Biodiversitas*, v. 17, n. 2, out. 2016, pp. 435-6.

KETTUNEN, H. "Owls in Mesoamerica". In: JOHNSON, D. H. (Org.). *Owls in Myth and Culture*, no prelo.

LAROULANDIE, V. "Owls and Hunter-Gatherers in the Upper Paleolithic of France: Evidence from Bone Remains and Art". In: JOHNSON, D. H. (Org.). *Owls in Myth and Culture*, no prelo.

MACINTYRE, K.; DOBSON, B.; HAYWARD-JACKSON, I. "Owl Voices as Night Spirits: An Ethno- -ornithological Approach to the Understanding of the Significance of Night Bird Calls and Social Control in Traditional Nyungar Culture". In: JOHNSON, D. H. (Org.). *Owls in Myth and Culture*, no prelo.

MIKKOLA, H. "Owl Beliefs in Kyrgyzstan and Some Comparison with Kazakhstan, Mongolia and Turkmenistan". In: *Owls*. Londres: IntechOpen, 2019. Disponível em: <doi.org/10.5772/intechopen.88711>. Acesso em: 20 dez. 2024.

MOLARES, S.; GUROVICH, Y. "Owls in Urban Narratives: Implications for Conservation and Environmental Education in NW Patagonia (Argentina)". *Neotropical Biodiversity*, v. 4, n. 1, 2018, pp. 164-72. Disponível em: <doi.org/10.1080/23766808.2018.1545379>. Acesso em: 20 dez. 2024.

MUIRURI, M. N.; MAUNDU, P. "Birds, People and Conservation in Kenya". In: TIDEMANN, S.; GOSLER, A. (Orgs.). *Ethnoornithology: Birds, Indigenous Peoples, Culture and Society*. Londres: Routledge, 2010. pp. 279-89.

NIVEDITA, P. et al. "Current Perceptions of Owls Held by Residents of Rural Western Maharashtra, India". "Proceedings of the 6th World Owl Conference, Pune, India, 2019". *Ela Journal of Forestry and Wildlife*, v. 11, n. 1, jan.-mar. 2022, pp. 1182-4. Disponível em: <elafoundation.org/ela/wp-content/uploads/2022/08/EJFW-11-1. pdf>. Acesso em: 20 dez. 2024.

PAM, G.; ZEITLYN, D.; GOSLER, A. "Ethno-ornithology of the Mushere of Nigeria: Children's Knowledge and Perception of Birds". *Ethnobiology Letters*, v. 9, n. 2, 2018, pp. 48-64. Disponível em: <doi.org/10.14237/ebl.9.2.2018.931>. Acesso em: 20 dez. 2024.

PANDE, S. et al. "Owl Education and Conservation in India: Ela Foundation Experience". "Proceedings of the 6th World Owl Conference, Pune, India, 2019". *Ela Journal of Forestry and Wildlife*, v. 11, n. 1, jan.-mar. 2022, p. 1221. Disponível em: <elafoundation.org/ela/wp-content/uploads/2022/08/EJFW-11-1.pdf>. Acesso em: 20 dez. 2024.

RAJURKAR, S. et al. "Owls and Cemeteries: Owls are not Ghosts". "Proceedings of the 6th World Owl Conference, Pune, India, 2019". *Ela Journal of Forestry and Wildlife*, v. 11, n. 1, jan.-mar. 2022, pp. 1172-3.

ROZZI, R. et al. *Multi-ethnic Bird Guide of the Sub-Antarctic Forests of South America*. Denton: University of North Texas Press and Ediciones Universidad de Magallanes, 2010.

SAULT, N. "For the Birds, part II: How Birds Show Us the Advantages of an Ethnobiological Perspective". *Journal Ethnobiology*, v. 37, n. 4, dez. 2017, pp. 601-3.

TIDEMANN, S.; GOSLER, A. (Orgs.). *Ethno-ornithology: Birds, Indigenous Peoples, Culture and Society*. Londres: Routledge, 2011.

WALSH, M. "Birds of Omen and Little Flying Animals with Wings". *East Africa Natural History Society Bulletin*, v. 22, n. 1, mar. 1992, pp. 2-9.

WILLIAMS, D. *Ainu Ethnobiology, Contributions in Ethnobiology*. Tacoma: Society of Ethnobiology, 2017.

WYNDHAM, F. S.; PARK, K. E. "'Listen Carefully to the Voices of the Birds': A Comparative Review of Birds as Signs". *Journal of Ethnobiology*, v. 38, n. 4, dez. 2018, pp. 533-49.

A SABEDORIA DAS CORUJAS: ELAS SÃO MESMO SÁBIAS? [PP. 264-81]

AGARWAL, A. et al. "Spatial Coding In The Hippocampus Of Flying Owls". *bioRxiv.org*, 24 out. 2021. Disponível em: <doi.org/10.1101/2021.10.24.465553>. Acesso em: 20 dez. 2024.

BILNEY, R. J. "Poor Historical Data Drive Conservation Complacency: The Case of Mammal Decline in South-Eastern Australian Forests". *Austral Ecology*, v. 39, n. 8, dez. 2014, pp. 875-86.

_____; COOKE, R.; WHITE, J. G. "Underestimated and Severe: Small Mammal Decline from The Forests of South-Eastern Australia Since European Settlement, As Revealed by A Top-Order Predator". *Biological Conservation*, v. 143, n. 1, jan. 2010, pp. 52-9.

HALME, P. et al. "Do Breeding Ural Owls *Strix uralensis* Protect Ground Nests of Birds?: An Experiment Using Dummy Nests". *Wildlife Biology*, v. 10, n. 2, jun. 2004, pp. 145-8.

HERCULANO-HOUZEL, S. "Birds Do Have a Brain Cortex — and Think". *Science*, v. 369, n. 6511, 25 set. 2020, pp. 1567-68. Disponível em: <doi.org/10.1126/science.abe0536>. Acesso em: 20 dez. 2024.

JOHNSON, M. D.; ST. GEORGE, D. "Estimating the Number of Rodents Removed by Barn Owls Nesting in Boxes on Winegrape Vineyards". *Proceedings of the Vertebrate Pest Conference*, v. 29, ago. 2020, pp. 1-8.

MUELLER, J. C. et al. "Evolution of Genomic Variation in The Burrowing Owl in Response to Recent Colonization of Urban Areas". *Proceedings of the Royal Society B*, v. 285, 16 maio 2018, 20180206. Disponível em: <doi.org/10.1098/rspb.2018.0206>. Acesso em: 20 dez. 2024.

OLKOWICZ, S. et al. "Birds Have Primate-Like Numbers of Neurons in The Forebrain". *PNAS*, v. 113, n. 26, 28 jun. 2016, pp. 7255-60.

STACHO, M. et al. "A Cortex-like Canonical Circuit in The Avian Forebrain". *Science*, v. 369, n. 6511, 25 set. 2020, eabc5534. Disponível em: <doi.org/10.1126/science.abc5534>. Acesso em: 20 dez. 2024.

POSFÁCIO — COMO SALVAR AS CORUJAS: PROTEGENDO AQUILO QUE AMAMOS [PP. 282-302]

BUECHLEY, E. et al. "Global Raptor Research and Conservation Priorities: Tropical Raptors Fall Prey to Knowledge Gaps". *Diversity and Distributions*, v. 25, 2019, pp. 856-86. Disponível em: <doi.org/10.1111/ddi.12901>. Acesso em: 20 dez. 2024.

DUNCAN, J. R. "An Evaluation Of 25 Years of Volunteer Nocturnal Owl Surveys in Manitoba, Canada". In: "World Owl Conference 2017". Inês Roque (Org.). *Airo*, edição especial, v. 29, 2021, pp. 66-82.

GARNETT, S. T. et al. "Did Hybridization Save the Norfolk Island Boobook Owl *Ninox novaeseelandiae undulata*?". *Oryx*, v. 45, n. 4, out. 2011, pp. 500-4. Disponível em: <doi.org/10.1017/S0030605311000871>. Acesso em: 20 dez. 2024.

GOVERNO DO NEPAL, MINISTÉRIO DAS FLORESTAS E DO MEIO AMBIENTE. *Owl Conservation and Action Plan for Nepal 2020-29*. Katmandu, Nepal, 2020.

HOFSTADTER, D. F. et al. "Arresting the Spread of Invasive Species in Continental Systems". *Frontiers in Ecology and the Environment*, v. 20, n. 5, jun. 2022, pp. 278-84. Disponível em: <doi.org/10.1002/fee.2458>. Acesso em: 20 dez. 2024.

KORPIMÄKI, E. "Habitat Degradation and Climate Change as Drivers of Long-Term Declines of Two Forest-Dwelling Owl Populations in Boreal Forest". In: "World Owl Conference 2017". Inês Roque (Org.). *Airo*, edição especial, v. 29, 2021, pp. 278-90.

LEES, A. C. et al. "State of the World's Birds". *Annual Review of Environment and Resources*, v. 47, 2022, pp. 231-60.

OLSEN, P. D. "Re-establishment of an Endangered Subspecies: The Norfolk Island Boobook Owl *Ninox novaeseelandiae undulata*". *Bird Conservation International*, v. 6, n. 1, mar. 1996, pp. 63-80.

_____ et al. "Status and Conservation of the Norfolk Island Boobook *Ninox novaeseelandiae undulata*". In: MEYBURG, B. U.; CHANCELLOR, R. D. (Orgs.). *Raptors in the Modern World*. Berlim: World Working Group on Birds of Prey and Owls, 1989. pp. 123-9.

SAUROLA, P. "Bad News and Good News: Population Changes of Finnish Owls During 1982-2007". In: "Proceedings of the Fourth World Owl Conference, 31 out.-4 nov. 2007, Groningen, Holanda". D. H. Johnson, D. Van Nieuwenhuyse e J. R. Duncan (Orgs.), *Ardea*, v. 97, n. 4, dez. 2009, pp. 469-82.

SPERRING, F. et al. *Ecology, Genetics and Conservation Management of the Norfolk Island Morepork and Green Parrot: Interim Report*. Brisbane: NESP Threatened Species Recovery Hub Project, 2021.

TEMPEL, D. J. et al. "Population decline in California Spotted Owls near their Southern Range Boundary". *Journal of Wildlife Management*, v. 86, n. 2, jan. 2022, e22168. Disponível em: <doi.org/10.1002/jwmg.22168>. Acesso em: 20 dez. 2024.

Créditos das ilustrações

ILUSTRAÇÕES DO LIVRO

p. 9 Copyright © Jeff Grotte

p. 20 Cortesia de Nick Athanas/Tropical Birding Tours

p. 24 Cortesia de Lynn Bystrom Photography

p. 29 Cortesia de Ambika Angela Bone

p. 30 Cortesia de Matt Poole

p. 36 Copyright © Roar Solheim/Norsk Naturreportasje

p. 48 Copyright © Melissa Groo

p. 49 Cortesia de Ryan P. Bourbour

p. 52 Imagem de Gary Gray do Pixabay

p. 57 Copyright © Jeff Grotte

p. 64 NASA

p. 70 Cortesia de Jonathan C. Slaght

p. 75 Copyright © José Carlos Motta-Junior

p. 83 Cedido por David H. Johnson, Global Owl Project

p. 87 Cortesia de Nathalie Morales

p. 93 Cortesia de Lynn Bystrom Photography

p. 110 Copyright © Roar Solheim/Norsk Naturreportasje

p. 114 Copyright © Marjon Savelsberg, reproduzido com permissão

p. 122 Copyright © Marjon Savelsberg, reproduzido com permissão

p. 124 Copyright © Daniel J. Cox/naturalexposures.com

p. 125 Cortesia de Julie Kacmarcik

p. 136 Copyright © Jeff Grotte

p. 144 Copyright © Melissa Groo

p. 153 Cortesia de Nick Bradsworth

p. 154 Cortesia de Kurt Lindsay

p. 160 Copyright © Daniel J. Cox/naturalexposures.com

p. 171 Cortesia de Lynn Bystrom Photography

p. 172 Copyright © Melissa Groo

p. 177 Copyright © Jeff Grotte

p. 180 Cortesia de Čeda Vučković

p. 184 Cortesia de Čeda Vučković

p. 190 Copyright © Jeff Grotte

p. 198 Copyright © Jeff Grotte

p. 206 Copyright © Roar Solheim/Norsk Naturreportasje

p. 208 Copyright © Roar Solheim/Norsk Naturreportasje

p. 213 Gravura pontilhada de F. Holl, 1855, com base em Parthenope Nightingale, Coleção Wellcome

p. 216 Copyright © 2006 Laura Erickson

p. 231 Cortesia do Centro da Vida Selvagem da Virgínia

p. 235 Cortesia do Centro da Vida Selvagem da Virgínia

p. 243 Presente do Sr. e Sra. Nathan Cummings, 1964. Nova York, Museu Metropolitano de Arte

p. 248 Compra, Espólio de Lila Acheson Wallace, 1997. Nova York, Museu Metropolitano de Arte

p. 257 Doação de M. Knoedler & Co., 1918. Nova York, Museu Metropolitano de Arte

p. 260 Sr. J. H. Wade, doado ao Museu de Arte de Cleveland

p. 262 Doação da Sra. Charles Stewart Smith, Charles Stewart Smith Jr. e Howard Caswell Smith, em memória de Charles Stewart Smith, 1914, Coleção Charles Stewart Smith. Nova York, Museu Metropolitano de Arte

p. 264 Cortesia de Lynn Bystrom Photography

p. 267 Cortesia de Lynn Bystrom Photography

p. 280 Copyright © David Lei

p. 284 Copyright © Roar Solheim/Norsk Naturreportasje

p. 292 Cortesia de Jonathan Haw, owlproject.org

p. 297 Cortesia de Flossy Sperring

p. 302 Copyright © 2022 Day Scott

ILUSTRAÇÕES DO ENCARTE

p. 1 Cortesia de Matt Poole

p. 2 (topo) Copyright © Roar Solheim/Norsk Naturreportasje

p. 2 (parte inferior) Cortesia de Matt Poole

p. 3 (canto superior esquerdo) Cortesia de Nathan Clark

p. 3 (canto superior direito) Copyright © Roar Solheim Norsk Naturreportasje

p. 3 (centro à esquerda) Cortesia de Nick Bradsworth

p. 3 (canto inferior direito) Copyright © Roar Solheim/Norsk Naturreportasje

p. 4 (topo) Copyright © Roar Solheim/Norsk Naturreportasje

p. 4 (parte inferior) Copyright © Jeff Grotte

p. 5 (canto superior direito) Copyright © José Carlos Motta-Junior

p. 5 (centro à esquerda) Copyright © Roar Solheim/Norsk Naturreportasje

p. 5 (centro à direita) Cortesia de Čeda Vučković

p. 5 (canto inferior esquerdo) Copyright © Roar Solheim/Norsk Naturreportasje

p. 6 (canto superior esquerdo) Doação de Judith H. Siegel, 2014. Nova York, Museu Metropolitano de Arte

p. 6 (canto superior direito) Doação do Comitê de Cidadãos para o Exército, Marinha e Força Aérea, 1962. Nova York, Museu Metropolitano de Arte

p. 6 (centro à esquerda) Rogers Fund, 1907. Nova York, Museu Metropolitano de Arte

p. 6 (canto inferior esquerdo) Rogers Fund, 1941. Nova York, Museu Metropolitano de Arte

p. 6 (canto inferior direito) Coleção Memorial Michael C. Rockefeller, Legado de Nelson A. Rockefeller, 1979. Nova York, Museu Metropolitano de Arte

p. 7 Copyright © Terresa White. Bronze, 91 × 94 × 46 cm. Usado com permissão

p. 8 (canto superior esquerdo) Copyright © Brad Wilson Photography

p. 8 (canto superior direito) Copyright © Brad Wilson Photography

p. 8 (canto inferior esquerdo) Copyright © Brad Wilson Photography

p. 8 (canto inferior direito) Copyright © Brad Wilson Photography

Índice remissivo

As páginas indicadas em itálico referem-se às fotos e ilustrações

Acharya, Raju, 290
África do Sul, 256, 291-2, *292*
alimentação e hábitos alimentares: armazenamento, 32; canibalismo, 168; em cativeiro, 216-7, 223, 237; cortejo e reprodução, 132-4; coruja-buraqueira, 80; coruja-cinzenta, 31, 33-4; corujinha--flamejante, 30, *274*; filhotes, 162-3, 167, 169-71; insight da câmera-ninho sobre, 21-2, *155*, 167; limpeza, 12, 31; maneira de lidar, 28-9; vocalizações em torno de filhotes, 102; *ver também* caça e presa; pelotas
ambientes urbanos, 173, 271, 282; coruja--buraqueira em, 74, 79, 274-5; coruja-de--orelha em, 180-1, 185-7, 275; coruja-gavião em, *14*, 29
anatomia: caça e, 32-3; cérebro, 46, 268-9; discos faciais, 35-7, *36*; olhos, 42-5; orelhas/ouvidos, 37-8, 46; penas/plumagem, 53-5; voo e, 223-4
anilhamento de corujas, 23, 27; coruja-serra--afiada, 16; estudos de migração e, 191-200, 202-3; Projeto Owlnet, 191-2, 196-200; voluntariado para, 192
Arent, Lori, 241, 273
Arizona, 15, 76, 146, 299
arte, retratos de corujas: coleção do Museu Metropolitano de Arte de Nova York, 258-62; coruja-das-neves, 244-5; depravação humana e, 261; egípcios antigos e, 9, *248*, 258-9; gregos antigos e, 259, 260;

japoneses, 9, 261-2; morte e, *257*; norte da Europa, 260-1; pinturas rupestres de Chauvet, França, 9, 243-4; povo Moche e, *243*, 260
ataques de coruja a humanos, 165, 255-6
Atena (deusa), 212, 259
atraindo corujas *ver* encontrar e atrair corujas
atributos e comportamentos: ataques de coruja a humanos, 165, 255-6; camuflagem, 23, 24, 26-7, 33, 50, 62-3, 141, *264*; como ajudantes dos seres humanos, 276; como professores, 16, 236, 265, 277-9; discrição e mistério, 10, 14, 234, 236; distinto de outras aves, 18; expectativa de vida, 241, 267; facilidade de identificação e, 17; girando a cabeça, 43; individualidade de, 106, 237; interpretação de, 234-40; ludicidade, 271-2; monogamia, 12, 14; territorialidade, 63, 101, 105-8, 135; variedade dentro das espécies, 89-91; variedade entre espécies, 13-4, 37; *ver também corujas e tópicos específicos*
audição: anatomia única, 38; caça noturna e, 34-5; caçando por, 13, 34-7, 39-40, 47, 58-61; cálculos matemáticos e, 42; desenvolvimentos de pesquisa em, 13, 59-60; envelhecimento e, 38; estudos de Konishi sobre, 39-40; localização da orelha e, 37; multidimensional, 39, 41; papel do disco facial em, 35-6, 60; reação das pupilas ao som, 45; relação com a visão, 13, 41, 46
Austrália, *14*, 28, 66, 71, 94; conservação da coruja morepork na ilha de Norfolk, 296-8,

297; extinções na, 278; ninhos na, 151-4; *ver também* coruja-gavião
aves canoras, caça de, 32, 127

Bala, Avinash Singh, 45
Barlow, Jon, 143, 145, 154
beija-flores: ataque de mergulho em corujas, 25-6; como presa, 30-1; voo, 53
Bennett, James Gordon, 214
Bierregaard, Rob, 21, 95, 270-2
Bilney, Rohan, 277
Bloem, Karla: estudos de vocalizações, 93-4, 96-105, 110; histórico, 97; sobre ameaças populacionais, 289; sobre o sono das corujas, 172; trabalho de reabilitação e educação de corujas, 92-106, 218, 272
boobook, 55, 77, 151
boobook-chocolate, 19
Brasil: corujas do mato no, 21, 25, 283; crenças sobre a coruja no, 278; diversidade de corujas no, 15, 76; estudos sobre coruja--buraqueira no, 73-4, 77-80, 86-90
Brinker, David, 191, 202
bufo-pescador: limpeza, 31; vocalizações, 96
bufo-real, *114*; ameaças populacionais, 113; atributos, 19, 112-4; caça e presa, 19, 112; cortejo e reprodução, 16, 120-1; desafios de monitoramento, 114-5; esforços de conservação, 287; filhotes e paternidade, 113, 118, 121-3, *122*; habitat e distribuição, 113; limpeza, 31; ninhos, 113; penas, 55; vocalizações, 112, 114-21; voo, 51
bufo-de-verreaux, 19
Buhl, Gail, 236-42, 270, 272-3

cabeça: discos faciais, 35, *36*, 60; giro, 43; *ver também* olhos; orelhas/ouvidos
caburé-acanelado, 76
caburé-ferrugem: ameaças populacionais, 283; caça e presa, 30; crenças sobre, 250
caça e presa: ameaças de carro, 226; ameaças e esforços de conservação, 285-6; anatomia e, 32-3; bufo-real, 19, 112; cálculos matemáticos e, 13, 42; chances de sucesso com, 32; comedores de peixe e, 36, 73; controle de roedores e, 291-3; coruja-buraqueira, 74; coruja-cinzenta, 13-4, 35, 37, 47, 56-7; coruja-das-neves, 31, 163, 205, 207, *208*, 210-1; coruja-de-orelha, 25, 37; coruja-do-nabal, 30-1; coruja--gavião, 14, 28, *29*; corujas em cativeiro e, 232-3; corujinha-do-leste, 163; filhotes aprendendo sobre, 172; habilidades com,

12-3, 28-33, 266; horários, variedade entre espécies, 14, 30; migração, relação com, 210-1; mocho-orelhudo, 31, 63, 99, 223; mocho-pigmeu-do-norte, 14, 127, 160; mocho-rabilongo, 14, 31; na neve, 37, 56-7; noturna, 34-5, 37, 39, 44, 74; papel do som/audição na, 13, 34-7, 39-40, 46, 59-61; outras aves e, 12, 30-2, 127; poleiros, relação com, 182, 186; técnica, 32-3; variedade entre espécies, 30-1; visão binocular e, 43; vocalizações para, 12; voo silencioso e, 51
cães, para encontrar corujas, 23, 64-7
câmeras, 21-2, 31, 56, 155-6, 167
captura de corujas: armadilhas e métodos para, 71-3; coruja-buraqueira, 73-5, 78, 80, 83-4, 86-9, *87*; mocho-duende, 301-2
cativeiro, corujas em: alimentação, 216-7, 223, 237; caça e presa, 232-3; como pais substitutos, 229-31, *231*; como pássaros-embaixadores, 215, 234-6, 241; compreensão de emoções e psicologia das, 238-41; cortejo e reprodução de, 103-4, 106; coruja-barrada, 225, 233-4, 235; coruja-das-torres ou suindara, 225; coruja-de-orelha, 217; coruja-serra-afiada, 236-7; corujinha-do-leste, 215-7, *216*, 225, 227, 233, 236; desafios de manutenção, 215, 217, 241; eutanásia para, 229; filhotes, 229-32, *231*, 295; para fins educacionais, 92-106, 215, 217, 221, 223-42, 278-81; Florence Nightingale e, 212-3; *imprinting* com humanos, 92, *93*, 97-100, 106, 216-9, 223, 229-30, 242, 255; laços emocionais com humanos, 217-8; mercados de aves e, 222; mocho-orelhudo, 92-4, *93*, 97-104, 106, 218, 229, *231*; pessoas famosas e, 15, 212-5, *213*, 257; reabilitação e, 92-106, 217, 223-40, 279-81; regulamentos e mercado no mundo, 221-3; sem *imprinting* com humanos, 100; soltura na natureza, 279-81, *280*; treinamento, 219, 231-40; vocalizações individuais, 106; vocalizações territoriais, 106
caverna de Chauvet, França, pinturas na, 9, 243-4
Centro da Vida Selvagem da Virgínia, 223-5, 279
Centro de Aves de Rapina, Universidade de Minnesota, 236-42
Centro Internacional das Corujas, Minnesota, 92-7, 100, 116, 172, 272
cérebro, 45-6, 267-9

chamados *ver* vocalizações

Chile, 250, 252-3, 276

cidadãos: ajuda para conservação de, 182-3, 288-9, 298-301; impactos da pesquisa de, 15-6, 111, 129, 288-9, 298-301; *ver também* voluntários

Cidade nas nuvens (Doerr), 277

Clark, Christopher: estudos sobre a coruja como caçadora, 56, 58; estudos sobre voo de aves, 52-4; sobre o som de penas, 54-5

Clarke, Rohan, 296-7

cobras, 163

comida *ver* alimentação e hábitos alimentares; caça e presa; pelotas

comportamento monogâmico, 12, 14

comportamento territorial: coruja-de-orelha, 135; mocho-orelhudo, 101; vocalizações e, 63, 101, 105, 107-8

comportamento *ver* atributos e comportamentos; *corujas e atributos específicos*

conservação: ajuda na contagem de aves, 183, 289; ameaças da atividade humana, relação com, 283-4, 286, 289-90; ameaças em torno de crenças e mitologia, 290-3; cidadãos ajudando, 182-3, 288-9, 298-301; educação sobre rodenticidas e, 292; espécies em risco e necessitadas, 282-5; ferramentas e esforços para, 287-94; festival sobre, 294; impacto da educação na, 290-4, 292; na Índia, 256; mocho--duende, 301-2; morepork-de-norfolk, 296-8, 297; mudanças climáticas e, 23, 152, 202, 275, 283, 286, 299-300; na Sérvia, 182; povos indígenas e, 278; Projeto da África do Sul sobre, 291-2, 292; tempo para, 286

contagem de aves, 183, 288-9

Cook, Kim, 192, 194-9

cortejo e reprodução: bufo-real, 16, 120-1; comida e, 132-4; comportamento de voo durante, 135-6; comportamento extremo durante, 132-3; comportamento monogâmico, 12, 14; coruja-barrada, 133, 135; coruja-buraqueira, 133; coruja--cinzenta, 131, 133-4; coruja-das-torres ou suindara, 133; coruja-do-nabal, 134-6; coruja-das-neves, 130, 136-7, 205, 207; coruja-de-orelha, 134; em cativeiro, 103-6; estudos do ORI sobre, 130; mocho--orelhudo, 106; mocho-pigmeu-do-norte, 16, 126, 128, 131; papel da idade e tamanho do companheiro, 137-8; penas, 132, 136; vocalizações, 99, 103, 126, 128-9, 131-2

coruja-assustada, 19

coruja-barrada, 188, 282; ameaças de envenenamento, 227-8; Barry, coruja do Central Park, 227, 280; cães usados na detecção de, 64; camuflagem, 264; comportamento de cortejo, 131, 133, 135; em cativeiro, 225, 233-4, 235; gravações de áudio, 68; habitat nativo e expandido, 67; humanos atacados por, 255-6; inteligência, 270-1; interações com corujas-pintadas, 22, 63, 67-9; orelhas/ouvidos, 37; pintinhos/filhotes e criação, 173, 273; soltura de reabilitados, 279-81, 280; tecnologia no estudo de, 22; vocalizações, 68-9, 95, 131, 133, 135

coruja-buraqueira, 19, 23, 75; alimentação e hábitos alimentares, 80; ameaças populacionais, 286; captura, 73-5, 78, 80, 83-4, 86-9, 87; características, 73; cortejo e reprodução, 133, 137-8; filhotes, 166; genética, 77, 90; geomarcação e rastreamento, 84-5; habitat e distribuição, 74, 76; horário de caça, 74; inteligência, 274; ninhos, 14, 74, 80, 139, 142-3; penas, 74, 88; regurgitação de pelotas, 30; tocas feitas por humanos para, 82, 83; variedade dentro das espécies, 89-91

coruja-chilena, 252, 276

coruja-cinzenta: aparência, 267; caçando na neve, 37, 56-7; caçando por som, 13, 35, 39, 47; camuflagem, 62; cortejo e reprodução, 131, 133-4; disco facial e audição, 35, 36; esforços de conservação, 287; habitat, 129, 147-8; hábitos alimentares, 31, 33-4; horários de caça, 14; inteligência, 267, 269, 272-4; limpeza, 31; ludicidade, 272; migração, 207; ninhos, 141, 147-51, 154-5, 161; olhos, 42-3; orelhas/ouvidos, 40; parentalidade, 161, 163-4; penas, 50, 178; vocalizações, 131, 150; voo, 48, 56, 57

coruja-das-neves, 284; ameaças e esforços de conservação, 284-6; como animal de estimação, 221; aparência e personalidade, 204-5; arqueozoologia e, 244-5; caça e presa, 31, 163, 205, 207, 208, 210-1; cortejo e reprodução, 130, 136-7, 205, 207; de Harry Potter, 212, 219-22; defesa do ninho, 165; filhotes e criação, 163, 168; força de, 220; habitat e distribuição, 14, 129, 137, 204-9, 284-5; limpeza, 31; marcação de transmissor de satélite de, 204-7, 206, 211; migração, 174, 205-11, 275; ninhos, 138-9, 161, 165, 285; penas, 51, 136-7, 178; peso,

204; poleiros, 175, 185; retratos artísticos de, 244-5

coruja-das-torres ou suindara, 292; anatomia do ouvido, 38; audição, 45; caçando pelo som, 34-5, 39-40; em cativeiro, 225, 272; cortejo e reprodução, 133; crenças sobre, 254-5; espécies do grupo, 20; filhotes/pintinhos, 125; ludicidade, 272; na Virgínia, 124, 125, 139; ninhos, 125, 139; pigmentação das penas, 49, 50-1; poleiros, 185; vocalizações, 94; em voo, 52

coruja-de-orelha, 9, 23; caça, 25, 37; em ambientes urbanos, 180-1, 185-7, 275; em cativeiro, 217; comportamento territorial, 135; cortejo e reprodução, 134; empoleirando-se em grupos, 12, 14, 175, 177-87, 180, 184; habitat, 129, 174; inteligência, 274; limpeza, 31; ludicidade, 272; migração, 174; ninhos, 12, 14, 139; orelhas/ouvidos, 37; parentalidade, 161; penas, 50, 178; variabilidade de aparência, 183-4; vocalizações, 95, 184, 217

coruja-de-patas-nuas, 19

coruja-de-queixo-branco, 19

coruja-do-mato-europeia, 23; esforços de conservação, 293-4; populações, 287; vocalizações, 94, 108

coruja-do-nabal: aparência e atributos, 239; caça e presa, 30-1; cortejo e reprodução, 134-6; defesa do ninho, 166-7; habitat e distribuição, 30-1; migração, 207; ninhos, 138, 141, 166-7; poleiros, 185; vocalizações, 134-5; voo, 135-6

coruja-dos-urais, 166, 276, 282, 287

coruja-gavião, 19; avistamento urbano de, 14, 29; caça e presa, 14, 28, 29; captura, 71; comportamento defensivo dos filhotes, 171-3; irmãos comendo uns aos outros, 168; ninhos, 151-2, 153; poleiros, 176

coruja-ladradora: capturando, 72; vocalizações, 94

coruja-mascarada-australiana, 14, 66

coruja-ocelada, 94

coruja-orelhuda, 25, 76

coruja-pescadora-de-blakiston, 70; caçando pelo som, 36; capturando, 72; crenças e mitos sobre, 246; criando filhotes de outras corujas, 122; esforços de conservação, 295-6; tecnologia para estudar, 69-71; vocalizações de namoro, 132

coruja-pintada: interações com corujas--barradas, 22, 63, 67-9; vocalizações, 22, 63

coruja-pintada-do-norte, 64, 188; cães usados na detecção de, 64-5; camuflagem,

63; deslocadas pelas corujas-barradas, 67-8; pesquisa de Hartman, 25-6, 63-5; vocalização para atrair, 63-4

coruja-serra-afiada: anilhamento de, 16, 192-200, 202-4; aparência e caráter, 189-91, 195, 197, 236; caçando pelo som, 40; desafios de pesquisa, 199-201, 204; diferenças de gênero, 196; em cativeiro, 236-7; envelhecimento, 198; migração, 174, 189, 201-3; natureza reservada de, 189, 200; ninhos, 139, 144-5; orelhas/ouvidos, 40; poleiros, 190, 200-1; sono, 177; vocalizações de cortejo, 132; voo, 19, 198

coruja-sombria: captura, 71; estudo de pelotas, 277-8; poleiros, 179; vocalizações, 94

corujas, imprinting com humanos ver cativeiro, corujas em

corujinha-do-leste, 282; ameaças de carro, 226; caça e presa, 163; camuflagem, 24, 62; em cativeiro, 215-7, 216, 225, 227, 233, 236; envenenamento por chumbo de, 227; interpretação incorreta do comportamento da, 235; orelhas/ouvidos, 40; vocalizações, 95, 132; vocalizações de cortejo, 132

corujinha-flamejante: camuflagem, 62; esforços de conservação, 286, 300; filhotes e criação, 162; hábitos de alimentação, 30, 274; inteligência, 274; migração, 202; ninhos, 139; vocalizações, 95-6

corujinhas: ameaças populacionais, 21, 283, 300; cortejo e reprodução, 137; corujinha--de-alagoas, 21, 283; corujinha-de-bigode, 19, 20, 283; corujinha-de-siau, 283; corujinha-do-sul, 76; corujinha-do-xingu, 21, 283; corujinha-rítmica, 300; irmãos brigando por comida, 168; ninhos, 139; no Brasil, 21, 25, 283; vermiculada, 19; ver também corujinha-flamejante; corujinha--do-leste

corujinhas (corujas-bebês) ver filhotes e criação

crenças e mitologia: ameaças populacionais, relação com, 290, 292-3; ataques de coruja a humanos e, 255-6; avimancia, 247-50; bons presságios, corujas como, 247-9, 253-4; caburé-ferrugem e, 250; coruja-das-torres ou suindara e, 254-5; coruja-pescadora-de-blakiston e, 246; depravação humana e, 261; diversidade e dicotomia de, 262-3; lado sobrenatural e supersticioso, 10, 19, 182, 246-50, 254-5,

258, 262-3; memória biocultural, 252-3; mocho-carijó, 247, 250; mocho-orelhudo, 249; morte e medo, 10, 246, 249, 254-7, 257, 263, 293; na África, 246-7, 254; na Grécia antiga, 9, 249, 259, 260; na Índia, 10, 256, 289; na Sérvia, 182; no Brasil, 278; no Japão, 246; pesquisa entre culturas sobre, 253-4, 278; povos indígenas, 10, 246-7, 249, 263, 278; previsão do tempo e, 250

criação *ver* filhotes e criação

cultura magdaleniense, 244

cusu, 28-9, 32

descendência *ver* filhotes e criação; ninhos

detecção de coruja *ver* encontrar e atrair corujas

Difficult Bird Research Group [Grupo de Pesquisa de Aves Difíceis de Encontrar], 66

discos faciais, 35, 36, 60

distribuição *ver* habitat e distribuição

Doerr, Anthony, 277

drones, 21, 69-71, 135

Duncan, Jim: coruja-de-orelha cuidada por, 217; estudos da coruja-cinzenta, 50, 56, 133-4, 164, 272-3; sobre coruja-serra-afiada, 189; sobre criação de coruja-de-orelha, 161; sobre discos faciais, 36, 60; sobre esforços de conservação, 299; sobre filhotes e reprodução, 158, 161-2, 164; trabalho de pesquisa com corujas, 288-9

egípcios, antigos, 9, 248, 258-9

encontrar e atrair corujas: cães usados para, 23, 64-7; desafios em, 62, 264; novas ferramentas para, 24; óculos escuros e, 87; para estudos de ninhos, 140-5; regras de etiqueta para, 298-9; tecnologia de drone para, 21, 69-71, 135; vocalizações para, 24, 63-4, 80, 85, 89, 193

envenenamento: por chumbo, 227; por rodenticida, 227, 292

Erickson, Laura, 215-21, 229

Esclarski, Priscilla, 79, 88, 90, 278

esforços de educação: Centro Internacional das Corujas, 92-7, 100, 116, 172, 272; corujas em cativeiro para, 92-106, 215, 217, 221, 223-42, 278-81; Discover Owls, 217; na África do Sul, 256, 291, 292; na Sérvia, 182-3; no Nepal, 290; para conservação, 290-4, 292; para pessoas com deficiência visual, 293; Projeto Global sobre Corujas, 16, 78-9, 83; sobre rodenticidas, 292; trabalho de Bloem em reabilitação e, 92-106, 218, 272

espada na pedra, A (White), 212

espécies: divergência de, 20-1, 77-8, 89-91; evolução em diferentes habitats, 90; extintas, 18, 278; novas e raras, 19; número de formas modernas, 18; poleiros compartilhados por diferentes, 185; variedade de atributos entre, 13-4, 30-1, 37, 173; variedade de vocalização dentro de, 89-91

evolução: aparência do Paleoceno e, 17-8; diferentes habitats afetando a, 90; pelotas e, 30; penas e, 48-9; visão e, 44-5

extinção *ver* conservação

famosos e corujas: Bennett, 214; Nightingale, 15, 212-3; Picasso, 15, 214-5, 257; Roosevelt, 15, 212

filhotes e criação: abandono ou negligência, 167; alimentação e hábitos alimentares, 162-3, 167, 169-71; altruísmo entre irmãos, 169; ameaças, 141, 146, 152, 158, 162, 166-7, 170, 173, 230, 276; bufo-real, 113, 118, 121-3, 122; caça, aprendizagem, 173; caindo dos ninhos, 148, 167-8; cobras e, 163; comportamento defensivo, 166, 172-3; coruja-barrada, 173, 273; coruja-buraqueira, 166; coruja-cinzenta, 161, 163-4; coruja-das-neves, 163, 168; coruja-das-torres ou suindara, 125; coruja-de-orelha, 161; corujas adotando outras aves, 121-3; corujas parentais substitutas corujinha-flamejante, 162; cuidado, 161-4, 167-8; em cativeiro, 229-32, 231, 295; eclosão de, 158; "engalhamento", 169-70, 171; impactos de danos nas penas, 163; independência, variedade entre espécies, 173; insights da câmera-ninho, 21, 155, 167; irmãos comendo uns aos outros, 168; machos fornecem comida para, 162, 164; mocho-duende, 162; mocho-orelhudo, 161, 167, 172, 173, 229-31, 231, 273; mocho-pigmeu-do-norte, 15, 124, 156-61, 160; papéis de gênero em, 162-5; primeiros voos e, 170, 172; proteção de, 164-7; sono dos, 12, 171; vocalizações, 102, 104, 118; *ver também* ninhos

Finlândia, 25, 166, 276, 287

Fleming, Robyn, 257-9, 261-2

França: pinturas rupestres de corujas na caverna de Chauvet, 9, 243-4; restos de corujas antigas encontrados na, 244-5

genética: comportamento monogâmico e, 12; comportamento parental e, 167;

coruja-buraqueira, 77, 90; divergência de espécies e, 20-1, 90-1; pesquisa, 90-1; visão e, 44-5; vocalizações e, 99, 104

Gill, Nicole, 66

Gilot, Françoise, 214-5

Girgente, Diane, 192, 195-7

Graham, Robert Rule, 54-5

gregos, antigos: coruja de Atena e, 212, 259; coruja cunhada em moeda de Atenas, 260; crenças sobre corujas, 9, 249, 259, 260

habitat e distribuição: ameaças e esforços de conservação, 20-1, 282-5, 295-6; Brasil, 15, 76; bufo-real, 113; coruja-barrada, 67; coruja-buraqueira, 74, 76; coruja--cinzenta, 129, 148; coruja-das-neves, 129, 137, 204-9, 284-5; coruja-de-orelha, 129, 174; coruja-do-nabal, 30-1; coruja--funérea, 129; coruja-pescadora de blakiston, 69-71; evolução das espécies diferentes, 90; extensão e diversidade do habitat global, 10, 15, 18; mocho-carijó, 76; mocho-orelhudo, 99; mudança climática e, 23, 152, 202, 275, 283, 286, 299-300; mudanças, 23; murucututu, 14, 76; para ninhos, 138-41; transmissores de satélite para compreensão, 204-5; variedade entre espécies, 14; *ver também* migração; poleiros

Harry Potter (personagem e série de livros), 9, 212, 219-22

Hartman, Jennifer, 25-6, 63-6

Haw, Jonathan, 256, 291

Hernandez, Chloe, 135, 140, 149, 155, 170, 174

Hiro, Steve: histórico, 130; pesquisas sobre mocho-pigmeu-do-norte, 126-8, 131, 145, 155-60; trabalho no ORI, 128-31

história, humana, 243; egípcios e corujas na, 9, *248*, 258-9; maias e corujas na, 10, 247; relação com corujas e evolução na, 242, 245-53, 279; restos de corujas antigas encontrados e, 244-5; *ver também* crenças e mitologia; egípcios, antigos; gregos, antigos

Holanda, 111

Holt, Denver: esforços de conservação da coruja-das-neves, 285-6; estudos de ninhos em, 138-51, 155, 163; fundação e liderança do ORI, 128-31; histórico, 129-30; sobre amor pelas corujas, 27; sobre comportamento de poleiro, 185-6; sobre comportamento do sono, 177; sobre conservação, 287; sobre cortejo

e reprodução da coruja-das-neves, 136-7; sobre defesa de ninho da coruja-das--neves, 165; sobre filhotes de coruja-das--neves e criação, 163, 168; sobre migração da coruja-das-neves, 205-9, 211; pesquisa sobre coruja-de-orelha, 26-7, 174-6, 178-9

Ibarra, Tomás, 250-3

Índia: coruja-ocelada, 94; corujinha-da--floresta, 283; crenças e mitologia da coruja na, 10, 256-7, 289; esforços de conservação na, 256

Instituto de Pesquisa sobre Corujas (ORI), 135; estudos de cortejo e reprodução, 130; estudos de coruja-do-nabal, 134-5; estudos de mocho-pigmeu-do-norte, 126; estudos de ninho, 140-51, 154-5; fundação e liderança de Denver Holt, 128-31; pesquisas sobre coruja-cinzenta, 140-1; poleiro de coruja-de-orelha, 175, 179; voluntários, 128, 130, 143, 192

inteligência: anatomia do cérebro, 268-9; coruja-barrada, 270-1; coruja-buraqueira, 274; coruja-cinzenta, 267, 269, 272-4; coruja-de-orelha, 274; corujinha--flamejante, 274; flexibilidade como sinal de, 275; habilidade de mapa mental e, 265-6; ludicidade como sinal de, 271-2; migração e, 275; mocho-galego, 270; tamanho do cérebro, 267-8; testes e medidas para, 269-70

Itália, 31, 94, 256, 293-4

Japão: arte retratando corujas no, 9, 261-2; coruja-pescadora-de-blakiston, 295-6; crenças e mitologia da coruja no, 246-7; mercado de importação de corujas, 222

Johnson, David: contagem de penas, 50; estudos sobre a coruja-buraqueira, 73, 77-91, 137-8, 142-3; Projeto Global sobre Corujas, 16, 78-9, 83; sobre agressão territorial, 101; sobre amor pelas corujas, 16, 78; sobre conservação, 286, 291; sobre corujas em mitos e cultura, 245, 253, 278; sobre locais de reprodução da coruja-das--neves, 207; sobre razões para migração, 188, 204; sobre vocalizações, 100-1; tocas feitas pelo homem, 82

Kacmarcik, Julie, 192-9

Konishi, Masakazu (Mark), 39, 41

Köppl, Christine, 38, 42

Le Fay, Solai, 147-50, 155
Lindo, David, 23-4, 181, 183-4
Linhart, Pavel, 107-10, 121, 270
Linkhart, Brian, 95-6
literatura, aparição de corujas em, 10, 286; *A espada na pedra*, 212; *Cidade nas nuvens*, 277; Harry Potter, 9, 212, 219-22
ludicidade, 271-2

maias, 10, 247
Martin, Graham, 42, 46
Mastrorilli, Marco, 256, 293-4
Mendelsohn, Beth: pesquisa de ninho, 141, 147, 149-50, 154-6, 166; sobre filhotes andando em galhos, 169; sobre filhotes e criação, 167, 169-70, 173; sobre predação de ninho, 166
Mendes, Gabriela, 79, 88
mercados de aves, 221-3
Merlin (mago), 212
México, 15, 76, 202, 247, 250
migração: anilhamento de corujas para compreensão da, 191-200, 202-3; caça e presas, relação com, 210-1; coruja-das--neves, 174, 205-11, 275; coruja-de-orelha, 174; coruja-do-nabal, 207; coruja-serra--afiada, 174, 189, 201-3; corujinha--flamejante, 202; fatores e decisões em torno, 174-5, 187-8, 203-4, 210-1; gênero e, 203-4; imprevisibilidade de, 11; inteligência e, 275; mocho-funéreo, 203-4, 207; mocho--rabilongo, 207; para locais de reprodução, 206-8; ritmo de, 202-3; transmissores de satélite para compreensão da, 204-5
minha vida com Picasso (Gilot), 214-5
Minnesota: Centro de Aves de Rapina, 236-42; Centro Internacional das Corujas, 92-7, 100, 116, 172, 272
mito navarro, 10
mitologia *ver* crenças e mitologia
Moche, povo, 243, 260
mocho-carijó: crenças sobre, 247, 250; habitat, 76; reuniões à noite, 14
mocho-diabo, 12, 76
mocho-duende, 19, 302; caça e presa, 162; captura, 302; filhotes e criação, 162
mocho-funéreo, 35; esforços de conservação, 287; habitat, 129; migração, 203, 207; orelhas/ouvidos, 37
mocho-galego, *110*, 176, 182, 188; de Atena, 212, 260; de Nightingale, 213; de Picasso, 214-5; individualidade das vocalizações, 108-10; inteligência, 270; vocalizações territoriais, 105, 109
mocho-orelhudo: agressão territorial, 101;

ameaça de envenenamento por chumbo, 228; caça e presa, 31, 63, 99, 223; como superpredador, 31; cortejo e reprodução, 106; crenças sobre, 249; em cativeiro, 223-5, 229-30, *231*; exibição de asa quebrada, 102; filhotes e criação, 161, 167, *172*, 173, 229-31, 273; habitat, 99; *imprinting* com humanos, 92-4, 97-100, 106, 218, 229; molhado, *48*; ninhos, 139; orelhas/ouvidos, 40; penas, 50, 178; personalidade, 98; vocalizações, 93-4, 97-106, 116, 141; voo dos filhotes, *172*
mocho-pigmeu: esconderijo de comida, 32; orelhas/ouvidos, 37; *ver também* caburé--ferrugem; mocho-pigmeu-do-norte
mocho-pigmeu-do-norte: atributos, 127; caça e presa, 14, 127, 160; cortejo e reprodução, 16, 126, 128, 131; filhotes, 15, *124*, 156-61, *160*; ninhos, 139, 143-5, *144*, 151, 155-61, *160*; vocalizações, 95, 126, 128
mocho-rabilongo: hábitos de caça, 14, 31; migração, 207
Montana: diversidade de espécies e estudos em, 130; número de espécies em, 129; *ver também* Centro de Pesquisa sobre Corujas
morepork-de-norfolk, 47, 296-8, *297*
mosquitos, 162
Motaung, Kefiloe, 291
Mott, Beth, 151-3, 172-3
muda (de penas), 50, 163
murucututu: habitat, 14, 76; poleiros, 176
murucututu-de-barriga-amarela, 76
Museu Metropolitano de Arte de Nova York, 258-62

Nepal, 290
Nicholson, Amanda, 223, 225, 228, 231-6, 240
Nightingale, Florence, 15, 212-3
ninhos: ameaças, 151-4; apropriação de estruturas de outros animais para, 139, 150; bufo-real, 113; caixas, 133, 146, 151-2, 270, 287, 291, 294-5, 298; câmeras em, 21-2, 155-6, 167; coruja-buraqueira, 14, 74, 80, 139, 142-3; coruja-das-neves, 138-9, 161, 165, 285; decoração, 12, 142-3; drones para verificação, 71; em troncos e buracos de árvores, 149, 151-5, *154*; escolhendo locais para, 138-41, 151; esconderijo de comida em, 32; exibição de asa quebrada para proteção de, 102; filhotes caindo, 148, 167-8; mancha de nidificação da fêmea e, 148; métodos e desafios de pesquisa, 139-56; no chão, 14, 74, 80, 138-9, 142-3; papéis de gênero em, 85, 139, 142-3; pós-

-emplumagem, 171; proteção de, 164-5; *ver também* ovos
nomes dados a corujas: desafios da taxonomia e, 77-8; orelhas e, 37

Oleyar, Dave, 22, 72, 146, 152, 162, 192, 299-300
olhos: pupilas, 45-6; voltados para a frente, 42-3; *ver também* visão
ORI *ver* Instituto de Pesquisa sobre Corujas
Otus bikegila, 19
orelhas/ouvidos: anatomia, 37-8, 46; localização real de, 37; nomeação de corujas e, 37; variedade entre espécies, 37; *ver também* audição
ovos: ameaças, 161; cor, 157; cuidado, 161; forma, 157; momento da postura, 158; número, 157
Owls of the Eastern Ice [Corujas do gelo oriental] (Slaght), 69
Owls Want Loving [É preciso amar as corujas] (Sociedade Ornitológica Zambiana), 290-1

parentalidade *ver* filhotes e criação
Park, Karen, 248-9
Payne, Roger, 34-5, 39-40
pelotas: cães encontrando, 23, 64-7; coruja--sombria, 278; mocho-diabo, 12; outras aves de rapina em comparação com a coruja, 66; regurgitação, 29, 30
Peña, José Luis, 42
penas/plumagem: abundância, 48, 50-1; anatomia, 53-5; área de criação, 148; bufo-real, 55; camuflagem e, 50; cortejo e reprodução e, 132, 136; coruja-buraqueira, 74, 88; coruja-cinzenta, 50, 178; coruja-das--neves, 51, 136-7, 178; coruja-de-orelha, 50, 178; evolução e adaptações de, 48, 50; idade e, 197; impacto da paternidade, 163; isolamento de, 178; mocho-orelhudo, 50, 178; pigmentação, 49-51, 49; reabilitação de danos, 226; troca, 50, 163; voo silencioso, relação com, 47, 51, 54-7, 301
pesquisa: ajuda na contagem de aves, 183, 288-9; anilhamento de corujas para, 16, 23, 27, 191-200, 202-4, 287; arqueozoologia, 244-5; audição, 13, 39-40, 59; baseada na conservação, 287-8; cães usados em, 23, 64-7; cortejo e reprodução, 130; dedicação e benefícios de, 193-4; desafios com, 25-6, 59-60, 62, 69-70, 118-9, 131, 140-2, 146, 155-6, 199-201, 204, 287; evolução e desenvolvimento, 11, 17-21; genética, 90-1; gravação de áudio em, 22; interpretando o

comportamento da coruja, 234-41; migração, 188, 199-203, 210; ninhos, 139-56, 166; novas ferramentas para localizar corujas para, 24-5; papel dos cidadãos e impacto, 15, 111, 129, 288-9, 298-301; taxonomia e, 77-8; testes de inteligência e medidas em, 269-70; voluntários, 128, 130, 143, 192; voo, 52-4; *ver também* cativeiro, corujas em; tecnologia, pesquisa; *corujas específicas e pesquisas*
Picasso, Pablo, 9, 15, 214-5, 257
Pierce, Karra, 225-8, 230-2, 279-80
Pleistoceno, 18, 244
plumagem *ver* penas/plumagem
poleiros: caça e presas, relação com, 182, 186; como centros de aprendizagem, 186-7; compartilhamento separado de espécies, 185; comportamento do sono e, 176-7; coruja-das-neves, 185; coruja-de-orelha, 12, 14, 175, 177-87, 180, 184; coruja-serra-afiada, 190, 200-1; fatores e decisões sobre, 175-9; número de corujas em, 178
povos indígenas: conservação e, 278; crenças sobre coruja e mitologia de, 10, 246-7, 249, 252-3, 263, 278; retratos artísticos de corujas, 260
predadores, de corujas, 193; aparência dos humanos e, 238, 240; defesa contra, 43, 103, 139, 141, 145, 161, 166, 175-6, 185; defesa do mocho-pigmeu-do-norte contra, 161; filhotes e, 146, 158, 167, 170, 173, 230, 276; imitando, em busca de ninhos, 145; risco de coruja-do-nabal quanto a, 166-7; treinando corujas em cativeiro contra, 236-7
presa *ver* alimentação e hábitos alimentares; caça e presa
Projeto Global sobre Corujas [Global Owl Project], 16, 78-9, 83
Projeto Owlnet, 191-2, 196-200
proteção *ver* cativeiro, corujas em; conservação

rastreamento por satélite, 21, 69-71, 84, 204-7, 206, 209-11, 284
Rattenborg, Niels, 176
República Tcheca, 107-8
Robb, Magnus, 95
rodenticida, envenenamento por, 227, 292
Rogue Detection Teams [Equipes Espertas de Detecção], 65
Roosevelt, Teddy, 15, 212
Rowling, J. K., 212, 219-22
Ružic, Milan, 180-7, 275, 293

Sanders, Bernie, 248
Saurola, Pertti, 166, 287
Savelsberg, Marjon: estudos com bufo-real, 111-5, 116-23; histórico, 115-7
Scott, Day, 299-302
Sérvia, 179-83, *180*, *184*, 275
Slaght, Jonathan, 36, 69, 72-3, 295-6
Sociedade Ornitológica da Zâmbia, 290-1
sono: coruja-serra-afiada, *177*; de filhotes, 12, 171; uni-hemisférico, 176-7
Sperring, Flossy, 297-8
suindara *ver* coruja-das-torres ou suindara
superstições *ver* crenças e mitologia
Surmach, Rada, 69-71
Surmach, Sergei, 70, 295-6

taxonomia: desafios, 77-8
tecnologia, pesquisa: armadilhas fotográficas e câmeras-ninho, 21-2, 31, 155-6, 167; câmera acústica e caça na neve, 56; drone, 21, 69-71, 135; geomarcação, 84-5; importância de, 24; para estudo auditivo, 58-60; para estudos de ninhos, 140, 156; para vocalizações, 51-2, 68, 108, 116, 119, 121; satélite, 21, 69-71, 84, 204-7, 209-11, 284
Terrien, Jean-François, 207, 209
treinando corujas, 219, 231-41

ursos, 140-1, 149-50, 154

vida útil, 241, 267
Virgínia, 124; Centro da Vida Selvagem da, 223-35, 279; corujas-das-torres ou suindaras em, 124, *125*, 139; mocho--orelhudo, primeiro avistamento em, 99
visão: audição, relação com, 13, 41, 46; capacidade de virar a cabeça e, 43; espectro de cores e, 13, 44; genética e adaptação, 44-5; olhos voltados para a frente e, 42-3
vista *ver* olhos; visão
vocalizações: algoritmos para classificação, 108, 121; alimentação e hábitos alimentares, 102; alimentando filhotes e, 102; ameaças e, 103, 166; bufo-pescador, 96; bufo-real, 112, 114-21; complexidade, 26; comportamento territorial e, 63, 101, 105, 107-8; cortejo e reprodução, 99, 103, 126, 128-9, 131-2; coruja-barrada, 68-9, 95, 131, 133, 135; coruja-buraqueira, 89; coruja-cinzenta, 131, 150; coruja-das-torres ou suindara, 94; coruja-de-orelha, 95, *184*, 217; coruja-do-

-mato-europeia, 94, 108; coruja-do-nabal, 134-5; coruja-ladradora, 94; coruja--pintada, 22; coruja-pintada-do-norte, 63-4; coruja-serra-afiada, 132, *189*; coruja--sombria, 94; corujas com *imprinting* com humanos, 99; diversidade de, 89-91, 94-5; espectrogramas de, 52, 68, 116, 119; filhotes e criação, 102, 104, 118; gênero e, 102-4, 110, 117; genética e, 99, 104; imitando, 95-7, 101; individualidade, 106-10, 120-1; mocho--galego, 105, 108-10; mocho-orelhudo, 93-4, 97-106, 116, 141; mocho-pigmeu-do-norte, 95, 126, 128; monitoramento de, 67-9, 119-20; para encontrar corujas, 24, 63-4, 80, 85, 89, 193; para enganar predadores, 12; razões por trás, 97-104, 106; tecnologia para pesquisa, 52, 68, 108, 116, 119, 121; variedade dentro da espécie, 89-91
voluntariado em pesquisas com corujas, 50; para anilhamento, 192, 287; benefícios emocionais/pessoais de, 130; contagem de aves, 288-9; dedicação com, 288; impactos de, 16, 111, 129, 288, 299; moreporks-da--nova-zelândia e, 298; na Finlândia, 287; na Sérvia, 180; no Arizona, 299; no ORI, 128, 130-1, 143, 192; para pesquisa de vocalização, 111
voo: anatomia e, 223-4; assinatura audível de, 54; beija-flores, 53; cortejo, 135-6; coruja--cinzenta, 48, 56, 57; coruja-das-torres ou suindara em, 51, 52; coruja-do-nabal, 134-6; coruja-serra-afiada, 19, *198*; ensinando corujas em cativeiro sobre, 231-2; outras aves de rapina em comparação com as corujas, 51-2, 54; primeiro dos filhotes, 170, *172*; silencioso, 47, 51, 54-7, 301

Weidensaul, Scott: estudos sobre migração, 188, 198-9, 201-3, 210; sobre caça de coruja--das-neves, 31; sobre desafios de pesquisa com coruja-serra-afiada, 199-201, 204; sobre migração de coruja-das-neves, 210; sobre observação de corujas, 148
White, T. H., 212
Wood, Connor, 67-9
Wyndham, Felice, 247-51, 255, 263, 278

Xenoglaux, 19

Yamamoto, Sumio, 122, 295

Zâmbia, 246, 254, 290-1

Copyright © 2023 Jennifer Ackerman
Copyright da tradução © 2025 Editora Fósforo

Direitos de tradução em português brasileiro adquiridos com Melanie Jackson Agency, LLC.

Todos os direitos reservados. Nenhuma parte desta obra pode ser reproduzida, arquivada ou transmitida de nenhuma forma ou por nenhum meio sem a permissão expressa e por escrito da Editora Fósforo.

Título original: *What an Owl Knows: The New Science of the World's Most Enigmatic Birds*

DIRETORAS EDITORIAIS Fernanda Diamant e Rita Mattar
EDITORES Carlos Tranjan e Juliana de A. Rodrigues
ASSISTENTES EDITORIAIS Rodrigo Sampaio e Millena Machado
PREPARAÇÃO Camila Saraiva
REVISÃO TÉCNICA Sandra C. Diamant
REVISÃO Daniela Uemura e Fernanda Campos
ÍNDICE REMISSIVO Probo Poletti
DIRETORA DE ARTE Julia Monteiro
CAPA Daniel Bueno e Carol Grespan
PROJETO GRÁFICO Alles Blau
EDITORAÇÃO ELETRÔNICA Página Viva

CIP-BRASIL. CATALOGAÇÃO NA PUBLICAÇÃO
SINDICATO NACIONAL DOS EDITORES DE LIVROS, RJ

A166s

Ackerman, Jennifer
  A sabedoria das corujas : A nova ciência que desvenda as aves mais enigmáticas do mundo / Jennifer Ackerman ; tradução Reinaldo José Lopes, Tania Lopes. — 1. ed. — São Paulo : Fósforo, 2025.
  328 p. ; 23 cm.

  Tradução de: What an Owl Knows: The New Science of the World's Most Enigmatic Birds
  ISBN: 978-65-6000-085-8

  1. Corujas. 2. Corujas — Comportamento. 3. Animais — Inteligência. I. Lopes, Reinaldo José. II. Lopes, Tania. III. Título.

25-95965

CDD: 156.39
CDU: 591.51:598.279.25

Gabriela Faray Ferreira Lopes — Bibliotecária — CRB-7/6643

Editora Fósforo
Rua 24 de Maio, 270/276, 10º andar, salas 1 e 2 — República
01041-001 — São Paulo, SP, Brasil — Tel: (11) 3224.2055
contato@fosforoeditora.com.br / www.fosforoeditora.com.br

Este livro foi composto em GT Alpina e GT Flexa e impresso pela Ipsis em papel Golden Paper 80 g/m² para a Editora Fósforo em março de 2025.

A marca FSC® é a garantia de que a madeira utilizada na fabricação do papel deste livro provém de florestas gerenciadas de maneira ambientalmente correta, socialmente justa e economicamente viável e de outras fontes de origem controlada.